教育部高等学校电子信息类专业教学指导委员会规划教材

高等学校电子信息类专业系列教材·新形态教材

电磁兼容原理与技术

微课视频版

罗荣芳　陈静　编著

清华大学出版社

北京

内 容 简 介

电磁兼容技术是确保现代电子、电气系统安全、可靠工作的关键技术，也是使产品符合电磁兼容标准和规范，满足市场准入条件的核心技术。

本书全面介绍了电磁兼容的基本原理和基础知识，主要内容包括电磁兼容概述、电磁兼容技术的理论基础、电磁兼容三要素及特性、屏蔽技术、滤波技术、接地技术、高速电路 PCB 的 EMC 设计、电磁兼容测量技术。

本书吸收了近年来国内外电磁兼容技术相关图书的优点，总结了作者多年教学与科研经验，内容翔实完整，图文并茂，具有较高的参考价值。本书既可作为高等院校电子信息类、电气类等专业的教材，也可作为相关工程技术设计人员的培训教材或参考书。

图书在版编目（CIP）数据

电磁兼容原理与技术：微课视频版/罗荣芳，陈静编著. —北京：清华大学出版社，2024.4
高等学校电子信息类专业系列教材　新形态教材
ISBN 978-7-302-65774-3

Ⅰ. ①电… Ⅱ. ①罗… ②陈… Ⅲ. ①电磁兼容性－高等学校－教材 Ⅳ. ①TN03

中国国家版本馆 CIP 数据核字（2024）第 051059 号

责任编辑：曾　珊　李　晔
封面设计：李召霞
责任校对：李建庄
责任印制：宋　林

出版发行：清华大学出版社
　　　　　网　　　址：https://www.tup.com.cn，https://www.wqxuetang.com
　　　　　地　　　址：北京清华大学学研大厦 A 座　　　邮　　编：100084
　　　　　社 总 机：010-83470000　　　　　　　　　邮　　购：010-62786544
　　　　　投稿与读者服务：010-62776969，c-service@tup.tsinghua.edu.cn
　　　　　质量反馈：010-62772015，zhiliang@tup.tsinghua.edu.cn
　　　　　课件下载：https://www.tup.com.cn，010-83470236
印 装 者：三河市君旺印务有限公司
经　　销：全国新华书店
开　　本：185mm×260mm　　印　　张：17.25　　　　　字　　数：420 千字
版　　次：2024 年 5 月第 1 版　　　　　　　　　　印　　次：2024 年 5 月第 1 次印刷
印　　数：1～1500
定　　价：69.00 元

产品编号：097164-01

前 言
PREFACE

伴随着现代科学技术的发展,各种电子、电气设备已广泛应用于人们的日常生产和生活中。电子、电气设备不仅数量及种类不断增加,而且向高集成度化、小型化、数字化、宽带化、高速化及网络化的方向快速发展。这些电子、电气设备,包括组成电子系统的元器件和电路在正常工作时,往往会产生一些有用或无用的电磁能量,导致电磁干扰越来越严重,不仅影响设备和系统的正常运行,而且可能对生物和人的健康造成损害。

电磁干扰是现代高新电子技术发展道路上必须逾越的巨大障碍。在复杂的电磁环境中,如何减少设备间的电磁干扰,使各种设备正常运转,是一个亟待解决的问题。电磁兼容学正是为解决这类问题而迅速发展起来的一门新兴的综合性交叉学科,现在已成为国内外最令人瞩目及迅速发展的学科之一。电磁兼容技术是为了解决电磁干扰问题,确保电气及电子系统安全可靠工作而发展起来的一门关键技术。更为重要的是,目前世界上大多数国家都采取强制措施对产品的电磁兼容性进行控制,并将其作为市场准入的条件。产品没有进行电磁兼容安全认证,不符合电磁兼容标准和规范的产品就不能进入流通领域,电磁兼容认证已成为国际上电磁兼容领域的一种技术壁垒。基于现实的考虑和电子信息技术的发展,越来越多的学生和广大的工程技术人员渴望学习和了解电磁兼容基本原理和技术。为了满足高等学校电子信息类专业学生和电子电气领域广大工程技术人员的需要,编写了本书。

电磁兼容技术研究的是如何使在同一电磁环境下的各种电气电子系统、分系统、设备和元器件都能正常工作,互不干扰,达到兼容状态。其涉及的学科基础非常广,包括电磁场理论、天线与电波传播、电路理论、信号分析、通信技术、材料科学、生物医学等等,因此要编写一本好的电磁兼容技术教材并非易事。目前,虽然国内有一些电磁兼容技术方面的书籍,但作为适用于高校本科生或研究生学习、课堂教学的教材,就编者多年的教学经验来看,并不能完全满足要求。教材既要有一定深度和广度,又要便于课堂教学和学生系统学习,本书结合作者多年的教学经验和科研体会向这一方向作了一些努力,希望为电磁兼容技术教材建设稍尽绵薄之力。

本书着重阐明电磁兼容的基本概念、基本方法及相关技术,同时紧密联系工程实际,尽量选取一些较新的资料,以反映该领域的最新成果。全书共分8章,内容包括电磁兼容技术概述、电磁兼容技术的理论基础、电磁兼容三要素及特性、屏蔽技术、滤波技术、接地技术、高速电路PCB的EMC设计、电磁兼容测量技术。同时,以电子版的形式给出了第1章和第8章的相关扩展阅读知识,读者可以联系出版社获取。

在编写本书的过程中,作者参阅了国内外有关电磁兼容技术方面的教材、论文、专著和资料,吸收了国内外多名学者、专家的研究成果和资料,有的源于已知文献,有的是零散分布在各种难以考证来源的资料中,无法在书后文献中——列举。在此,对所引用文献的作者和那些无法列举资料的原作者,表示诚挚的谢意!

由于编者水平有限,加上涉及电磁兼容学科的相关理论和技术的迅猛发展以及学科本身的特点,书中难免会出现错误和不妥之处,敬请批评指正。

编　者

2024 年 1 月

学习建议

本课程的授课对象为电子、信息、通信、计算机、电气工程类专业的本科生和研究生,课程类别属于电子信息类。参考学时为 32 学时,包括理论教学环节和实验教学环节。

理论教学环节主要包括:课堂讲授、研究性教学、作业和答疑。课程以课堂讲授为主,部分内容可以通过学生自学加以理解和掌握。研究性教学针对工程实践中出现的各种电磁兼容问题运用所学知识进行分析和探讨,要求学生根据教师布置的题目撰写论文或提交报告,对出现的各种问题进行课内讨论讲评。

实验教学环节包括常用电磁兼容设计软件工具的应用、参观电磁兼容实验室(如暗室、屏蔽室),可根据学时灵活安排,主要由学生课后自行完成。

课程的重难点及安排

本课程的主要知识点、重点、难点、学习目标和课时分配见下表。

序号	教 学 内 容	学生学习预期目标	课内学时(32)
1	绪论:电磁兼容技术概述、研究内容。电磁兼容技术现状与未来发展趋势展望 重点:电磁兼容的概念 难点:电磁兼容前沿技术	(1) 了解电磁兼容技术的历史 (2) 掌握电磁兼容技术研究内容	2
2	电磁兼容技术的理论基础:信号分析基础,电磁场与电磁波基础,电尺寸和电磁波,分贝与 EMC 的常用单位,传输线理论基础 重点:电磁波辐射的理论基础 难点:数字信号的频谱	(1) 掌握信号分析基础、电磁波辐射特性为本课程后续内容的学习奠定基本的理论基础 (2) 掌握数字信号的频谱特征 (3) 理解电尺寸、分贝等概念 (4) 了解传输线的概念	4
3	电磁兼容三要素及特性:电磁干扰源及特性,耦合途径及特性,电磁敏感体及特性 重点:耦合途径及特性 难点:电磁干扰源的分类	(1) 理解电磁干扰三要素 (2) 了解工程中常用的干扰源及特性 (3) 了解耦合途径及特性 (4) 了解设备和系统的敏感性及特性	4
4	屏蔽技术:电场屏蔽,磁场屏蔽,电磁场屏蔽,屏蔽设计 重点:屏蔽体设计 难点:屏蔽体不完整性对屏蔽效能的影响	(1) 掌握常用的屏蔽技术 (2) 掌握屏蔽体的完整性设计	4

续表

序号	教 学 内 容	学生学习预期目标	课内学时(32)
5	滤波技术：反射式滤波器,吸收式滤波器,信号滤波器,电源滤波器,去耦滤波器 重点：滤波器设计 难点：去耦滤波器工作原理	(1) 掌握各类 EMI 滤波器的结构、工作原理 (2) 掌握滤波器电路分析和设计方法,理解去耦滤波器作用及工作原理	4
6	接地技术：安全接地,信号接地,数字电路接地 重点：数字电路接地 难点：信号接地实质	(1) 掌握各类接地技术,理解安全接地与信号接地的特点 (2) 理解数字电路接地的工程意义	2
7	高速电路 PCB 的 EMC 设计简介：高速电路 PCB 走线结构类型及返回路径,高速电路 PCB 布局与布线,高速电路 PCB 叠层设计,混合信号 PCB 的分区与布线设计 重点：高速电路 PCB 叠层设计 难点：高速电路 PCB 走线结构类型及返回路径	(1) 理解高速电路 PCB 走线结构类型及返回路径 (2) 掌握评价高速电路 PCB 优劣设计指标 (3) 熟练掌握多层板叠层设计方法	4
8	电磁兼容测量技术：测量场地,测量设备,传导、辐射测量方法,电磁敏感度测量,静电放电测量 重点：测量方法 难点：测量仪器和设备的使用	掌握各种电磁兼容测量场地、测量仪器与设备、测量方法	4
9	扩展阅读知识(电子版附件)：电磁辐射的危害,电磁兼容性分析方法和管理,电磁兼容常用术语 电磁兼容标准与规范(相关组织机构和研究机构,国际 EMC 标准体系,我国 EMC 标准体系,电磁兼容认证)	(1) 了解电磁辐射的危害 (2) 熟悉与电磁兼容技术有关的组织机构名称及地位和作用 (3) 熟悉各类电磁兼容标准与规范 (4) 理解产品准入市场前,必须强制进行电磁兼容认证的必要性	4

微课视频清单

视 频 名 称	时长/min	位 置
视频 1　绪论	9	第 1 章章首
视频 2　电磁兼容技术的理论基础	58	第 2 章章首
视频 3　电磁兼容三要素	22	第 3 章章首
视频 4　屏蔽技术	30	第 4 章章首
视频 5　滤波技术	30	第 5 章章首
视频 6　接地技术	15	第 6 章章首
视频 7　高速电路 PCB 的 EMC 设计	25	第 7 章章首
视频 8　电磁兼容测量技术	15	第 8 章章首

目 录
CONTENTS

第 1 章
CHAPTER 1

绪　　论

视频

　　智能化、信息化社会的电子产品越来越趋向高速、数字化、高集成度化和小型化,这种趋势导致 EMC 问题更加严重。早在 1975 年专家学者就曾预言,随着城市人口的迅速增长,汽车、电子、通信、计算机与电气设备进入家庭,空间人为电磁能量每年增长 7%～14%,也就是说,25 年后环境电磁能量密度最高可增加 26 倍,50 年可增加 700 倍,在高新信息科技飞速发展的明天,电磁环境恶化已成定局。例如,图 1-1、图 1-2、图 1-3 所示的舰艇、预警机或其他航天飞行器、集成电路,它们之中的电子设备密集存在于狭小的空间,相互间的电磁干扰非常严重。由于接收机遭到阻塞干扰,发射机会干扰雷达的工作,所以在飞机或舰艇

图 1-1　舰艇

上,一般要装备许多种雷达,当所有雷达同时工作时,一部雷达可能遭受几部雷达的干扰。在战斗中由于飞机和军舰上的防御电子系统和进攻电子系统的相互干扰,不能同时兼容工作,因而遭到对方发射导弹攻击的战例屡见不鲜。因此,在复杂的电磁环境中,如何减少相互间的电磁干扰,使各种设备正常运转,是一个亟待解决的问题;另一方面,恶劣的电磁环境还会对人类及生态产生不良的影响。电磁兼容学正是为解决这类问题而迅速发展起来的一门新兴的综合性学科。电子系统越是现代化,其造成的电磁环境就越是复杂,产生的电磁干扰就越强。

图 1-2　空警-2000 预警机

图 1-3　集成电路

　　电子设计领域的快速发展,使得由集成电路构成的电子系统正朝着更大的规模、更小的体积以及更快的时钟速率这一方向发展,例如,根据过去几十年的统计,Intel 处理器芯片的

时钟频率大约每两年可以提高一倍,电子系统设计已经进入纳秒级的高速电路设计领域。随着时钟频率和集成度的提高,互联以及封装对系统电气性能的影响越来越突出,并引发了许多电磁兼容问题。

显而易见,电磁干扰是现代高新电子技术发展道路上必须逾越的巨大障碍。因此,如何使现代电子、电气系统或设备在复杂的电磁环境中能够正常地工作,各设备之间互不干扰,能够"兼容"地共同工作,这一系列的问题就自然摆在了人们面前。为此,一方面要限制干扰源的发射电平和切断传播路径,另一方面要提高受害设备的抗干扰度电平,以便达到电磁兼容的目的。在这种背景下,产生了电磁兼容的概念,形成了一门新的学科——电磁兼容(ElectroMagnetic Compatibility,EMC)。

另外,随着工业、生活自动化程度越来越高,人们越来越依赖电气电子设备,科学家和工程师们一直朝一个共同的目标而努力奋斗——研究、探索直至打造新一代经济而卓越的电气与电子产品。然而,由电子和电气产品带来的电磁干扰问题,使得人类和设备所依赖的电磁环境越来越恶劣,不论怎么精心策划,设计中的缺陷始终像噩梦般挥之不去。补救的措施就是电磁兼容技术(确保设备或系统不产生电磁干扰的技术)。着力解决电磁干扰问题已成为电气和信息化建设中的重要内容之一。

1.1 电磁兼容概述

随着现代科学技术的高速发展,电子、电气设备或系统获得了越来越广泛的应用。这些电子、电气设备在工作的同时往往会产生一些有用的或无用的电磁能量,这些能量极有可能对其他电子、电气设备产生不良影响,甚至造成严重的危害,这就是电磁干扰。在有限的时间、空间和有限的频率资源条件下,电子、电气设备的数量与日俱增,各设备产生的电磁能量的泄漏形成了一个极其复杂的电磁环境(electromagnetic environment)。图 1-4 为人类生活工作中的一类电磁环境。电磁环境污染已成为继水污染、大气污染、噪声污染之后,当今人们生活中的第四大污染。当各个电子、电气设备在同一空间中同时工作时,总会在周围产生一定强度的电磁场,这些电磁场通过一定的途径(辐射、传导)把能量耦合给其他的设备,使其他设备不能正常工作,同时这些设备也会从其他电子设备产生的电磁场中吸收能量,使自己不能正常工作。这种相互影响不仅存在于设备与设备之间,也存在于元件与元件之间、部件与部件之间、系统与系统之间,甚至存在于集成电路内部。严格地说,只要把两个以上的元件置于同一环境中,工作时就会产生电磁干扰。

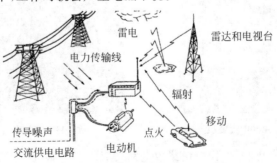

图 1-4　电磁环境

1.1.1　电磁兼容的概念

什么是兼容呢？一般来说，"兼容"描述一种和谐的共存状态，在这个意义上，它广泛应用于各种自然的和人造的系统中。例如，某一近海中鱼类的生态问题，如果近海水域被生活污水和工厂排放的工业污水所污染，导致鱼类品种减少或死亡，那么人类及工厂与鱼类就"不兼容"。然而，采取适当的措施使生活污水和工业污水得到净化处理，达到鱼类在其中生存的标准，鱼类在含有经过净化处理的污水的近海水域的生存就不会受到威胁，人类及工厂与鱼类就能"兼容"。

电磁兼容来源于英语 Electromagnetic Compatibility（缩写为 EMC），对于设备或系统的性能指标来说，直译为"电磁兼容性"，但作为一门学科来说，应译为"电磁兼容"。电磁兼容是研究在有限的空间、时间和频谱资源等条件下，各种用电设备（广义的还包括生物体）可以共存，并不致引起降级的一门科学。电磁兼容性是指设备或系统在其电磁环境下能正常工作，并且不对该环境中任何事物构成不能承受的电磁干扰的能力。在工程实践中，人们往往不加区别地使用"电磁兼容"和"电磁兼容性"，且采用同一英文缩写 EMC。

为了使系统达到电磁兼容性，必须以系统整体电磁环境为依据，要求每个用电设备不产生超过规定限值的电磁发射，同时要求它具有一定的抗干扰能力。只有对每个设备施加这两个方面的约束，才能保证系统达到完全兼容。我国国家军用标准 GJB 72A—2002《电磁干扰和电磁兼容性术语》中给出电磁兼容性的定义为："设备、分系统、系统在共同的电磁环境中能一起执行各自功能的共存状态。包括以下两个方面：第一，设备、分系统、系统在预定的电磁环境中运行时，可按规定的安全裕度实现设计的工作性能，且不因电磁干扰而受损或产生不可接受的降级；第二，设备、分系统、系统在预定的电磁环境中正常地工作且不会给环境（或其他设备）带来不可接受的电磁干扰。"可见，从电磁兼容性的观点出发，除了要求设备、分系统、系统能按设计要求完成其功能外，还要求设备、分系统、系统有一定的抗干扰能力，不产生超过规定限度的电磁干扰。GB/T 4365—2003《电工术语—电磁兼容》给出电磁兼容的定义是："设备或系统在其电磁环境中能正常工作，且不对该环境中的任何事物构成不能承受的电磁干扰的能力。"电磁兼容的定义中包含的两层意义：一是设备要有一定的抗电磁干扰能力，使其在电磁环境中能正常工作；二是设备工作中自身产生的电磁骚扰应抑制在一定水平下，不对该环境中的任何事物构成不能承受的电磁骚扰。

世界各个国家、国际组织为了保证用电设备或系统可以相互兼容，制定了各自的电磁兼容性标准，阐明了电磁兼容的名词术语。美国电气与电子工程师协会（IEEE）给电磁兼容性下的定义是："Electromagnetic Compatibility, EMC, is the ability of a device, equipment or system to function satisfactorily in its electromagnetic environment without introducing intolerable electromagnetic disturbances to anything in that environment."国际电工技术委员会（IEC）认为，电磁兼容是一种能力的表现，它给出的电磁兼容性定义为："电磁兼容性是设备的一种能力，它在其电磁环境中能完成它的功能，而不至于在其环境中产生不允许的干扰"。

EMC 包括 EMI（interference）和 EMS（susceptibility），也就是电磁干扰和电磁抗干扰度。图 1-5 描述了 EMC 现象。

EMI：电磁干扰，描述某一产品对其他产品的电磁辐射干扰程度，是否会影响其周围环

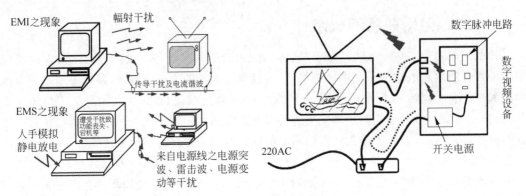

图 1-5 产品、部件间的 EMC

境或同一电气环境内的其他电子或电气产品的正常工作;EMI又包括传导干扰(Conduction Emission,CE)和辐射干扰(Radiation Emission,RE)。

EMS:电磁抗干扰度,描述一电子或电气产品是否会受其周围环境或同一电气环境内其他电子或电气产品的干扰而影响其自身的正常工作;EMS又包括静电抗干扰性、射频抗扰性、电快速瞬变脉冲群抗扰性、浪涌抗扰性、电压暂降抗扰性等相关项目。

目前,电磁兼容学科的科技工作者又进一步探讨电磁环境对人类及生物的危害,学科范围不限定于设备与设备间的问题,而进一步涉及人类自身,因此,一些国内外学者也把电磁兼容学科称为"环境电磁学"。

1.1.2 电磁兼容技术的发展历史

电磁兼容是研究电磁干扰这一传统问题的扩展与延伸,其发展历史可上溯至19世纪。下面以时间顺序透视其发展历史的概况。

1. 第二次世界大战前

电磁干扰的重要性在20世纪20年代开始被人们认识。随着无线电广播传输的开始,无线电噪声(也称为电磁噪声)干扰得到美国电力设备制造商和电力事业公司的关注。这一电磁噪声严重到足以导致由美国国家电光协会(The National Electric Light Association)和美国国家电气制造商协会(The National Electrical Manufacturers Association)设立技术委员会以检验无线电噪声。当时的目的是发展适合的测量技术和执行标准。在20世纪30年代,不断努力的结果是产生了几份技术报告、一份测量方法文件的出版和测试设备的发展。具体的进展包括建立测量架空电力输电线附近电场强度的步骤、测量无线电广播电台产生的场强、开发测量无线电噪声和场强的设备以及确定无线电噪声容限的信息库。

1881年,英国科学家希维赛德发表了名为《论无线电干扰》的文章,这是最重要的早期文献,标志着研究电磁干扰问题的开端,距今已有100多年。在跨越大西洋的几个欧洲国家,涉及无线电干扰各个方面的技术论文陆续出现,这些论文不仅研究无线电传输的电磁干扰,而且研究无线电接收的干扰。1888年,德国物理学家赫兹首创了天线,用实验证实了电磁波的存在,如图1-6所示。从此开始了对电磁干扰问题的实验研究。

在英国,人们于1934年详细分析了1000多个与无线电干扰相关的案例所产生的故障。人们发现,这些无线电干扰来自电动机、开关和汽车点火装置的运行,并观察了来自电力牵引和电力输电线的干扰。在欧洲有这样的认识:无线电干扰领域有国际级的共同技术研究

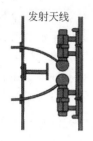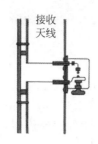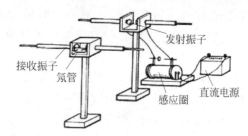

图 1-6 赫兹验证电磁波的实验装置

价值,无线电干扰问题的国际合作是必要的,因为无线电传输不认识地理和国家边界。此外,各种离开制造国,使用电动机、开关等的仪器和设备很可能在许多国家销售和使用,因此,这些设备必须符合所有相关国家的执行标准。国际电工技术委员会(The International Electrotechnical Commission,IEC)和国际广播联盟(The International Union of Broadcasting)联合在 20 世纪 30 年代提出了相关的技术问题。1933 年,国际无线电干扰特别委员会(The International Special Committee on Radio Interference,简称为 CISPR)成立。CISPR 的第一次会议于 1934 年 6 月 28 日至 30 日在法国巴黎召开。CISPR 最初提出的两个重要问题是可以接受的无线电干扰限制和测量无线电干扰的方法。从此开始了对电磁干扰及其控制技术的世界性的有组织的研究。

在后来的几年内,发展了测量无线电干扰的基本方法和频率为 160～1605kHz 的测试设备。在这一时期重要的里程碑包括:

- 1934—1939 年,CISPR 会议记录和报告 RI1-8 的发表提供了关于测量接收机的设计、场测量等的资料;
- 1940 年,在美国公布了一个关于测量无线电噪声方法的报告;
- 规定了频段 0.15～18MHz 的无线电噪声和场强仪;
- 对架空电力传输线附近的无线电广播场强和无线电噪声场强进行了实际测量;
- 在 160～1605kHz 的频率范围内,发展了测量来自电气设备的传导无线电噪声的步骤。

2. 第二次世界大战及其以后的 25 年

第二次世界大战给人们提供了认识和控制无线电噪声的新动力。第二次世界大战期间,在 CISPR 支持下的技术工作完全停止。第二次世界大战期间,军方对使用电信和雷达设备有着广泛兴趣,并对无线电干扰以及比正常无线电广播频率更高的频段产生了兴趣。20 世纪 40 年代,军方的这些兴趣导致了军标的研究及对高达 20MHz 的电磁干扰进行可靠测量的测试设备的开发。20 世纪 50 年代,频率提高到 30MHz。20 世纪 60 年代,频率提高到 1000MHz。一开始,军方执行的标准就非常严格。在航空和航天系统、卫星技术中,电磁干扰的概念和消除这样的干扰的有效步骤具有最重要的意义,并由此导致了许多实际面向技术的工作,然而,技术工作的成果长期处于保密状态。

第二次世界大战后,CISPR 会议恢复。当时美国、加拿大和澳大利亚参加了 CISPR 的审议。CISPR 论坛成为达成无线电干扰测量方法协议及为此目的所使用的测量设备的技术集会。随着更高频率的使用,越来越多的来自亚洲和其他洲的国家以及几个国际组织也开始参加 CISPR 会议。由于国际参与和技术领域的扩展,CISPR 会议成为发展电磁干扰国际协议和国际合作的重要论坛,更高频率使用的测量技术和详细的实验方案在这一论坛上得到了发展。涉及高达 1000MHz 频率的精确测量步骤细节在这些会议上得到了讨论和支持。

第二次世界大战后期,随着无线电通信技术非军事应用的日益增加,在制造各种电信产品的过程中,电磁干扰问题和执行一些设计原理的需求变得更明显。涉及干扰机理及其效应的几种主要技术研究、测量技术、使电磁干扰最小化的设计步骤,在包括美国和欧洲的许多国家成为研究的热点问题。在这一时期,为了估计几种电气和电子设备及系统发射的无线电噪声,人们做了许多实际测量。在 CISPR 会议上,作为 CISPR 审议的部分技术背景,无线电和电视、电力输电线、家用仪器、汽车和工业科学医疗(industrial/scientific/medical)设备发射的电磁噪声获得详细的测量、报道和广泛讨论。最初,着重达成了关于测量步骤和测量方法的协议,但留下了更困难的问题。诸如美国的 FCC(The Federal Communications Commission)和英国的 BSI(The British Standards Institution)这样的国家制定规章的机构,开始制定适用其各自国家的干扰控制极限。

为了解决电磁干扰问题,保证设备和系统的可靠性,20 世纪 40 年代初,提出了电磁兼容性的概念。1944 年,德国电气工程师协会制定了世界上第一个电磁兼容性规范 VDE-0878;1945 年,美国颁布了美国最早的军用规范 JAN-I-225。

3. 20 世纪 60 年代后

20 世纪 60 年代后,电气与电子工程技术迅速发展,其中包括数字计算机、信息技术、测试设备、电信、半导体技术的发展。在所有这些技术领域内,电磁噪声和克服电磁干扰引起的问题引起人们的高度重视,导致了电磁噪声领域的世界范围的许多技术研究。

虽然电磁干扰问题由来已久,但电磁兼容这个新兴的综合性边缘学科是近代才形成的。美国 IEEE 学报 Transactions RFI 分册于 1964 年改名为 IEEE Transactions on Electromagnetic Compatibility(EMC 分册)。若以此作为电磁兼容学科形成的标志,距今已近 60 年了。从 20 世纪 40 年代提出电磁兼容性概念,使电磁干扰问题由单纯的排除干扰逐步发展成为从理论、技术上全面控制用电设备在其电磁环境中发挥正常工作性能的系统工程,电磁兼容的理论、技术基础不断深化,研究内容不断发展,涉及范围不断扩大。

CISPR 审议产生了 CISPR 第 16 号出版物。这是一本把该领域的各种测量程序和电磁干扰推荐极限合并在一起的独立的出版物。CISPR 的审议还产生了包括无线电及电视接收机、工业科学医疗设备、汽车、荧光灯的电磁噪声及其测量等内容的出版物。在 20 世纪 80 年代,CISPR 出版了包括信息技术设备的第 22 号出版物。

军方对电磁噪声的兴趣在电磁干扰和测量及控制电磁干扰技术等领域也产生了许多成果。在认识电磁干扰、实现电磁兼容技术的过程中,几种重要进展是美国军方在该领域所做工作的直接结果。由于军事和商业的原因,个别产品的许多技术活动仍然处于保密状态。已经发布的重要军事文件包括涉及 EMI 技术的定义和测量单位的 MIL-STD-463 以及最新版本的 MIL-STD-461、MIL-STD-462。虽然有几个国家的军方利用大量的资料形成并发布了他们自己的标准以限制电磁干扰,然而美国军方所发布的标准继续在这一领域起着示范作用。除了基本的军事标准 MIL-STD-461/MIL-STD-462/MIL-STD-463 外,美国军方也发布了其他几个标准,这些标准涉及系统电磁兼容和雷达、飞行器电源等各种设备的设计和运行要求。

在 20 世纪 80 年代,数字技术包括数字技术在工业自动化方面的应用,在世界范围内的发展影响了与电磁噪声相关问题的研究。数字设备和系统对电磁噪声敏感,因为这些数字设备和系统不能区分脉冲信号和瞬时噪声,电磁噪声导致它们故障频发。数字电路和设备产生大量的电磁噪声基本上是在数字设备中使用的非常短的脉冲上升时间所引起的宽带噪声。用在数字电路和数字设备中的时钟也会产生电磁噪声。数字电子设备广泛使用了固态器件和集成电路。固态器件和集成电路易被瞬态电磁噪声损坏。因此,为了保护敏感的半导体器件不受电磁环境的损坏,采用特殊设计和工程方法是必需的。电磁兼容领域在过去的 20 年中受到了相当的关注,在世界范围内,发表了有关这一领域的许多论文,关于电磁兼容技术的讨论继续占据着许多国内和国际会议的议题。

几个国家把特别的注意力集中于用公式表示各种电气和电子设备发射的电磁噪声的极限以及这些设备和仪器在出售之前必须经受得住的抗扰极限。美国的 FCC(The Federal Communications Commission)、德国的 FTZ(Fernmelde Technisches Zentralamt)、英国的 BSI(British Standards Institution)、日本的 VCCI(Voluntary Control Council for Interference)和其他国家的类似协会,都颁布了控制电磁噪声发射和抗扰性技术要求的执行标准。一些政府内的专门机构,诸如美国的 NASA(The National Aeronautics and Space Administration,国家航空和航天管理局)、NTIA(The National Teleco mmunication and Information Agency,国家电信和情报局)以及其他国家的类似组织,发布了控制电磁辐射和电磁抗扰性的执行标准。诸如 ICAO(The International Civil Aviation Organization,国际民用航空组织)、IMCO(The International Maritime Consultative Organization,国际海事协商组织)等国际组织,也非常关注电磁噪声和电磁噪声允许的极限等问题。

随着欧洲自由贸易区(The European Free Trade Area)的出现,在 20 世纪 80 年代,欧洲国家特别注意发展控制电磁噪声发射和电磁噪声抗扰性极限的共同执行标准。为了使欧洲的工厂能够在全欧洲出售其产品,必须有统一的方法和标准。在欧洲经济共同体(The European Economic Community)内,欧洲电气产品标准委员会(The European Standards Committee for Electrical Products)在 1973 年成立,它负责制定设备的电磁噪声和执行极限的欧洲标准,这些标准涉及无线电接收机、电视机、信息技术设备、工业科学医疗设备等。

20 世纪 90 年代,电磁的辐射污染引起了人们的高度关注。有关机构的调查显示,长期接受高频电磁辐射,会对眼睛、神经系统、生殖系统、心血管系统、消化系统及骨骼组织造成严重的不良影响,甚至可能危及生命。为此,世界卫生组织将"电磁辐射"列为必须严加控制的现代公害之一。由此,电磁辐射成为了 EMC 的一个新的重点研究领域。

产品电磁兼容性达标认证已由国家范围发展到在一个地区或一个贸易联盟中采取统一行动。从 1996 年 1 月 1 日起,欧洲经济共同体 12 个国家和欧洲自由贸易联盟的北欧 6 国共同宣布实行电磁兼容许可证制度,使得电磁兼容认证与电气电子产品安全认证处于同等重要的地位。

4. 我国电磁兼容发展概况

我国由于过去的工业基础比较薄弱,电磁环境危害尚未充分暴露,对电磁兼容认识不足,因此,对电磁兼容理论和技术的研究起步较晚,与其他国家的差距较大。我国第一个干扰标准是 1966 年由原第一机械工业部制定的部级标准 JB-854-66《船用电气设备工业无线电干扰端子电压测量方法与允许值》。直到 20 世纪 80 年代初,才有组织、系统地研究并制定了国家级和行业级的电磁兼容性标准和规范。1981年颁布了第一个较为完整的标准HB5662-81,即《飞机设备电磁兼容性要求和测试方法》。此后,在电磁兼容性标准和规范的研究与制定方面有了较大进展。

20世纪80年代以来,成立了多个国内电磁兼容学术组织,学术活动频繁开展。1984年,中国通信学会、中国电子学会、中国铁道学会和中国电机工程学会在重庆召开了第一届全国性电磁兼容性学术会议,此次会议录用论文49篇。1992年5月,中国电子学会和中国通信学会在北京成功地举办了"第一届北京国际电磁兼容学术会议(EMC'92/Beijing)"。此次会议录用论文173篇,这标志着我国电磁兼容学科的迅速发展并参与到世界交流中。

20世纪90年代以来,随着国民经济和高新科技产业的迅速发展,在航空、航天、通信、电子、军事等部门,电磁兼容技术受到了格外重视,并投入了较大的财力和人力,建立了一批电磁兼容试验和测试中心,引进了许多现代化的电磁干扰和敏感度自动测试系统和试验设备。一些军种、部门、研究所及大学陆续建立了电磁兼容性实验研究室,电子、电气设备研究、设计及制造单位也纷纷配备了电磁兼容性设计、测试人员,电磁兼容性工程设计和预测分析在实际的科研工作中得到了长足发展。

电磁污染作为环境污染的一种,其危害性已引起我国政府的重视。国家环境保护局于1997年3月25日发布实施《电磁辐射环境保护管理办法》。《电磁辐射环境保护管理办法》规定的电磁辐射包括信息传递过程中的电磁波发射,工业、科学、医疗应用中的电磁辐射,高压送变电过程中产生的电磁辐射。我国目前使用的电磁辐射标准是我国环境保护部与国家质检总局联合发布的GB 8702—2014《电磁环境控制限值》。国家出入境检验检疫局的1999年国检认联〔1998〕122号文件颁布了"关于对六种进口商品实施电磁兼容强制检测的通知",通知规定对计算机、显示器、打印机、开关电源、电视机、音响设备6种进口商品,自1999年1月1日起强制执行电磁兼容检测。上述6种进口商品自2000年1月1日起必须获得国家出入境检验检疫局签发的进口商品安全质量许可证并贴有安全认证标志后方能进口、销售。

1.2　电磁兼容技术的研究内容

电磁兼容学科主要研究的是如何使在同一电磁环境下工作的各种电气电子系统、分系统、设备和元器件都能正常工作,互不干扰,达到兼容状态。在某种程度上也可以说是研究干扰和抗干扰的问题。但作为一门学科,它的研究对象不仅限于电气电子设备,而是拓宽到自然干扰源、核电磁脉冲、静电放电等方面。电磁兼容学科包含的内容十分广泛,实用性很强。几乎所有的现代工业,如航天、军工、电力、通信、交通、计算机、医疗卫生等都必须解决电磁兼容问题。其涉及的理论基础包括电磁场理论、天线与电波传播、电路理论、信号分析、通信技术、材料科学、生物医学等,所以电磁兼容学科是一门实用性很强的综合性的前沿交叉学科。

要解决电磁电容问题,电磁兼容技术的研究需围绕构成电磁干扰三要素(电磁干扰源、干扰耦合途径和敏感设备)进行,其研究内容包括:电磁干扰产生的机理、电磁干扰源的发射特性以及如何抑制电磁干扰源的发射;电磁干扰以何种方式通过什么途径耦合(或传输),以及如何切断电磁干扰的传输途径;敏感设备对电磁干扰产生何种响应,以及如何提高敏感设备的抗干扰能力。从总体上说,EMC 的研究内容涉及电磁干扰源的干扰特性、敏感设备的抗扰性、传输途径的传输函数、电磁兼容性控制技术、电磁兼容性分析和预测、电磁兼容性设计、频谱工程、EMC 标准和规范、EMC 试验和测量等等。具体来讲,电磁兼容技术的研究内容主要包括以下几个方面:

(1) 电磁干扰源。无论在任何条件下,只要 $di/dt \neq 0$ 或 $dv/dt \neq 0$ 就会产生电磁噪声,虽然电磁干扰不仅仅包括电磁噪声,但电磁噪声占据了电磁干扰的主要部分。电磁干扰源包括自然电磁干扰源和人为电磁干扰源,自然电磁干扰源包括来自银河系的噪声、来自太阳系的噪声、来自大气层(如雷电)的电离层变动等、静电放电 ESD、热噪声;人为电磁干扰源包括工业科学医疗射频设备、高压电力系统、电牵引系统、内燃机点火系统、电视声音广播接收机、家用电器、电动工具、信息技术设备、大型电动机发电机核爆炸以及通信导航定位遥控无线电业务发射机。主要研究干扰产生的机理、干扰源的发射特性以及如何抑制干扰的发射。

(2) 干扰信号的特性。主要研究干扰信号的频谱、带宽、波形、幅值、极化特性、共模和差模干扰、辐射的近区场和远区场特性等。

(3) 干扰信号的传播。电磁信号的传播方式,从大类来分可分为传导发射(CE)与辐射发射(RE)。传导发射指通过一个或多个导体(如:电源线、信号线、控制线或其他金属体)传播电磁噪声能量的过程,从广义上说,传导发射还包括不同设备、不同电路使用公共地线或公共电源线所产生的公共阻抗耦合;辐射发射指以电磁波的形式通过空间传播电磁噪声能量的过程,辐射发射有时也将感应现象包括在内,具体包括静电耦合、磁场耦合以及电磁耦合。区别主要在于传播距离与波长之间的关系。传播特性的研究方法是根据电磁场理论建立数学模型,当前随着计算机的发展数值方法应用越来越广泛。

(4) 被干扰设备(接收器)的研究。干扰接收器受到干扰后会产生性能降级,甚至会全部损坏,干扰接收器根据研究层次不同可以是系统、分系统、设备、印制电路板和各种元器件。主要研究干扰接收器对电磁干扰的响应以及如何提高其抗扰性。值得注意的是,某些干扰接收器同时也是电磁干扰源,例如,计算机、通信广播接收机等。

(5) 电磁兼容测量技术的研究。由于电磁干扰的时域、频域特性比较复杂,而且频率范围经常高达数兆赫兹甚至数吉赫兹,因此电路或设备中的分布参数对电磁发射电平与抗扰性电平影响都比较大。就当前的水平看,数学建模计算以及计算机仿真的结果与实际情况的误差往往很大,最终判定是否满足系统要求的指标只有依靠实际测量,因而测量对于电磁兼容领域来说显得格外重要,为了正确评价电磁干扰的强弱,必须使测量仪器适应测量对象的特征,由于电磁干扰不是一般的正弦电压而是包括脉冲噪声在内的各种不同形状(时域)、不同频谱(频域)的电磁干扰电压,因而对测量仪表、测量场地与测量方法要求十分严格,这些详细而严格的要求需通过深入的研究,并以相应的标准和规范予以规定。

(6) 电磁兼容性分析与预测,电磁兼容仿真软件。电磁兼容设计必须依靠电磁兼容分析与预测,分析与预测的关键在于数学模型的建立和对系统内、系统间电磁干扰进行计算分析程序的编制,数学模型包括根据实际电路、布线和参数建立起来的所有干扰源、传播途径与干扰接收器模型。分析程序应能计算所有干扰源通过各种可能的传播途径对每个干扰接收器的影响,并判断这些综合影响的危害是否符合相应的标准与设计要求,这些程序的优劣不仅取决于能够处理多少个干扰源与多少个干扰接收器,而且在于其预测的精确性。当前电磁兼容分析与预测的精确度虽然不可能提得很高,但是应达到具有实际应用价值的水平。

近年来,有人提出将建立在分析基础上的电磁兼容设计改变为建立在综合的基础之上,也就是说,不再是根据干扰源与干扰接收器的参数去确定整体的电磁兼容性,而是根据整体的电磁兼容性指标去分配给各个干扰源与干扰接收器,从而提出源的发射要求与接收器的抗扰性要求,这也是对电磁兼容设计提出的新的挑战。

当前,常见的仿真软件有 HFSS(Ansoft 公司)、CST(Computer Simulation Technology 公司)、Hyperlynx(Mentor Graphics 公司提供)等。

(7) 抗干扰技术的研究。主要对屏蔽技术、滤波技术、接地和搭接技术的深入研究。

(8) 电磁兼容性设计。为了实现在设备内部、设备间达到电磁兼容的状态,针对各种电子电气产品,各个国家和地区颁布了一系列强制性的电磁兼容执行标准,为了满足相应的标准和规范,电磁兼容设计必须贯穿于电子电气产品设计、制造、检验、销售的全过程。电磁兼容设计的内容包括电气设计(各元器件的干扰控制和对应的抗干扰措施,元器件的布局、布线、印制电路板的电磁兼容设计等)和结构设计(如产品机箱的屏蔽,包括各种通风口、缝隙、表头、显示器、指示灯和其他屏蔽不完整性的处理)。

(9) 信息设备电磁泄漏及防护技术。信息系统的机密信息可以通过设备泄漏的电磁场以辐射的方式发射出去,也可能通过电源线、地线、信号线等以传导的方式耦合出去,从而造成信息的严重泄漏,造成不必要的损失。抑制计算机泄漏的方法包括 TEMPEST 技术和视频保护(干扰)技术。

(10) 电磁脉冲及其防护。电磁脉冲(EMP)包括雷电脉冲、核电磁脉冲、电磁武器产生的强电磁脉冲,是十分严重的电磁干扰源。其特点是:频率覆盖范围很宽,可以从甚低频到数百兆赫兹;场强很大,电场强度可达 40kV/m 或更高;作用范围很广,可达数千千米。如进入设备内部将产生严重的电磁干扰,甚至使设备遭到严重破坏。电磁脉冲及其防护已成为近年来电磁兼容学科研究的一个重要内容。

(11) 电磁兼容标准和规范的研究。标准和规范中规定了各个频段各种类型的电子、电气设备的发射干扰限值和对敏感度的要求,产品符合标准中要求是达到电磁兼容性的先决条件,因此制定和执行标准本身是解决电磁兼容问题的重要措施。

本章的扩展阅读知识详情请参考本书配套资源,内容主要包括电磁辐射的危害、电磁兼容性分析方法和管理、电磁兼容常用术语。

习题

1-1 什么是电磁干扰?什么是电磁兼容?如何做到电磁兼容?
1-2 电磁兼容技术的研究内容主要包括哪几方面?
1-3 当前用于电磁兼容技术分析与预测的软件有哪些?
1-4 辐射的本质是什么?电磁辐射有哪些危害?
1-5 决定电磁辐射对生物体影响程度的因素有哪些?
1-6 电离辐射与非电离辐射有什么不同?

第 2 章

CHAPTER 2

电磁兼容技术的理论基础

视 频

干扰源对被干扰设备(敏感设备)产生干扰有两种方式：传导干扰和辐射干扰。传导干扰是指由干扰源中产生的干扰电压/电流(干扰信号)通过电源线、信号线传导并影响敏感设备,辐射干扰是指以电磁波的形式通过空间传播的干扰。因此,从这种意义上来讲,干扰源产生的干扰信号可分为两类：传导干扰信号和辐射干扰信号。对于传导干扰中的干扰信号需要进行信号分析,以全面了解传导干扰信号的特性,对辐射干扰需要熟悉电磁波的空间特性和传播规律,以全面了解辐射干扰波(信号)的特性。所以,要学好"电磁兼容技术"这门课程,至少需要两方面的理论基础知识：一方面是信号分析的基础知识,另一方面是电磁波辐射特性方面的基础知识。这就要求我们要具有电路分析、信号与系统、数字信号处理、电磁场与电磁波、微波技术与天线等课程的基础知识。

2.1 信号分析基础——信号谱(时域和频域间的关系)

电磁干扰信号和有用信号一样可以在时域和频域内进行描述。电磁干扰信号除了极少数为恒定的情况外,绝大部分的干扰信号都是时变的,它们可以是正弦的、非正弦的、周期性的、非周期性的,甚至是脉冲波形式的。可以是确定信号(能够被精确地计算且随时间变化规律的信号),也可以是随机信号(随时间变化的规律未知并只能用统计方法来描述的信号)。数字产品的数据流就是随机信号的例子,否则将无法观察到任何信息。但是无论从耦合途径进行分析还是进一步采取消除干扰措施,对时变干扰信号采用频域方法进行分析不仅是方便的,甚至有时是必需的。电子系统中信号的频率成分或频谱可能是系统具备满足规定限值或与其他电子系统相兼容的性能的最重要因素。例如,在考虑滤波和屏蔽时都要知道干扰源所含的频率成分。因此,就有必要讨论信号在时域和频域间的转换(如图 2-1 所示)以及它们之间存在的一些基本关系。图 2-2 为信号的时域波形和频域频谱图。一般地,电磁兼容技术涉及的频率范围为 0~400GHz。EMC 分析更多是在频域进行,并且不考虑相位因素。

图 2-1 信号的时域分析和频域分析

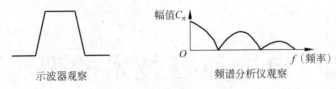

示波器观察　　　　　　　　频谱分析仪观察

图 2-2　信号的时域波形和频谱图

傅里叶分析是从频域的角度研究连续时间信号,它是以正弦函数(正弦和余弦函数可统称为正弦函数)或虚指数函数 $e^{j\omega t}$ 为基本信号,将任意连续时间函数表示为一系列不同频率的正弦函数或虚指数函数之和(对于周期函数)或积分(对于非周期函数)。

2.1.1　周期干扰信号的频谱——周期信号的傅里叶级数分析

随时间重复的时域信号或波形称为周期信号。例如,对数字电子系统的辐射发射和传导发射直接起作用而且很重要的信号就是周期信号,这种类型的波形代表了系统正常工作所必需的数据和时钟信号。

设 $f(t)$ 为周期性干扰信号,则 $f(t)$ 是具有以下性质的函数:

$$f(t) = f(t+nT), \quad n = 1,2,3,\cdots$$

其中,T 为波形的周期,周期的倒数称为波形的基频($f_0 = 1/T$),单位为 Hz。

1. 三角函数形式的傅里叶级数

1) 傅里叶级数展开的充分条件

周期信号 $f(t)$ 须满足狄利克雷(Dirichlet)条件,即:一个周期内仅有有限个间断点,一个周期内仅有有限个极值,一周期内绝对可积,

$$\int_{t_0}^{t_0+T} |f(t)| \, \mathrm{d}t < \infty$$

通常所遇到的周期性信号都能满足此条件,因此,以后除非特殊需要,一般不再考虑这一条件。

2) 一种三角函数形式的傅里叶级数

设一周期函数 $f(t)$ 的周期为 T,角频率 $\omega_0 = 2\pi f_0 = 2\pi/T$,其傅里叶级数展开式为

$$f(t) = \frac{a_0}{2} + \sum_{i=1}^{\infty} a_n \cos(n\omega_0 t) + \sum_{i=1}^{\infty} b_n \sin(n\omega_0 t) \tag{2-1}$$

其中,

$$a_0 = \frac{2}{T} \int_{-\frac{T}{2}}^{\frac{T}{2}} f(t) \, \mathrm{d}t$$

$$a_n = \frac{2}{T} \int_{-\frac{T}{2}}^{\frac{T}{2}} f(t) \cos(n\omega_0 t) \, \mathrm{d}t$$

$$b_n = \frac{2}{T} \int_{-\frac{T}{2}}^{\frac{T}{2}} f(t) \sin(n\omega_0 t) \, \mathrm{d}t$$

3) 另一种三角函数形式的傅里叶级数

下面给出另一种形式的傅里叶级数展开式

$$f(t) = \frac{c_0}{2} + \sum_{i=1}^{\infty} c_n \cos(n\omega_0 t + \varphi_n)$$

或

$$f(t) = \frac{d_0}{2} + \sum_{i=1}^{\infty} d_n \sin(n\omega_0 t + \theta_n) \qquad (2\text{-}2)$$

其中，直流分量为

$$c_0 = d_0 = a_0$$

基波振幅为

$$c_1 = d_1 = \sqrt{a_1^2 + b_1^2}$$

谐波振幅为

$$c_n = d_n = \sqrt{a_n^2 + b_n^2}$$

$$\varphi_n = -\arctan\left(\frac{b_n}{a_n}\right)$$

$$\theta_n = \arctan\left(\frac{a_n}{b_n}\right)$$

式(2-2)表明，任何满足狄利克雷条件的周期函数都可分解直流和许多余弦(或正弦)分量。其中第一项 c_0 是常数项，它是周期信号中所包含的直流分量；式中第二项 $c_1 \cos(\omega_0 t + \varphi_1)$ 称为基波或一次谐波，它的角频率与原周期信号相同，c_1 是基波振幅，φ_1 是基波初相位；式中第三项 $c_2 \cos(2\omega_0 t + \varphi_2)$ 称为二次谐波，它的角频率与基波频率的 2 倍，c_2 是二次谐波振幅，φ_2 是其初相位；以此类推，还有三次、四次等谐波。一般而言，$c_n \cos(n\omega_0 t + \varphi_n)$ 称为 n 次谐波，c_n 是 n 次谐波振幅，φ_n 是其初相位。式(2-2)表明周期信号可以分解为各次谐波分量。

例 2-1 将如图 2-3 所示的方波信号展开为傅里叶级数形式。

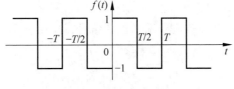

图 2-3 例 2-1 的图

解：

$$a_n = \frac{2}{T}\int_{-\frac{T}{2}}^{\frac{T}{2}} f(t)\cos(n\omega_0 t)\mathrm{d}t = \frac{2}{T}\int_{-\frac{T}{2}}^{0}(-1)\cos(n\omega_0 t)\mathrm{d}t + \frac{2}{T}\int_{0}^{\frac{T}{2}}(1)\cos(n\omega_0 t)\mathrm{d}t$$

$$= \frac{2}{T}\frac{1}{n\omega}\left[-\sin(n\omega_0 t)\right]\Big|_{-\frac{T}{2}}^{0} + \frac{2}{T}\frac{1}{n\omega}\left[\sin(n\omega_0 t)\right]\Big|_{0}^{\frac{T}{2}} = 0$$

$$b_n = \frac{2}{T}\int_{-\frac{T}{2}}^{\frac{T}{2}} f(t)\sin(n\omega_0 t)\mathrm{d}t = \frac{2}{T}\int_{-\frac{T}{2}}^{0}(-1)\sin(n\omega_0 t)\mathrm{d}t + \frac{2}{T}\int_{0}^{\frac{T}{2}}(1)\sin(n\omega_0 t)\mathrm{d}t$$

$$= \frac{2}{T}\frac{1}{n\omega_0}\left[\cos(n\omega_0 t)\right]\Big|_{-\frac{T}{2}}^{0} + \frac{2}{T}\frac{1}{n\omega_0}\left[-\cos(n\omega_0 t)\right]\Big|_{0}^{\frac{T}{2}} = \frac{2}{n\pi}\left[1 - \cos(n\pi)\right]$$

$$= \begin{cases} 0, & n = 2,4,6,\cdots \\ \dfrac{4}{n\pi}, & n = 1,3,5,\cdots \end{cases}$$

将它们代入式(2-1),得

$$f(t) = \frac{4}{\pi}\left[\sin(\omega_0 t) + \frac{1}{3}\sin(3\omega_0 t) + \frac{1}{5}\sin(5\omega_0 t) + \cdots + \frac{1}{n}\sin(n\omega_0 t) + \cdots\right] \quad n = 1, 3, 5, \cdots$$

它只含一次、三次、五次等奇次谐波分量。我们通过对上述周期方波信号的傅里叶级数中各谐波组成情况进行分析,不难得出以下结论:表达式中所包含的谐波分量越多,合成波形越接近原来的方波;频率较低的谐波,其振幅较大,它们组成方波的主体,而频率较高的高次谐波振幅较小,它们主要影响波形的细节;波形中所包含的高次谐波越多,波形的边缘越陡峭,或者说,高频谐波主要影响脉冲前沿,说明波形变化越激烈,高频分量越丰富。合成波形的谐波分量越多,除间断点附近外,它越接近原方波信号。在间断点附近,随着所含谐波次数的增高,合成波形的尖峰越靠近间断点,但尖峰幅度并未明显减小,即使合成波形所含谐波次数 $n \to \infty$ 时,在间断点处也有约 9% 的偏差,这种现象称为吉布斯(Gibbs)现象。

2. 指数形式的傅里叶级数

三角函数形式的傅里叶级数含义明确,但运算不便,因而经常采用指数形式的傅里叶级数。即

$$f(t) = \sum_{n=-\infty}^{\infty} F_n e^{jn\omega_0 t} \tag{2-3}$$

$$F_n = \frac{1}{T}\int_{-\frac{T}{2}}^{\frac{T}{2}} f(t) e^{-jn\omega_0 t} \, dt \tag{2-4}$$

式(2-3)表明,任意周期信号 $f(t)$ 都可分解为许多不同频率的虚指数信号($e^{jn\omega_0 t}$)之和,其各分量的复数幅度(或相量)为 F_n。

3. 周期信号的频谱

如前所述,周期信号可以分解成一系列正弦信号或虚指数信号之和,即:

$$f(t) = \frac{c_0}{2} + \sum_{i=1}^{\infty} c_n \cos(n\omega_0 t + \varphi_n) \tag{2-5}$$

或

$$f(t) = \sum_{n=-\infty}^{\infty} F_n e^{jn\omega_0 t} \tag{2-6}$$

其中,$F_n = \frac{1}{2} c_n e^{j\varphi_n} = |F_n| e^{j\varphi_n}$。为了直观地表示出信号所含各分量的振幅,以频率(或角频率)为横坐标,以各谐波的振幅 c_n 或虚指数函数的幅度 $|F_n|$ 为纵坐标,可画出如图 2-4 所示的线图,称为幅度(振幅)频谱,简称幅度谱。图 2-4 中每条竖线代表该频率分量的幅度,称为谱线。连接各谱线顶点的曲线(如图中的虚线)称为包络线,它反映了各分量幅度随频率变化的情况。需要说明的是,在图 2-4(a)中,信号分解为各余弦分量,其中的每一条谱线表示该次谐波的振幅 c_n(称为单边幅度谱),而在图 2-4(b)中,信号分解为各虚指数函数,其中的每一条谱线表示各分量的幅度 $|F_n|$(称为双边幅度谱,其中,$|F_n| = |F_{-n}| = \frac{1}{2} c_n$)。

从图 2-4 可以看出,

(1) 单边幅度谱和双边幅度谱中直流分量的幅度相等($c_0 = |F_0|$)。

(2) 单边幅度谱中某一个频率分量的幅度是双边幅度谱中对应频率分量幅度的 2 倍

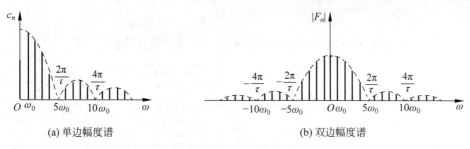

(a) 单边幅度谱　　　　　　　　　　(b) 双边幅度谱

图 2-4　周期信号的频谱

($c_n = 2|F_n|$)。

实际上，单边幅度谱中每条谱线代表一个频率分量，该频率分量具有真实的物理意义。而双边幅度谱中，把每一个具有物理意义的频率分量用两条谱线表示出来，其中一条代表正频率分量，另一条代表负频率分量。只有把正负频率上的两条谱线矢量相加才能得到一个具有物理意义的频率分量。

下面以周期矩形脉冲信号为例，说明周期信号频谱的特点。

例 2-2　设有一幅度为 1、脉冲宽度为 τ 的周期矩形脉冲（也称方波），其周期为 T，如图 2-5 所示。求该信号的指数形式傅里叶级数，画出其幅度谱。

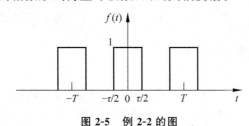

图 2-5　例 2-2 的图

解：根据式(2-4)，可以求得其复傅里叶系数

$$F_n = \frac{1}{T}\int_{-\frac{\tau}{2}}^{\frac{\tau}{2}} e^{-jn\omega_0 t}\,dt = \frac{1}{T} \cdot \frac{e^{-jn\omega_0 t}}{-jn\omega_0}\bigg|_{-\frac{\tau}{2}}^{\frac{\tau}{2}} = \frac{2}{T} \cdot \frac{\sin\dfrac{n\omega_0\tau}{2}}{n\omega_0}$$

$$= \frac{\tau}{T} \cdot \frac{\sin\dfrac{n\omega_0\tau}{2}}{\dfrac{n\omega_0\tau}{2}}, \quad n = 0, \pm1, \pm2, \cdots$$

考虑到 $\omega_0 = 2\pi/T$，上式也可以写成

$$F_n = \frac{\tau}{T}\frac{\sin\left(\dfrac{n\pi\tau}{T}\right)}{\dfrac{n\pi\tau}{T}}, \quad n = 0, \pm1, \pm2, \cdots$$

令 $\mathrm{Sa}(x) = \dfrac{\sin x}{x}$，称其为取样函数，它是偶函数，当 $x \to 0$ 时，$\mathrm{Sa}(x) = 1$。上式可以写成

$$F_n = \frac{\tau}{T}\frac{\sin\left(\dfrac{n\pi\tau}{T}\right)}{\dfrac{n\pi\tau}{T}} = \frac{\tau}{T}\mathrm{Sa}\left(\frac{n\pi\tau}{T}\right) = \frac{\tau}{T}\mathrm{Sa}\left(\frac{n\omega_0\tau}{2}\right) = \frac{\tau}{T}\mathrm{Sa}(\pi f\tau) \tag{2-7}$$

式中，$f=n/T$。

根据式(2-6)，该周期矩形脉冲的指数形式傅里叶级数展开式为

$$f(t) = \sum_{n=-\infty}^{\infty} F_n \mathrm{e}^{jn\omega_0 t} = \frac{\tau}{T} \sum \mathrm{Sa}\left(\frac{n\pi\tau}{T}\right) \mathrm{e}^{jn\omega_0 t} \tag{2-8}$$

图 2-6 中画出了 $T=4\tau$ 的周期矩形脉冲的频谱。

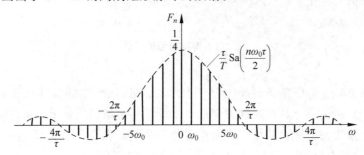

图 2-6 周期矩形脉冲的频谱($T=4\tau$)

可见，周期脉冲信号的频谱是离散的，仅含有 $n\omega_0$ 的各分量，其相邻两条谱线的间隔是 ω_0，脉冲周期越长，谱线间隔越小，谱线越密；反之，则越稀疏。其各谱线的幅度按包络线 $\mathrm{Sa}\left(\frac{n\omega_0\tau}{2}\right)$ 的规律变化，在 $\frac{n\omega_0\tau}{2}=m\pi(m=\pm1,\pm2,\cdots)$，即 $n\omega_0=\frac{2m\pi}{\tau}$ 的各处，包络为零，其相应的谱线，即相应的频率分量也等于零。

周期信号频谱具有如下特点：

(1) 离散性，即周期信号的频谱由不连续的谱线组成，谱线间隔为 ω_0。

(2) 谐波性，即周期信号频谱的每一条谱线，只能出现在基频的整数倍的频率上。

(3) 收敛性，即各次谐波的幅值随频率的增加而减小，频谱是收敛的。

4. 数字信号的频谱特征和带宽

在数字电路中，信号是脉冲形式的，称为脉冲信号，即数字信号为脉冲信号，持续时间短暂。最常见的数字信号是矩形波和尖顶波，矩形波如图 2-5 所示。实际的波形并不像图 2-5 那样理想，实际的矩形波如图 2-7(a)所示，通常用梯形波近似，如图 2-7(b)所示。

以如图 2-7(a)所示的实际矩形波为例，说明数字信号波形即脉冲信号波形的一些基本参数：脉冲幅度为脉冲信号变化的最大值，从脉冲 10% 的幅度上升到 90% 所需的时间定义为脉冲上升时间 t_r，从脉冲 90% 的幅度下降到 10% 所需的时间定义为脉冲下降时间 t_f，从上升沿 50% 幅度到下降沿 50% 幅度所需时间为脉冲宽度 τ，周期性脉冲信号前后两次出现的间隔时间为脉冲周期 T，单位时间内的脉冲数为脉冲频率 f，即 $f=1/T$。

例 2-2 中讨论了方波的频谱特征，下面讨论梯形波的频谱特征，以了解影响信号频谱的时域因素及带宽。

1) 梯形波的频谱

如图 2-7 所示为数字信号梯形波，脉冲的幅度为 A，t_r 表示脉冲上升时间、t_f 表示下降时间和脉冲宽度为 τ。

假设脉冲的上升时间和下降时间相等 $t_r=t_f$，可经过推导，得到单边频谱的展开系数：

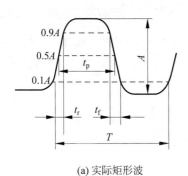

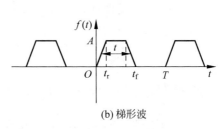

(a) 实际矩形波   (b) 梯形波

图 2-7   周期梯形波

$$c_n = 2\mid F_n \mid = 2A\,\frac{\tau}{T}\cdot \left|\frac{\sin\dfrac{n\pi\tau}{T}}{\dfrac{n\pi\tau}{T}}\right|\left|\frac{\sin\dfrac{n\pi t_r}{T}}{\dfrac{n\pi t_r}{T}}\right|,\quad n\neq 0,t_r = t_f \qquad (2\text{-}9)$$

$$\frac{c_0}{2}=A\,\frac{\tau}{T}$$

其中,

$$f(t)=\frac{c_0}{2}+\sum_{i=1}^{\infty}c_n\cos(n\omega_0 t+\varphi_n)$$

将 $t_r = 0$ 代入式(2-9),可以得到方波。

2) 梯形波的频谱边界

虽然式(2-9)给出了梯形波单边谱的展开系数,但还需从该等式中提出比表面上更直观的信息。对此,可以对幅度谱设置边界。虽然这是频谱分量中的上边界,并且是近似的,但它们对于理解上升时间、下降时间和脉冲宽度对于波形频谱的影响很有好处。

例 2-2 中的方波其实就是一个有着零上升/下降时间的梯形波,展开系数的幅度用 $(\sin x)/x$ 的形式来表达,见式(2-7)。虽然频谱分量仅存于频率 $f=n/T(n=0,1,2,\cdots)$,但这些频谱分量的包络具有 $[\sin(n\pi\tau f)]/n\pi\tau f$ 的形式,如图 2-6 所示。包络在 $f=m/\tau(m=1,2,3,\cdots)$ 时出现零值,包络可用以下方法来设置:在 x 足够小时,$\sin x\approx x$,因此有

$$\left|\frac{\sin x}{x}\right|=\begin{cases}1, & x\text{ 很小}\\[2mm]\dfrac{1}{\mid x\mid}, & x\text{ 很大}\end{cases}$$

这样,可以画成如图 2-8 所示的两条渐近线。这里引入"十倍频程"概念,当频率从 f_1 变化到 f_2,且 $f_2 = 10f_1$ 时,我们说频率变化了一个十倍频程。这样,第一条渐近线为单位值,其对数的斜率为 0dB/十倍频程;第二条渐近线随着 x 以 -20dB/十倍频的斜率线性减少。两条渐近线在 $x=1$ 处相交。在式(2-7)中,方波的展开系数 $x=\pi\tau f$,其中,$f=n/T$。因此,对方波来说,第一条渐近线在频率低于 $f=1/\pi\tau$ 时,斜率为 0dB/十倍频程,高于这个频率时斜率则为 -20dB/十倍频程。

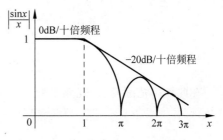

图 2-8   函数 $\sin x/x$ 的边界

（1）上升/下降时间对频谱分量的影响。

将上述概念推广到梯形波脉冲信号。还是假定上升时间和下降时间相等。这样其展开系数可以用式(2-9)给出的两项 $(\sin x)/x$ 的乘积来表示。代入 $f = n/T$，可将离散谱用连续的包络来代替，记为 $E(f)$，得

$$E(f) = 2A\frac{\tau}{T}\left|\frac{\sin(\pi\tau f)}{\pi\tau f}\right|\left|\frac{\sin(\pi t_r f)}{\pi t_r f}\right|$$

直流项为 $2A\tau/T$。为了得到频谱的边界，对上式进行对数运算得

$$20\lg E(f) = 20\lg\left(2A\frac{\tau}{T}\right) + 20\lg\left|\frac{\sin(\pi\tau f)}{\pi\tau f}\right| + 20\lg\left|\frac{\sin(\pi t_r f)}{\pi t_r f}\right| \tag{2-10}$$

这表示合成曲线应是以下 3 条曲线之和：

曲线 1，$20\lg\left(2A\dfrac{\tau}{T}\right)$

曲线 2，$20\lg\left|\dfrac{\sin(\pi\tau f)}{\pi\tau f}\right|$

曲线 3，$20\lg\left|\dfrac{\sin(\pi t_r f)}{\pi t_r f}\right|$

下面分别讨论如下：

① 当 $f \ll \dfrac{1}{\pi\tau}$，且趋于 0 时，

$$20\lg E(f) = 20\lg\left(2A\frac{\tau}{T}\right)$$

此时渐近线为 $y_1(f) = 20\lg\left(2A\dfrac{\tau}{T}\right)$，斜率为 0，所以是一条水平线，这是梯形波的第一条渐近线。

② 当 $\dfrac{1}{\pi\tau} \ll f \ll \dfrac{1}{\pi t_r}$ 时，

$$20\lg E(f) = 20\lg\left(2A\frac{\tau}{T}\right) + 20\lg\frac{1}{\pi f\tau}$$

此时渐近线为一条斜率为 $-20\mathrm{dB}$/十倍频程的直线，这是梯形波频谱的第二条渐进线，记为 $y_2(f)$，与第一条渐近线 $y_1(f)$ 的交点为 $f = 1/\pi\tau$。

③ 当 $f \gg \dfrac{1}{\pi t_r}$ 时，

$$20\lg E(f) = 20\lg\left(2A\frac{\tau}{T}\right) + 20\lg\frac{1}{\pi f\tau} + 20\lg\frac{1}{\pi f t_r}$$
$$= 20\lg\left(2A\frac{\tau}{T}\right) + 20\lg\frac{1}{\pi^2 f^2 \tau t_r}$$

在此频率范围内，研究频率变化一个十倍频程时，该渐近线的幅度变化量，即包络幅度变化量为

$$\left[20\lg\left(2A\frac{\tau}{T}\right) + 20\lg\left(\frac{1}{\pi^2(10f)^2\tau t_r}\right)\right] - \left[20\lg\left(2A\frac{\tau}{T}\right) + 20\lg\left(\frac{1}{\pi^2 f^2\tau t_r}\right)\right]$$

$$= 20\lg \frac{\pi^2 f^2 \tau t_r}{\pi^2 (10f)^2 \tau t_r} = -40\text{dB}$$

因此当频率 $f \gg \dfrac{1}{\pi t_r}$ 时,梯形波频谱幅度包络存在一条斜率为 -40dB/十倍频程的渐近线,这是梯形波谱的第三条渐近线,记为 $y_3(f)$,与第二条渐近线 $y_2(f)$ 的交点横坐标为 $f = 1/\pi t_r$。

至此,我们得到了梯形波频谱包络的特征。与理想方波不同的是,梯形波频谱包络存在 3 条渐近线(方波为两条),斜率分别为 0dB/十倍频程、-20dB/十倍频程、-40dB/十倍频程,渐近线的交点横坐标分别为 $f = 1/\pi\tau$ 和 $f = 1/\pi t_r$,如图 2-9 所示。

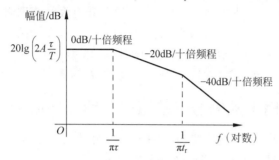

图 2-9 梯形脉冲信号的单边频谱边界

从图 2-9 所示的频谱边界可以清楚地看到周期梯形脉冲信号的高频谱分量主要取决于脉冲的上升/下降时间。上升/下降时间较短的脉冲比上升/下降时间脉冲较长的脉冲具有更多的高频谱分量。因此,为了减少高频谱分量以降低产品的辐射,就要增加时钟或数据信号脉冲的上升/下降时间。

由于快的上升/下降时间对信号的高频谱分量起着主要作用,因此,它是导致产品干扰的重要原因,也是产品不符合政府对辐射和传导发射所规定限值要求的原因。

(2)数字信号的带宽。

由信号的频谱可以得到时域波形,实质上是傅里叶逆变换过程,只不过对于周期信号来说,这一傅里叶逆变换过程更明显地表现为一系列单频信号的加权和的形式。对于理想方波信号,上升时间为 0,每一个频率分量都是必需的,因此理论上理想方波信号的带宽是无穷大的。尽管如此,无穷大的带宽对实际工程应用没有什么实际意义,信号频谱中各个频率分量的贡献是不同的。我们已经知道了频率趋于无穷大时方波信号的频谱幅度以 -20dB/十倍频程的速度衰减,对于某个频率分量,如果其频谱幅度足够小,以至于可以把它对波形的贡献忽略掉,那么我们就可以不必考虑它的影响,这就是定义信号带宽的根本原因。使用有限带宽的频谱来代替无穷宽的频谱,进而得到一个对原信号的可接受的近似,对工程应用更具有实际意义。

从如图 2-9 所示的数字信号(梯形的)频谱边界可以看出,在 $f = 1/\pi t_r$ 频率点之前,包络变化非常相似,而在该频率点之后,梯形波频谱开始表现为不同的特征,梯形波频谱包络开始以 -40dB/十倍频程的速度下降,远远高于方波信号频谱包络的下降速度。这个频率点与梯形波信号上升时间有关。因此我们可以合理地猜测,如果合成波形时所取得最高频率等于 $f = 1/\pi t_r$ 点,即带宽等于 $1/\pi t_r$,那么合成的梯形波与实际梯形波相比可能不会有太大的失真。为了谨慎起见,比如选取 3 倍于 $1/\pi t_r$,即 $3/\pi t_r$,近似为 $1/t_r$。因此,可以选择其作为该数字时钟信号的带宽:

$$BW = \frac{1}{t_r} \tag{2-11}$$

例如,一个上升/下降时间为 1ns 的数字信号,则其带宽为 1GHz。

可见,信号上升时间越短,带宽越大,信号包含的高频成分就越多。另外,数字脉冲信号的周期和占空比(τ/T)只影响低频谱分量,不影响高频谱分量。如减少占空比可以降低波形的低频谱分量,但不影响其高频谱分量。

据统计,Intel 处理器芯片的时钟频率大约每两年翻一倍,由于时钟频率的提高,信号上升边必须减小。在大多数高速数字系统中,分配的上升边大约为时钟周期的 10%,所以上升边 t_r 与时钟频率 f_{Clock} 的关系近似为: $t_r = 1/(10 \times f_{Clock})$。例如,当时钟频率为 1GHz,信号的上升边约为 0.1ns,时钟频率为 100MHz 时,上升边时间约为 1ns。

有关在数字电路中的数字信号,其频谱特性与带宽,可参看文献[3]和文献[14]。

2.1.2　非周期干扰信号的频谱——非周期信号的傅里叶变换

如果周期性脉冲的重复周期足够长,使得后一个脉冲到来之前,前一个脉冲的作用实际上早已消失,这样的信号即可作为非周期信号来处理。

当周期 T 趋于无限大时,相邻谱线的间隔趋于无限小,从而信号的频谱密集成为连续频谱。为了描述非周期信号的频谱特性,引入频谱密度的概念。

令

$$F(\omega) = \lim_{T \to \infty} \frac{F_n}{1/T} = \lim_{T \to \infty} F_n T$$

称函数 $F(\omega)$ 为频谱密度函数。

1. 从傅里叶级数到傅里叶变换

$$f_T(t) = \sum_{n=-\infty}^{\infty} F_n e^{jn\omega_0 t}$$

$$F_n = \frac{1}{T} \int_{-\frac{T}{2}}^{\frac{T}{2}} f_T(t) e^{-jn\omega_0 t} dt$$

当 $T \to \infty$ 时, $\omega_0 \to d\omega$, $n \to \infty$, $n\omega_0 \to \omega$,当 ω_0 趋于无穷小时,它就成为连续变量,取为 ω。

$$F(\omega) = \lim_{T \to \infty} TF_n = \lim_{T \to \infty} \int_{-\frac{T}{2}}^{\frac{T}{2}} f_T(t) e^{-jn\omega_0 t} dt = \int_{-\infty}^{\infty} f(t) e^{-j\omega t} dt$$

上式即为傅里叶变换

$$f(t) = \lim_{T \to \infty} f_T(t) = \lim_{T \to \infty} \sum_{n=-\infty}^{\infty} \frac{F_n T}{2} e^{jn\omega_0 t} \frac{2}{T}$$

因为

$$\frac{2}{T} = \frac{\omega_0}{\pi}$$

所以

$$f(t) = \frac{1}{2\pi} \int_{-\infty}^{\infty} F(\omega) e^{j\omega t} d\omega$$

上式为傅里叶逆变换。

因此,傅里叶变换和傅里叶逆变换分别为

$$f(t) = \frac{1}{2\pi} \int_{-\infty}^{\infty} F(\omega) e^{j\omega t} d\omega \tag{2-12}$$

$$F(\omega) = \int_{-\infty}^{\infty} f(t) e^{-j\omega t} dt \tag{2-13}$$

其中,$F(\omega)$ 是非周期性干扰信号 $f(t)$ 的频谱密度函数或频谱函数,$f(t)$ 为 $F(\omega)$ 的原函数。频谱密度函数 $F(\omega)$ 是一个复函数,它可以写为

$$F(\omega) = |F(\omega)| e^{j\varphi(\omega)} = R(\omega) + jX(\omega)$$

式中,$|F(\omega)|$ 和 $\varphi(\omega)$ 分别是频谱密度的模和相位,$R(\omega)$ 和 $X(\omega)$ 分别是它的实部和虚部。

式(2-12)也可以写成三角函数的形式

$$f(t) = \frac{1}{2\pi} \int_{-\infty}^{\infty} F(\omega) e^{j\omega t} d\omega = \frac{1}{2\pi} \int_{-\infty}^{\infty} |F(\omega)| e^{j[\omega t + \varphi(\omega)]} d\omega$$

$$= \frac{1}{2\pi} \int_{-\infty}^{\infty} |F(\omega)| \cos[\omega t + \varphi(\omega)] d\omega +$$

$$j \frac{1}{2\pi} \int_{-\infty}^{\infty} |F(\omega)| \sin[\omega t + \varphi(\omega)] d\omega$$

由于上式第二个积分中的被积函数是 ω 的奇函数,故积分值为零; 而第一个积分中的被积函数是 ω 的偶函数,故有

$$f(t) = \frac{1}{\pi} \int_{0}^{\infty} |F(\omega)| \cos[\omega t + \varphi(\omega)] d\omega$$

上式表明,非周期信号可看作是由不同频率的余弦"分量"组成,它包含了频率从零到无限大的一切频率"分量"。可见,$\dfrac{|F(\omega)| d\omega}{\pi} = 2|F(\omega)| df$ 相当于各"分量"的振幅,它是无穷小量。所以信号的频谱不能再用幅度表示,而改用密度函数表示。函数 $|F(\omega)|$ 可看作单位频率的振幅,称函数 $F(\omega)$ 为频谱密度函数。所以,非周期信号频谱的特点是连续谱、密度谱。

2. 几种基本函数的傅里叶变换

例 2-3　图 2-10(a)为门函数(或称矩形脉冲),用 $g_\tau(t)$ 表示,其宽度为 τ,幅度为 1,求其频谱函数。

解: 如图 2-10(a)所示的门函数可表示为

$$g_\tau(t) = \begin{cases} 1, & |t| < \dfrac{\tau}{2} \\ 0, & |t| > \dfrac{\tau}{2} \end{cases}$$

$$F(\omega) = \int_{-\infty}^{\infty} f(t) e^{-j\omega t} dt = \int_{-\frac{\tau}{2}}^{\frac{\tau}{2}} 1 \cdot e^{-j\omega t} dt = \frac{e^{-j\frac{\omega\tau}{2}} - e^{j\frac{\omega\tau}{2}}}{-j\omega} = \frac{2\sin\left(\dfrac{\omega\tau}{2}\right)}{\omega} = \tau \operatorname{Sa}\left(\frac{\omega\tau}{2}\right)$$

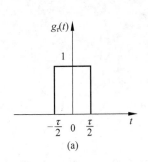 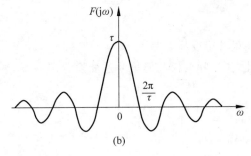

图 2-10 例 2-3 的图

图 2-10(b)是按上式画出的频谱图。一般而言,信号的频谱函数 $F(\omega)$ 需要用幅度谱 $|F(\omega)|$ 和相位谱 $\varphi(\omega)$ 两个图形才能将它完全表示出来。但如果频谱函数 $F(\omega)$ 是实函数或虚函数,那么只用一条曲线即可。

由图 2-10(b)可见,频谱图中第一个零值的角频率为 $2\pi/\tau$(频率为 $1/\tau$)。当脉冲宽度减小时,第一个零值频率也相应增高。对于矩形脉冲,常取从零频率到第一个零值频率($1/\tau$)之间的频段为信号的频带宽度。这样,门函数的带宽 $\Delta f = 1/\tau$,脉冲宽度越窄,其占有的频带越宽。

例 2-4 求如图 2-11(a)所示单边指数 $e^{-at}\varepsilon(t)$ 的频谱函数。

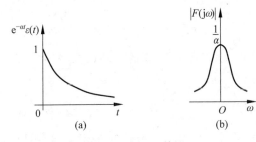

图 2-11 例 2-4 的图

解:

$$F(\omega) = \int_{-\infty}^{\infty} f(t) e^{-j\omega t}\,dt = \int_{0}^{\infty} e^{-at} e^{-j\omega t}\,dt = \frac{1}{\alpha + j\omega}, \quad \alpha > 0$$

这是一个复函数,将它分为模和相角两部分

$$F(\omega) = \frac{1}{\alpha + j\omega} = \frac{1}{\sqrt{\alpha^2 + \omega^2}} e^{-j\arctan\left(\frac{\omega}{\alpha}\right)} = |F(\omega)| e^{j\varphi(\omega)}$$

振幅谱 $|F(\omega)|$ 如图 2-11(b)所示。读者可自行画出相位谱 $\varphi(\omega)$。

例 2-5 求如图 2-12(a)所示双边指数信号 $f(t) = e^{-\alpha|t|}$ $(-\infty < t < +\infty, \alpha > 0)$ 的频谱函数。

解:

$$F(\omega) = \int_{-\infty}^{0} e^{at} \cdot e^{-j\omega t}\,dt + \int_{0}^{\infty} e^{-at} \cdot e^{-j\omega t}\,dt = \frac{2\alpha}{\alpha^2 + \omega^2}$$

其函数的频谱如图 2-12(b)所示。

傅里叶分析用以从频域的角度研究连续时间信号。类似地,将傅里叶级数和傅里叶变换的分析方法应用于离散时间信号称为序列的傅里叶分析,它对于信号分析和处理技术的

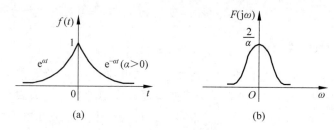

图 2-12 例 2-5 的图

实现具有十分重要的意义。这部分内容可参考相应文献。

2.2 电磁波的辐射理论基础

对这部分内容的详细讨论可以参考有关电磁场基本理论的教科书。

2.2.1 辐射的基本概念

1. 什么是辐射

辐射：随时间变化的电磁场离开波源向空间传播的现象。产生辐射的源称为天线。

2. 辐射产生的必要条件

辐射产生需要两个必要条件：一是存在时变源；二是源电路是开放的。

3. 影响辐射强弱的原因

以下两个原因会影响辐射的强弱：

（1）源电路尺寸与辐射波的波长相比拟时辐射较为明显。

（2）源电路越开放，辐射就越强。

如图 2-13(a)所示，若两导线的距离很近，电场被束缚在两导线之间，则辐射很微弱；若将两导线张开，如图 2-13(b)(c)所示，电场就散播在周围空间，则辐射增强。必须指出，当导线的长度 l 远小于波长 λ 时，辐射很微弱；当导线的长度 l 增大到可与波长相比拟时，导线上的电流将大大增加，因而就能形成较强的辐射。

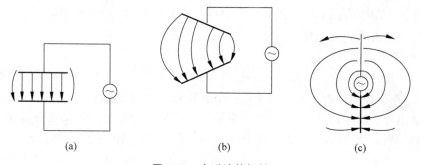

图 2-13 电磁波的辐射

4. 麦克斯韦方程组

麦克斯韦方程组是电磁现象的基础，它描述了空间电磁场与场源之间的关系。麦克斯韦方程组的正弦稳态相量形式：

$$\nabla \times \boldsymbol{E} = -\mathrm{j}\omega\mu\boldsymbol{H} \quad \nabla \cdot (\varepsilon\boldsymbol{E}) = \rho \tag{2-14}$$

$$\nabla \times \boldsymbol{H} = \boldsymbol{J} + \mathrm{j}\omega\varepsilon\boldsymbol{E} \qquad \nabla \cdot (\mu\boldsymbol{H}) = 0 \qquad\qquad (2\text{-}15)$$

2.2.2 偶极子辐射场

用电磁学的术语来说,电磁波起源于时变电荷和电流。然而,为了能形成有效的辐射,该电荷和电流必须按特殊的方式分布。天线就是设计成某种规定的方式分布,并能形成有效辐射的能量转换设备。因此,工程上通常将天线视为产生电磁波和电磁辐射的波源。天线对外发射电磁波的强度、场强的空间分布,以及辐射出去的电磁波功率的大小和能量转换的效率等问题都是我们所关心的。

天线产生电磁波辐射的问题是一个具有复杂边界的电磁场的边值问题,其严格求解是相当困难的。不仅如此,根据天线和激励源来精确求解天线上的电荷和电流分布本身也是一个极其复杂的问题。如果可以通过近似的方法得到天线的电荷和电流分布,就可以利用基本天线元以及电磁场的叠加原理来计算得到各类天线的辐射场和辐射特性。

实际天线按结构形式的不同可分为线天线和面天线两大类。线天线可以被看成是由无限多个载有交变电流(或磁流)的基本小线元所构成的一类天线。这些基本元通常称为电偶极子(电基本振子、电流元)或磁偶极子(磁基本振子、磁流元)。同理,面天线也可以被看成是由无限多个载有交变电流或磁流的基本小面元所构成的一类天线,这些小面元又称为惠更斯元。

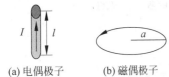

(a) 电偶极子　(b) 磁偶极子

图 2-14　偶极子

如图 2-14 所示为线天线的两种基本辐射单元,即电偶极子和磁偶极子,电偶极子长度满足 $l \ll \lambda$,磁偶极子满足半径 $a \ll \lambda$,这里的 λ 是偶极子辐射电磁波的波长。一般地,杆状天线及电子设备内部的一些高电压小电流元器件等场源,都可视为等效的电偶极子场源,共模辐射的基本辐射单元可看成电偶极子。环状天线和电子设备内部的一些低电压大电流元器件及电感线圈等场源可视为等效的磁偶极子场源,差模辐射的基本辐射单元可看成磁偶极子。

如上所述,如果我们掌握了上述两种基本元的辐射特性,就可以在考虑天线上各个电流元、磁流元的振幅、相位、方向和空间分布的基础上,按照电磁场叠加原理分析得到各类天线的辐射特性。我们在分析辐射干扰源时常用到这两个基本的干扰源模型,下面以它们为例,具体分析电磁辐射的产生过程。

1. 电偶极子辐射场

电偶极子是一种基本的辐射单元。长度远小于波长($l \ll \lambda$)的直线电流元,其线上电流是均匀的,且相位相同。由于电偶极子是一小段孤立的电流元,因此随着电流的流动,在其两端必然会出现等值异性的电荷,如果一端为 $+q$,则另一端必为 $-q$,其电荷量的大小及正负都会随着时间而变化,这恰似随时间而变化的两个"电极",故得名"电偶极子"。

求电流源的辐射场是电磁场理论中的经典问题之一,任何线天线都可看成由大量首尾相连的电偶极子所组成。如果已知电偶极子的电磁场,则可计算任何具有确定电流分布的线天线的电磁场。

如图 2-15 和图 2-16 所示,电偶极子沿 z 轴放置,P 为远离电偶极子的观察点,设电偶极子的电流随时间作正弦变化,表示为: $I = I_m \cos(\omega t)$。

为求解麦克斯韦方程组,引入了赫兹矢量 $\boldsymbol{\varPi}$

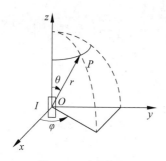

图 2-15　电偶极子

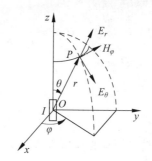

图 2-16　电偶极子场强分量坐标

求解赫兹矢量的非齐次波动方程：

$$\nabla^2 \boldsymbol{\Pi} + k^2 \boldsymbol{\Pi} = -\frac{\boldsymbol{J}}{\mathrm{j}\omega\varepsilon}$$

可得：

$$\boldsymbol{\Pi} = \frac{1}{\mathrm{j}4\pi\omega\varepsilon} \int_v \frac{\boldsymbol{J}\,\mathrm{e}^{-\mathrm{j}kr}}{r} \mathrm{d}V$$

式中，r 为观察点到波源的距离；k 为波数，$k = \omega\sqrt{\mu\varepsilon} = \frac{2\pi}{\lambda}$ 表示电磁波传播单位长度所引起的相位变化，单位 rad/m。μ 为磁导率：$\mu = \mu_r\mu_0$，$\mu_0 = 4\pi\times10^{-7}$ H/m，ε 为介电常数：$\varepsilon = \varepsilon_r\varepsilon_0$，$\varepsilon_0 = 8.85\times10^{-12}$ F/m，ω 为角频率，$\omega = 2\pi/T$。

一般情况下，可利用赫兹矢量先求出一场量，然后再根据麦克斯韦方程组求另一场量。

第一步，求 P 点的赫兹矢量 $\boldsymbol{\Pi}$。

由 $\boldsymbol{J}\,\mathrm{d}V = \boldsymbol{a}_z \dfrac{I}{S} S\,\mathrm{d}z = \boldsymbol{a}_z I\,\mathrm{d}z$ 得

$$\boldsymbol{\Pi} = \frac{1}{\mathrm{j}4\pi\omega\varepsilon} \int_v \frac{\boldsymbol{J}\,\mathrm{e}^{-\mathrm{j}kr}}{r} \mathrm{d}V = \frac{\boldsymbol{a}_z I}{\mathrm{j}4\pi\omega\varepsilon} \int_{-\frac{l}{2}}^{\frac{l}{2}} \frac{\mathrm{e}^{-\mathrm{j}kr}}{r}\mathrm{d}Z = \frac{\boldsymbol{a}_z I l}{\mathrm{j}4\pi\omega\varepsilon} \frac{\mathrm{e}^{-\mathrm{j}kr}}{r}$$

所以

$$\begin{cases} \Pi_x = \Pi_y = 0 \\ \Pi_z = \dfrac{Il}{\mathrm{j}4\pi\omega\varepsilon} \dfrac{\mathrm{e}^{-\mathrm{j}kr}}{r} \end{cases}$$

在球坐标系中，

$$\begin{cases} \Pi_r = \Pi_z\cos\theta \\ \Pi_\theta = -\Pi_z\sin\theta \\ \Pi_\varphi = 0 \end{cases}$$

第二步，求 P 点的场量 $\boldsymbol{H}$。

因为

$$\boldsymbol{H} = \mathrm{j}\omega\varepsilon\nabla\times\boldsymbol{\Pi} \text{ 且 } \Pi_\varphi = 0, \frac{\partial}{\partial\varphi} = 0$$

所以

$$H_r = \mathrm{j}\omega\varepsilon(\nabla\times\boldsymbol{\Pi})_r = \frac{\mathrm{j}\omega\varepsilon}{r\sin\theta}\left[\frac{\partial}{\partial\theta}(\Pi_\varphi\sin\theta) - \frac{\partial\Pi_\theta}{\partial\varphi}\right] = 0$$

$$H_\theta = \mathrm{j}\omega\varepsilon(\nabla\times\boldsymbol{\Pi})_\theta = \frac{\mathrm{j}\omega\varepsilon}{r}\left[\frac{1}{\sin\theta}\frac{\partial\Pi_r}{\partial\varphi} - \frac{\partial}{\partial r}(r\Pi_\varphi)\right] = 0$$

$$H_\varphi = \mathrm{j}\omega\varepsilon(\nabla\times\boldsymbol{\varPi}) = \frac{\mathrm{j}\omega\varepsilon}{r}\left[\frac{\partial}{\partial r}(r\varPi_\theta) - \frac{\partial \varPi_r}{\partial\theta}\right] = \frac{Il\sin\theta}{4\pi}\left(\frac{1}{r^2} + \mathrm{j}\frac{k}{r}\right)\mathrm{e}^{-\mathrm{j}kr}$$

所以电偶极子的磁场为

$$H_\varphi = \frac{Il\sin\theta}{4\pi}\left(\frac{1}{r^2} + \mathrm{j}\frac{k}{r}\right)\mathrm{e}^{-\mathrm{j}kr} \tag{2-16}$$

$$H_r = H_\theta = 0$$

第三步，直接用麦克斯韦方程由 $\boldsymbol{H}$ 求 $\boldsymbol{E}$。

因为

$$\nabla\times\boldsymbol{H} = \mathrm{j}\omega\varepsilon\boldsymbol{E}$$

所以

$$\boldsymbol{E} = \frac{1}{\mathrm{j}\omega\varepsilon}\nabla\times\boldsymbol{H}$$

$$E_r = \frac{1}{\mathrm{j}\omega\varepsilon}(\nabla\times\boldsymbol{H})_r = \frac{1}{\mathrm{j}\omega\varepsilon}\frac{1}{r\sin\theta}\left[\frac{\partial}{\partial\theta}(H_\varphi\sin\theta) - \frac{\partial H_\theta}{\partial\varphi}\right] = -\mathrm{j}\frac{2Il\cos\theta}{4\pi\omega\varepsilon}\left(\frac{1}{r^3} + \mathrm{j}\frac{k}{r^2}\right)\mathrm{e}^{-\mathrm{j}kr}$$

$$E_\theta = \frac{1}{\mathrm{j}\omega\varepsilon}(\nabla\times\boldsymbol{H})_\theta = \frac{1}{\mathrm{j}\omega\varepsilon r}\left[\frac{1}{\sin\theta}\frac{\partial H_r}{\partial\varphi} - \frac{\partial}{\partial r}(rH_\varphi)\right] = -\mathrm{j}\frac{Il\sin\theta}{4\pi\omega\varepsilon}\left(\frac{1}{r^3} + \mathrm{j}\frac{k}{r^2} - \frac{k^2}{r}\right)\mathrm{e}^{-\mathrm{j}kr}$$

$$E_\varphi = \frac{1}{\mathrm{j}\omega\varepsilon}(\nabla\times\boldsymbol{H})_\varphi = \frac{1}{\mathrm{j}\omega\varepsilon}\frac{1}{r}\left[\frac{\partial}{\partial r}(rH_\theta) - \frac{\partial H_r}{\partial\theta}\right] = 0$$

由此得到电偶极子的电场为

$$E_r = -\mathrm{j}\frac{2Il\cos\theta}{4\pi\omega\varepsilon}\left(\frac{1}{r^3} + \mathrm{j}\frac{k}{r^2}\right)\mathrm{e}^{-\mathrm{j}kr} \tag{2-17a}$$

$$E_\theta = -\mathrm{j}\frac{Il\sin\theta}{4\pi\omega\varepsilon}\left(\frac{1}{r^3} + \mathrm{j}\frac{k}{r^2} - \frac{k^2}{r}\right)\mathrm{e}^{-\mathrm{j}kr} \tag{2-17b}$$

$$E_\varphi = 0 \tag{2-17c}$$

以上是电偶极子的电磁场，整个表示过程十分复杂。由式(2-16)和式(2-17a)、式(2-17b)、式(2-17c)可以看出，电偶极子产生电磁场，磁场强度只有 H_φ 分量，而电场强度有 E_r 和 E_θ 两个分量。每个分量都包含几项，且与距离 r 有复杂关系。下面分别讨论近区场和远区场。

当 $kr=1$ 即 $\frac{2\pi r}{\lambda}=1$ 或 $r=\frac{\lambda}{2\pi}$ 时，场强方程式中近区场与远区场项相等，因此 $r=\lambda/2\pi$ 成为近区场与远区场的交界条件。

当 $kr\gg1$ 即 $\frac{2\pi r}{\lambda}\gg1$ 或 $r\gg\frac{\lambda}{2\pi}$ 时，电磁场呈远区场性质，因此 $r\gg\lambda/2\pi$ 称为远区场条件。

当 $kr\ll1$ 即 $\frac{2\pi r}{\lambda}\ll1$ 或 $r\ll\frac{\lambda}{2\pi}$ 时，电磁场呈近区场性质，因此 $r\ll\lambda/2\pi$ 称为近区场条件。

注意：当场点距离天线非常近时，式(2-16)和式(2-17)中含 $1/r^2$ 和 $1/r^3$ 的项起支配作用；当远离天线时，含 $1/r$ 的项开始起支配作用。在含 $1/r^2$ 和 $1/r^3$ 的项与含 $1/r$ 的项相比可以忽略不计时的点就是远区场和近区场的边界，这个边界大致在 $r=\lambda/2\pi\approx\lambda/6$ 处。

1) 近区场

在靠近电偶极子的区域，$r \ll \dfrac{\lambda}{2\pi}$。此时，$\mathrm{e}^{-jkr} \approx 1$。推导如下：

$$r \ll \frac{\lambda}{2\pi}, \quad k = \frac{2\pi}{\lambda}$$

$$k \ll \frac{1}{r}, \quad kr \ll 1, \quad \mathrm{e}^{-jkr} \approx 1$$

$$\frac{1}{kr} \ll \frac{1}{(kr)^2} \ll \frac{1}{(kr)^3}$$

起主要作用的是 $1/kr$ 的高次幂项，因而可只保留这一高次幂项而忽略其他项。则电偶极子的电磁场可近似为

$$H_\varphi \approx \frac{Il}{4\pi}k^2\sin\theta \frac{1}{(kr)^2}\mathrm{e}^{-jlr} = \frac{Il}{4\pi r^2}\sin\theta \tag{2-18}$$

$$E_r \approx -j\frac{Il}{2\pi\omega\varepsilon r^3}\mathrm{e}^{-jkr}\cos\theta = -j\frac{Il\cos\theta}{2\pi\omega\varepsilon r^3} \tag{2-19a}$$

$$E_\theta \approx -j\frac{Il}{4\pi\omega\varepsilon r^3}\mathrm{e}^{-jkr}\sin\theta = -j\frac{Il\sin\theta}{4\pi\omega\varepsilon r^3} \tag{2-19b}$$

可见，在近区内，时变电偶极子的电场表示式与静电偶极子的电场表示式相同；磁场表示式与恒定磁场中的毕奥-沙伐公式完全相同，因此把时变电偶极子的近区场称为准静态场或似稳场。

电场和磁场的相位相差 90°，近区场平均坡印廷矢量为 $\boldsymbol{S}_{av} = \mathrm{Re}\left(\dfrac{1}{2}\boldsymbol{E} \times \boldsymbol{H}^*\right) = 0$。能量在电场和磁场相互交换而平均坡印廷矢量为零，这种区域的场称为感应场。

所以，近区磁场的瞬时分布与恒定电流元所激发的恒定磁场相似，近区电场的瞬时分布与电偶极子的静电场相似；近区电磁场能量不能脱离波源辐射出去，称为束缚场或感应场。这一束缚场随着距离的增加衰减得很快。

2) 远区场

在远离电偶极子的区域 $r \gg \dfrac{\lambda}{2\pi}$，场点 P 与源点的距离 r 远大于波长 λ。

$$\frac{1}{kr} \gg \frac{1}{(kr)^2} \gg \frac{1}{(kr)^3}$$

起主要作用的是含 $1/kr$ 的低次幂项，且必须考虑相位因子 e^{-jkr}。将表达式中正比于 $1/r^3$ 和 $1/r^2$ 的项略去，即可得到电偶极子的电磁场可近似为

$$\begin{cases} H_\varphi = j\dfrac{Ilk}{4\pi r}\sin\theta \mathrm{e}^{-jkr} & (2\text{-}20a) \\[2mm] H_r = H_\theta = 0 & (2\text{-}20b) \end{cases}$$

$$\begin{cases} E_\theta = j\dfrac{Ilk^2}{4\pi\omega\varepsilon r}\sin\theta \mathrm{e}^{-jkr} & (2\text{-}21a) \\[2mm] E_r = E_\varphi = 0 & (2\text{-}21b) \end{cases}$$

自由空间中电偶极子的辐射场为

$$
\begin{cases}
E_\theta = \mathrm{j}\, \dfrac{60\pi Il}{\lambda r}\sin\theta\, \mathrm{e}^{-\mathrm{j}kr} \\[2mm]
H_\varphi = \mathrm{j}\, \dfrac{Il}{2\lambda r}\sin\theta\, \mathrm{e}^{-\mathrm{j}kr} \\[2mm]
E_r = E_\varphi = H_r = H_\theta = 0
\end{cases}
\tag{2-22}
$$

可见,远区场与近区场完全不同。在远区场,电场和磁场与 $1/r$ 成正比,电场和磁场的相位相同,电场和磁场在空间相互垂直,其比值等于介质的本征(波)阻抗 $\dfrac{E_\theta}{H_\varphi}=Z_w$,真空或空气中,$Z_w = Z_0 = \sqrt{\dfrac{\mu_0}{\varepsilon_0}} = 120\pi\,\Omega$。

平均坡印廷矢量(即一周内的平均能流密度)为

$$
\begin{aligned}
\boldsymbol{S}_{\mathrm{av}} &= \frac{1}{2}\mathrm{Re}[\boldsymbol{E}\times\boldsymbol{H}^*] = \frac{1}{2}\mathrm{Re}[\boldsymbol{a}_\theta E_\theta \times \boldsymbol{a}_\varphi H_\varphi^*] \\[2mm]
&= \boldsymbol{a}_r \frac{1}{2}\mathrm{Re}[E_\theta \cdot H_\varphi^*] = \boldsymbol{a}_r \frac{1}{2}\frac{|E_\theta|^2}{Z_0}
\end{aligned}
\tag{2-23}
$$

其中,"＊"表示取共轭复数 $\boldsymbol{a}_r$、$\boldsymbol{a}_\theta$、$\boldsymbol{a}_\varphi$ 为球坐标系中的单位矢量。式(2-23)中的电场和磁场以峰值形式给出,如果以有效值形式给出,则消去系数 $1/2$。式(2-23)表明,有能量向外辐射,说明一个作时谐振荡的电流元可以辐射电磁波。把能辐射电磁波的装置称为天线,上述电流元又称为元天线。

注:大多数天线的远区场特性与电偶极子的远区场完全相同。

3) 电偶极子的辐射功率和辐射电阻

下面讨论一下电偶极子的辐射功率,它等于平均坡印廷矢量在任意包围电偶极子的球面上的积分,即

$$
\begin{aligned}
P_r &= \oint \boldsymbol{S}_{\mathrm{av}} \cdot \mathrm{d}S = \oint \boldsymbol{a}_r \frac{1}{2}\mathrm{Re}[E_\theta H_\varphi^*] \cdot \mathrm{d}S = \int_0^{2\pi}\int_0^\pi \boldsymbol{a}_r \frac{1}{2}Z_0\left(\frac{Il}{2\lambda r}\sin\theta\right)^2 \cdot \boldsymbol{a}_r r^2 \sin\theta\,\mathrm{d}\theta\,\mathrm{d}\varphi \\[2mm]
&= \int_0^{2\pi}\mathrm{d}\varphi \int_0^\pi \frac{15(Il)^2}{\lambda^2}\sin^3\theta\,\mathrm{d}\theta = 40\pi^2 I^2 \left(\frac{l}{\lambda}\right)^2
\end{aligned}
\tag{2-24}
$$

可见,电偶极子的辐射功率与电长度 l/λ 有关。

辐射功率必须由与电偶极子相接的源供给,为分析方便,可以将辐射出去的功率用在一个电阻上消耗的功率来模拟,此电阻称为辐射电阻 R_r,它是一个虚拟的量。辐射电阻上消耗的功率为

$$
P_r = \frac{1}{2}I^2 R_r
$$

将上式与式(2-24)比较,可得电偶极子的辐射电阻为

$$
R_r = 80\pi^2\left(\frac{l}{\lambda}\right)^2
\tag{2-25}
$$

辐射电阻的大小可用来衡量天线的辐射能力,是天线的电参数之一,辐射电阻越大,天线的辐射能力越强。

电偶极子是一个效率非常低的辐射器。例如,对于长度 $l=1\mathrm{cm}$ 的偶极子来说,当频率为 $300\mathrm{MHz}$ 时,辐射电阻为 $79\mathrm{m}\Omega$,为了得到 $1\mathrm{W}$ 的辐射功率,需要 $3.6\mathrm{A}$ 的电流(有效值)。如果频率变为 $3\mathrm{MHz}$,则辐射电阻为 $7.9\mu\Omega$,辐射 $1\mathrm{W}$ 的功率需要 $356\mathrm{A}$ 的电流。

例 2-6 频率 $f=10\mathrm{MHz}$ 的功率源馈送给电偶极子的电流为 25A。设电偶极子的长度 $l=50\mathrm{cm}$。

(1) 分别计算赤道平面(xOy 平面，$\theta=90°$)上离原点 5m 和 10km 处的电场强度和磁场强度；

(2) 计算 $r=10\mathrm{km}$ 处的平均功率密度(平均坡印廷矢量)；

(3) 计算辐射电阻。

解：(1) 在自由空间，

$$\lambda=\frac{c}{f}=\frac{3\times10^8}{10\times10^6}=30(\mathrm{m})$$

故，$r=5\mathrm{m}$ 的点属近区场，由式(2-18)和式(2-19)得：

$$E_r(\theta=90°)=0$$

$$E_\theta(\theta=90°)=-\mathrm{j}\frac{Il\sin\theta}{4\pi\omega\varepsilon r^3}=-\mathrm{j}\frac{25\times50\times10^{-2}}{4\pi\times2\pi\times10\times10^6\times\varepsilon\times5^3}=-\mathrm{j}14(\mathrm{V/m})$$

$$H_\varphi(\theta=90°)=\frac{Il}{4\pi r^2}\sin90°=\frac{25\times50\times10^{-2}}{4\pi\times5^2}=0.0398(\mathrm{A/m})$$

而 $r=10\mathrm{km}$ 的点属远区场，$\theta=90°$，根据式(2-22)得

$$E_\theta=\mathrm{j}\frac{60\pi Il}{\lambda r}\sin\theta\mathrm{e}^{-\mathrm{j}kr}=\mathrm{j}\frac{60\pi\times25\times50\times10^{-2}}{30\times10\times10^3}\mathrm{e}^{-\mathrm{j}\frac{2\pi}{30}\times10\times10^3}$$

$$=\mathrm{j}7.85\times10^{-3}\mathrm{e}^{-\mathrm{j}(2.1\times10^3)}=7.85\times10^{-3}\mathrm{e}^{-\mathrm{j}\left(2.1\times10^3-\frac{\pi}{2}\right)}(\mathrm{V/m})$$

$$H_\varphi=\mathrm{j}\frac{Il}{2\lambda r}\sin\theta\mathrm{e}^{-\mathrm{j}kr}=\mathrm{j}\frac{25\times50\times10^{-2}}{2\times30\times10\times10^3}\mathrm{e}^{-\mathrm{j}\frac{2\pi}{30}\times10\times10^3}$$

$$=20.83\times10^{-6}\mathrm{e}^{-\mathrm{j}(2.1\times10^3)}=20.83\times10^{-6}\mathrm{e}^{-\mathrm{j}\left(2.1\times10^3-\frac{\pi}{2}\right)}(\mathrm{A/m})$$

(2)

$$\boldsymbol{S}_{\mathrm{av}}=\frac{1}{2}\mathrm{Re}[\boldsymbol{E}\times\boldsymbol{H}^*]=\frac{1}{2}\mathrm{Re}[\boldsymbol{a}_\theta E_\theta\times\boldsymbol{a}_\varphi H_\varphi^*]$$

$$=\frac{1}{2}\mathrm{Re}\left[\boldsymbol{a}_\theta7.85\times10^{-3}\mathrm{e}^{-\mathrm{j}\left(2.1\times10^{-3}-\frac{\pi}{2}\right)}\times\boldsymbol{a}_\varphi20.83\times10^{-6}\mathrm{e}^{\mathrm{j}\left(2.1\times10^3-\frac{\pi}{2}\right)}\right]$$

$$=\boldsymbol{a}_r81.8\times10^{-9}(\mathrm{W/m^2})$$

或

$$\boldsymbol{S}_{\mathrm{av}}=\boldsymbol{a}_r\frac{1}{2}\frac{|E_\theta|^2}{Z_0}=\boldsymbol{a}_r\frac{1}{2}\times\frac{(7.85\times10^{-3})^2}{120\pi}$$

$$=\boldsymbol{a}_r81.8\times10^{-9}(\mathrm{W/m^2})$$

(3) $R_\mathrm{r}=80\pi^2\left(\dfrac{l}{\lambda}\right)^2=80\pi^2\left(\dfrac{50\times10^2}{30}\right)^2=0.22(\Omega)$

2. 磁偶极子辐射场

与电偶极子相对偶的是磁偶极子或电流环。一个通有高频电流的小电流环的等效模型称为磁偶极子。

如图 2-17 所示，位于 xy 平面上半径为 $a(a\ll\lambda)$ 的一个面积非常小的环，载有的高频时谐电流表示为 $I=I_m\cos(\omega t)$。当此细导线小圆环的周长远小

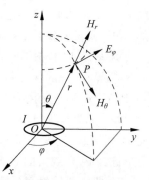

图 2-17 磁偶极子

于波长时,即 $2\pi a < \lambda/10$,可以认为流过圆环的时谐电流的振幅和相位处处相同,所以此时的小圆环也被称为磁偶极子。设一个足够小、面积为 $A = \pi a^2$ 的细导线小圆环,流过该导线的电流为 I,则在 P 点上产生的磁场和电场为

$$H_\theta = \frac{IAk^3 \sin\theta}{4\pi} \left(-\frac{1}{kr} - \frac{1}{\mathrm{j}(kr)^2} + \frac{1}{(kr)^3} \right) \mathrm{e}^{-\mathrm{j}kr} \qquad (2\text{-}26\mathrm{a})$$

$$H_r = \frac{IAk^3 \cos\theta}{4\pi} \left(-\frac{1}{\mathrm{j}(kr)^2} + \frac{1}{(kr)^3} \right) \mathrm{e}^{-\mathrm{j}kr} \qquad (2\text{-}26\mathrm{b})$$

$$H_\varphi = 0$$

$$E_\varphi = \frac{IAk^4 \sin\theta}{4\pi\omega\varepsilon_0} \left(\frac{1}{kr} + \frac{1}{\mathrm{j}(kr)^2} \right) \mathrm{e}^{-\mathrm{j}kr} \qquad (2\text{-}27)$$

$$E_r = E_\theta = 0$$

一个实际的环形电路,可分解成许多小圆环元的叠加。

同样可得,磁偶极子的远区场为

$$\begin{cases} E_\varphi = \dfrac{\omega\mu_0 AI}{2\lambda r} \sin\theta \, \mathrm{e}^{-\mathrm{j}kr} \\[3mm] H_\theta = -\dfrac{\omega\mu_0 AI}{2\lambda r Z_0} \sin\theta \, \mathrm{e}^{-\mathrm{j}kr} \end{cases} \qquad (2\text{-}28)$$

可见,磁偶极子的远区场与电偶极子的情况类似,波阻抗也是 $120\pi\,\Omega$,辐射也有方向性。

磁偶极子的总辐射功率为

$$P_r = \oiint \boldsymbol{S}_{av} \cdot \mathrm{d}\boldsymbol{S} = \oiint \frac{1}{2} \mathrm{Re}\left[\boldsymbol{E} \times \boldsymbol{H}^* \right] \cdot \mathrm{d}\boldsymbol{S}$$

将式(2-28)代入上式得

$$P_r = 160\pi^4 I^2 \left(\frac{A}{\lambda^2} \right)^2 \ (\mathrm{W}) \qquad (2\text{-}29)$$

辐射电阻为

$$R_r = \frac{2P_r}{I^2} = 320\pi^4 \left(\frac{A}{\lambda^2} \right)^2 \ (\Omega) \qquad (2\text{-}30)$$

与电偶极子类似,磁偶极子也不是一个有效的辐射器。例如,一半径为 1cm 的磁偶极子,当频率为 300MHz 时,辐射电阻为 3.08mΩ,为了得到 1W 的辐射功率,需要 18A 的电流(有效值)。如果频率变为 3MHz,辐射电阻为 $3.08 \times 10^{-11}\,\Omega$,辐射 1W 的功率需要 1.8×10^5 A 的电流。

例 2-7　PCB 板有一个 1cm×1cm 的电流环,假设环中带有 100A、50MHz 的电流,试计算离源 3m 处的场强最大值。FCC B 级限值规定:频率从 30MHz 到 88MHz 的限值为 40dBμV/m(测量距离为 3m),该电流环辐射是否超标?

解: 如果环为电小环,则它的形状对于它所产生的远区场来说,就没有那么重要了。因此,可利用式(2-28)计算得 $|\boldsymbol{E}| = 109.6\mu\mathrm{V/m} = 40.8\mathrm{dB}\mu\mathrm{V/m}$。可知,该电流环将会导致辐射不符合 FCC 规定的 B 级限值。

3. 偶极子辐射场分析小结

1) 远区场,辐射占主导地位,远区场的特点

(1) E_θ、H_φ 相位相同,$\boldsymbol{E}$ 和 $\boldsymbol{H}$ 互相垂直,都垂直于传播方向,是横电磁波(TEM 波)。

（2）远区场是辐射场。平均坡印廷矢量为 $\boldsymbol{S}_{\mathrm{av}} = \boldsymbol{a}_r \dfrac{1}{2} \cdot \dfrac{\left| E_\theta \right|^2}{120\pi}$，可见，有电磁能沿径向辐射。

（3）远区的电场和磁场都只有横向分量，且它们的比值为一常数，E 和 H 之间有确定的比例关系。电场和磁场之比为

$$\frac{E_\theta}{H_\varphi} = \frac{k}{\omega\varepsilon} = \sqrt{\frac{\mu}{\varepsilon}} = Z_{\mathrm{w}}$$

μ 为磁导率，$\mu = \mu_r \mu_0$，$\mu_0 = 4\pi \times 10^{-7}\,\mathrm{H/m}$，$\varepsilon$ 为介电常数，$\varepsilon = \varepsilon_r \varepsilon_0$，$\varepsilon_0 = \dfrac{1}{36\pi} \times 10^{-9} \approx 8.854 \times 10^{-12}\,\mathrm{(F/m)}$。

在自由空间（真空或空气）中：

$$Z_0 = \frac{E_\theta}{H_\varphi} = \sqrt{\frac{\mu_0}{\varepsilon_0}} = 120\pi = 377\,(\Omega)$$

E、H、S_{av} 的关系如下：

$$\frac{E_\theta}{H_\varphi} = 120\pi$$

$$\boldsymbol{S}_{\mathrm{av}} = \frac{1}{2}\boldsymbol{a}_r \cdot \frac{\left| E_\theta \right|^2}{120\pi}$$

所以测量远区辐射场时，只需要测量 E、H、S_{av} 中的一个量，另外两个量可由上述公式计算得出。

（4）场的振幅与 r 成反比，即 $E \propto 1/r$，$H \propto 1/r$。这是由于电偶极子由源点向外辐射，其能量逐渐扩散。

（5）E_θ、H_φ 都正比于 $\sin\theta$，所以远区场的辐射具有方向性。在电偶极子的轴线方向上（$\theta = 0°$），场强为零；在垂直于电偶极子轴线的方向上（$\theta = 90°$），场强最大。通常用方向图来形象地描述这种方向性。应当注意，磁偶极子的 E 面方向图与电偶极子的 H 面方向图相同，而 H 面方向图与电偶极子的 E 面方向图相同。

2）近区场，感应占主要地位，近区场的特点

（1）近区场中 H_φ 的表达式和与恒定磁场中一个电流元产生的磁场的表达式相同，E_r、E_θ 的表达式与静电场中一个电偶极子产生的电场的表达式相同，近区场是准静态场或似稳场。

（2）近区场内电场和磁场相位相差 $90°$，平均功率流密度矢量（平均坡印廷矢量）为零，表明电偶极子近区场没有电磁能量向外辐射，所以近区场是感应场。

（3）近区场中 E 和 H 之间没有确定的比例关系，需要分别测量 E 和 H。

（4）在近区场中，对于电偶极子 $E \propto 1/r^3$，$H \propto 1/r^2$，对于磁偶极子 $E \propto 1/r^2$，$H \propto 1/r^3$，E、H 随距离的增大衰减得很快，所以测量探头应当比较小。

对于面天线（口径辐射），在自由空间，如果天线最大口径 D 远大于波长 λ，一般把 $r < 10\lambda$ 称为近区，$r > 2D^2/\lambda$ 称为远区。

在近区场和远区场之间的区域称为 Fresnel 区，在 Fresnel 区场的分布比较复杂，兼有近区感应场和远区辐射场的特点。由于近区场和远区场的性质不同，场分布的特点不同，所以测量方法不同，使用的测量仪器、天线（或探头）不同，测量数据处理和分析的方法也不同。

2.2.3 波阻抗

在描述电磁辐射周围的场时,一个重要的概念是波阻抗。某观察点的波阻抗定义为该点的横向电场与横向磁场之比。即:

$$Z_w = \frac{E_\theta}{H_\varphi}$$

它对电磁波在传播过程中的反射与吸收关系密切,将在第 4 章中详细分析。

1. 远区场波阻抗

对于短直导线及电偶极子源:

$$Z_{w远} = \frac{E_\theta}{H_\varphi} = Z_0 = 120\pi = 377(\Omega)$$

对于环形导线及磁偶极子源:

$$Z_{w远} = \frac{E_\varphi}{H_\theta} = Z_0 = 120\pi = 377(\Omega)$$

波阻抗是一个实数,表示电场与磁场同相,电场变化达到最大值,磁场也到达变化最大值,反之亦然。

2. 近区场波阻抗

对于短直导线及电偶极子源:

$$Z_{Ew近} = \frac{E_\theta}{H_\varphi} = -j120\pi\frac{\lambda}{2\pi r}$$

波阻抗为一个负虚数,电容性,表示电场和磁场的相位差为 90°,且磁场超前电场 90°。

其波阻抗大小为

$$|Z_{Ew近}| = \left|\frac{E_\theta}{H_\varphi}\right| = 120\pi\frac{\lambda}{2\pi r} \gg Z_0$$

所以,电偶极子的近区场为高阻抗场,电偶极子为高阻抗源,对这样的干扰应采取电场屏蔽。

对于环形导线及磁偶极子源,磁偶极子近区场表达式为

$$H_\theta = \frac{IA\sin\theta}{4\pi r^3}$$

$$H_r = \frac{IA\cos\theta}{4\pi r^3}$$

$$E_\varphi = -\frac{jIA\omega\mu\sin\theta}{4\pi r^2}$$

$$Z_{Hw近} = \frac{E_\varphi}{H_\theta} = j120\pi\frac{2\pi r}{\lambda}$$

波阻抗为一个正虚数,电感性,表示电场和磁场的相位差为 90°,且电场超前磁场 90°。

其波阻抗大小为

$$|Z_{Hw近}| = \frac{|E_\varphi|}{|H_\theta|} = Z_0\frac{2\pi r}{\lambda} \ll Z_0$$

所以,磁偶极子的近区场为低阻抗场,磁偶极子为低阻抗源,对这样的干扰应采取磁场屏蔽。

3. 波阻抗随观测点距离变化的关系

（1）电偶极子产生的辐射场的波阻抗的定义为：

$$Z_{Ew} = \frac{E_\theta}{H_\varphi}$$

将 E_θ 和 H_φ 的表示式代入上式，化简后求得：

$$Z_{Ew} = \frac{-1}{j\omega\varepsilon} \frac{k^2 - \dfrac{jk}{r} - \dfrac{1}{r^2}}{jk + \dfrac{1}{r}} = \frac{Z_w}{1 + \left(\dfrac{1}{kr}\right)^2}\left[1 - j\left(\frac{1}{kr}\right)^3\right]$$

（2）磁偶极子产生的辐射场的波阻抗的定义为：

$$Z_{Hw} = \frac{E_\varphi}{H_\theta}$$

$$Z_{Hw} = -\frac{Z_w}{\left[\left(\dfrac{1}{kr}\right)^2 - 1\right]^2 + \dfrac{1}{kr}}\left[1 + j\left(\frac{1}{kr}\right)^3\right]$$

远区场和近区场波阻抗的大小随距离的变化示意图如图 2-18 所示。可以看出，在远区：电、磁偶极子的波阻抗均趋于介质的波阻抗 Z_w；在近区：电偶极子的波阻抗 Z_{Ew} 大于介质的波阻抗 Z_w，它产生的近区场中电场占优势，因此，在电磁兼容工程中，简单地称电偶极子的干扰源模型为电场干扰源，磁基本振子的波阻抗 Z_{Hw} 小于介质的波阻抗 Z_w，它产生的近区场中磁场占优势，在电磁兼容性工程中，简单地将其称为磁场干扰源。

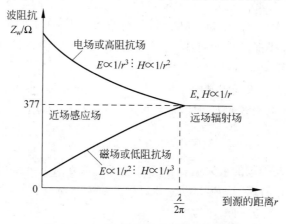

图 2-18　波阻抗随距离变化的函数曲线

远距场时自由空间波阻抗 $Z_0 = 120\pi\,\Omega$，而在近区场时，波阻抗取决于源的性质和源到观察点的距离，必须分别考虑电场和磁场，因为近区场的波阻抗不是常数。

对于电偶极子作为干扰源的感应场区间，则会出现高阻抗场，并且干扰源主要是电场发生源起主要作用；由于其电场与磁场比值 $E_\theta/H_\phi > Z_0 = 120\pi$，所以称为高阻抗。

对于磁偶极子作为干扰源的感应场区间，则会出现低阻抗场，并且干扰源主要是磁场发生源起主要作用。由于其电场与磁场比值 $E_\theta/H_\phi < Z_0 = 120\pi$，所以称为低阻抗。

4. 波阻抗的统一表示式

如将电磁波在空气介质中波阻抗大小统一表示为

$$|Z_w| = \chi Z_0$$

式中,Z_0 为平面波在空气介质中的特性阻抗,等于 377Ω。

在远区场,$\chi = 1$。

在近区场,高阻抗电场为

$$\chi = \frac{\lambda}{2\pi r} = \frac{4.78 \times 10^7}{rf}$$

在近区场,低阻抗磁场为

$$\chi = \frac{2\pi r}{\lambda} = \frac{rf}{4.78 \times 10^7}$$

可见,近区场不仅随距离的变化而变化,而且随频率的变化而变化。

2.2.4 天线的特性参数

描述天线工作特性的参数称为天线电参数,又称电指标。它们是定量衡量天线性能的依据。了解这些参数以便于正确设计或选用天线。

大多数天线电参数是针对发射状态规定的,以衡量天线把高频电流能量转变成空间电波能量以及定向辐射的能力,而输入阻抗和辐射阻抗则是衡量天线电路方面的参数。下面介绍发射天线的主要电参数,并且以电基本振子或磁基本振子为例加以说明。

1. 方向函数和方向图

电基本振子的辐射场在不同的方向上,辐射场的电场强度不同,在天线的轴线方向上不发生辐射,而在垂直于天线的轴线方向上辐射最强,其他方向上的电场强度的大小在二者之间,电基本振子的辐射场具有方向性,在相同距离的条件下,在不同的方向上辐射场不同。事实上,所有的真实天线都具有方向性,为了描述天线的方向性,引入以下电参数:方向函数、方向图、方向图参数、方向系数。

在距天线 r 的球面上,天线辐射场强 E 是坐标 θ 和 φ 的函数,称为方向性函数,用 $f(\theta,\varphi)$ 表示。为了便于比较不同天线的方向性,常采用归一化方向函数,用 $F(\theta,\varphi)$ 来表示,即

$$F(\theta,\varphi) = \frac{f(\theta,\varphi)}{f_{max}(\theta,\varphi)} = \frac{E(\theta,\varphi)}{E_{max}(\theta,\varphi)} \tag{2-31}$$

式中,$f_{max}(\theta,\varphi)$ 为方向函数的最大值,$E(\theta,\varphi)$ 为在任意方向上 r 处的辐射场强。E_{max} 为在最大辐射方向上 r 处的辐射场强。归一化方向函数 $F(\theta,\varphi)$ 的最大值为1。

电基本振子的归一化方向函数为

$$F(\theta,\varphi) = |\sin\theta|$$

为了分析和对比方便,今后我们定义理想点源是无方向性天线,它在各个方向上、相同距离处产生的辐射场的大小是相等的,因此,它的归一化方向函数为 $F(\theta,\varphi) = 1$。

在离开天线一定距离处,描述天线辐射的电磁场强度在空间的相对分布的数学表达式称为天线的方向性函数,把方向性函数用图形表示出来,就是方向图,即将方向函数 $f(\theta,\varphi)$ 作为球坐标系中的矢径 r,并将对应 (θ,φ) 的曲面描绘出来就是天线的场强方向图。方向图是直观表征天线方向特性的图形,其可用来说明天线在空间各个方向上所具有的发射或接收电磁波的能力。依据归一化方向函数而描绘的为归一化方向图。也可以这样理解,如果天线在各方向辐射的强度用从原点出发的矢量长短来表示,则连接全部矢量端点所形成的

包络就是天线的方向性图。

电基本振子的归一化方向函数为 $F(\theta,\varphi)=|\sin\theta|$，其立体方向图如图 2-19 所示。可以看到，方向图像一个汽车"轮胎"。

将"轮胎"压扁，信号就更加集中，如图 2-20 所示。实际使用的天线就是采用一个或者多个辐射单元来实现的。

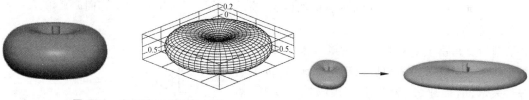

图 2-19　电偶极子立体方向图　　　　图 2-20　立体方向图的变化

在实际中，工程上常常采用两个特定正交平面方向图，在自由空间中，两个最重要的平面方向图就是 E 面和 H 面方向图。E 面即电场强度矢量与最大传播方向构成的平面，H 面即磁场强度矢量与最大传播方向构成的平面。

对于球坐标系中的沿 z 轴放置的电基本振子而言，E 面即为包含 z 轴的任一平面，例如，yoz 面，此面的方向函数为 $F(\theta,\varphi)=|\sin\theta|$。$H$ 面即为 xoy 面，此面的方向函数为 $F(\theta,\varphi)=1$，据此绘出的 E 和 H 面的归一化方向图，如图 2-21 所示，E 面和 H 面方向图就是立体图沿 E 面和 H 面两个主平面的剖面图。但需要注意的是，尽管球坐标系中的磁基本振子辐射场的方向性和电基本振子一样，但 E 面和 H 面的位置恰好互换，如图 2-22 所示。

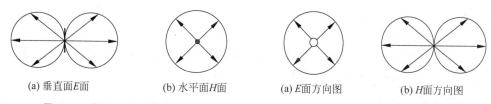

(a) 垂直面 E 面　　　(b) 水平面 H 面　　　(a) E 面方向图　　　(b) H 面方向图

图 2-21　电偶极子平面方向图　　　　图 2-22　磁偶极子平面方向图

有时还需要讨论辐射的功率密度与方向之间的关系，因此引进功率方向图 $F_{\mathrm{P}}(\theta,\varphi)$。容易得出，它与场强方向图之间的关系为：$F_{\mathrm{P}}(\theta,\varphi)=F^2(\theta,\varphi)$。

实际天线的方向图要更复杂，通常有多个波瓣，可细分为主瓣、副瓣和后瓣，如图 2-23 所示。

在图 2-23 中定义：方向图中辐射最强的方向称为主射方向，辐射为零的方向称为零射方向。具有主射方向的方向叶称为主叶(瓣)，其余称为副叶(瓣)。下面定量地描述主瓣的宽窄程度的两个概念：半功率宽度和零功率宽度，功率降为主射方向上功率的 1/2 时，两个方向之间

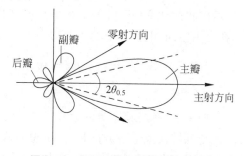

图 2-23　实际天线主瓣、副瓣、后瓣图

的夹角称为半功率宽度，以 $2\theta_{0.5}$ 表示，$2\theta_0$ 为两个零射方向之间的夹角称为零功率宽度。

用来描述方向图的参数通常有以下几个：

1) 水平面波束宽度

在水平面方向图上,在最大辐射方向的两侧,辐射功率下降3dB的两个方向的夹角[即主瓣两半功率点间的夹角定义为天线方向图的波瓣宽度,称为半功率(角)瓣宽]。主瓣瓣宽越窄,则方向性越好,抗干扰能力越强。

2) 垂直面波束宽度

在垂直方向图上,在最大辐射方向的两侧,辐射功率下降3dB的两个方向的夹角。

3) 前后比

前后比是指主瓣最大值与后瓣最大值之比,也指天线的前向辐射功率和后向功率之比,通常也用分贝表示,前后比大,天线定向接收性能就好,如图2-24所示。基本半波振子天线的前后比为1,所以对来自振子前后的相同信号电波具有相同的接收能力。

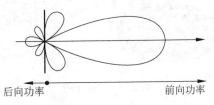

图 2-24　功率方向图

后向功率　　前向功率

2. 方向系数

上述方向图仅直观地描述了方向图的形状,还不能体现天线的定向辐射能力。为了精确地比较不同天线之间的方向性,需要引入一个能定量表示天线定向辐射能力的电参数,即方向系数。

方向系数的定义:在同一距离及相同辐射功率的条件下,天线在最大辐射方向上的辐射功率密度 $S_{\max}$ 和无方向性天线(例如,理想点源天线)的辐射功率密度 S_0 之比,记为 D。

$$D(\theta,\varphi)=\frac{S(\theta,\varphi)}{S_0}\bigg|_{P_r=P_{r0}} \tag{2-32}$$

式中,P_r、P_{r0} 分别为实际天线和无方向性天线的辐射功率。无方向性天线本身的方向系数等于1。设一天线的辐射功率为 P_r,则有

$$S_0=S_{av}=\frac{P_r}{4\pi r^2}$$

$$D(\theta,\varphi)=\frac{S(\theta,\varphi)}{S_{av}}=\frac{4\pi r^2 S(\theta,\varphi)}{P_r}$$

所谓辐射功率(P_r),是指在单位时间内通过球面向外辐射的电磁能量的平均值。例如,在自由空间,电偶极子的辐射功率为

$$P_r=40\pi^2\left(\frac{Il}{\lambda}\right)^2=40\pi^2 I^2\left(\frac{l}{\lambda}\right)^2$$

3. 效率

一般来说,有高频电流的天线导体及绝缘介质都会产生损耗,因此输入天线的实际功率并不能全部转换成电磁波能量,为了说明这种能量转换的有效程度,天线效率的定义为天线的辐射功率 P_r 与输入功率 P_T 之比,记为 η,即

$$\eta=\frac{P_r}{P_T}=\frac{P_r}{P_r+P_L} \tag{2-33a}$$

式中的 P_L 为天线的总损耗功率,通常包括天线导体中的损耗和介质材料中的损耗。

与把天线向外辐射的功率看作是被某个电阻吸收的功率一样,把总损耗功率也看作电阻上的损耗功率,该电阻称为损耗电阻 R_L,则有

$$P_r = \frac{1}{2} I^2 R_r$$

$$P_L = \frac{1}{2} I^2 R_L$$

$$\eta = \frac{P_r}{P_r + P_L} = \frac{R_r}{R_r + R_L} \tag{2-33b}$$

可见,要提高天线的效率,应尽可能增大辐射电阻和降低损耗电阻。偶极子天线的辐射电阻相当小,所以它的辐射效率非常低。

4. 增益系数

方向系数只是衡量天线定向辐射特性的参数,它只取决于方向图,天线效率则表示了天线在能量上的转换效能,而增益系数则同时表示天线的定向增益程度。

天线增益系数(G)定义:在输入功率相等的条件下,实际天线与理想的点源天线在空间同一点处所产生的信号的功率密度之比。G 不仅表示了天线辐射能量集中的程度,也包含了天线的损耗。

$$G = \frac{S(\theta,\varphi)}{S_0}\bigg|_{P_T = P_{T0}} = \frac{|E_{max}|^2}{|E_0|^2}\bigg|_{P_T = P_{T0}} \tag{2-34}$$

式中,P_T、P_{T0} 分别为实际天线和无方向性天线的输入功率。理想无方向性天线本身的增益系数为 1。考虑到效率的定义,在有耗情况下,功率密度是无耗时的 η 倍。

$$G = \frac{S(\theta,\varphi)}{S_0}\bigg|_{P_T = P_{T0}} = \frac{\eta S_{max}}{S_0}\bigg|_{P_r = P_{r0}}$$

即

$$G = \eta D \tag{2-35}$$

由此可见,增益系数是综合衡量天线能量转换效率和方向特性的参数,它是方向系数与天线效率的乘积。

5. 输入阻抗

天线通过传输线与发射机相连,天线作为传输线的负载,与传输线之间存在阻抗匹配问题。天线与传输线的连接处为天线的输入端,天线输入端呈现的阻抗值定义为天线的输入阻抗,即天线的输入阻抗 Z_{in} 为天线的输入端电压与电流之比,表示为

$$Z_{in} = \frac{U_{in}}{I_{in}} = R_{in} + jX_{in} \tag{2-36}$$

式中,R_{in}、X_{in} 分别为输入电阻和输入电抗,它们分别对应有功功率和无功功率。

一般情况下,Z_{in} 是一复阻抗,包含电阻 R_{in} 和电抗 X_m。天线的输入阻抗是天线的一个重要参数,它与天线的几何形状、激励方式、周围环境和其他物体的影响有关。要精确计算很复杂,只有少数较简单的天线才能精准计算其输入阻抗,多数天线的输入阻抗则需要通过实验测定,或进行近似计算。

既然 Z_{in} 是一复阻抗,要与传输线的特性阻抗(纯电阻)实现匹配,就必须在天线与馈线之间加入匹配装置。

6. 有效长度

一般而言,天线上的电流分布是不均匀的,也就是说,天线上各部位的辐射能力不一样。为了衡量天线的实际辐射能力,采用有效长度。它的定义是:在保持实际天线最大辐射方

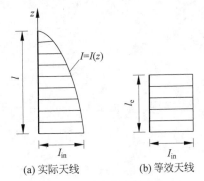

(a) 实际天线　　　(b) 等效天线

图 2-25　天线的有效长度

向上场强值不变的条件下,假设天线上的电流分布为均匀分布时天线的等效长度。即实际电流分布不均匀的天线,可以用一个沿线分布均匀、幅值等于输入点电流 I_{in} 的假想天线来等效。如果两者在各自的最大方向上辐射场强相同,则假想天线的长度就是实际天线的有效长度。

如图 2-25 所示,设实际长度为 l 的天线的电流分布为 $I(z)$,则有:

$$I_{in} \cdot l_e = \int_0^l I_z \, dz$$

l_e 即为实际天线的有效长度。

7. 极化

无线电波在空间传播时,其电场方向是按一定的规律而变化的,这种现象称为无线电波的极化。

天线的极化是指该天线在给定方向上远区辐射场的极化,一般特指该天线在最大辐射方向的极化。实际上,天线的极化随着偏离最大辐射方向的改变而改变,天线在不同辐射方向可以有不同的极化。

所谓辐射场的极化,是指时变电场矢量端点运动的轨迹的形状、取向和旋转方向,由此极化方式可分为线极化、圆极化和椭圆极化,其中圆极化还可以根据其旋转方向分为右旋圆极化和左旋圆极化。在天线技术中,就圆极化而言,一般规定,若右手的拇指朝向波的传播方向、四指弯向电场矢量的旋转方向,则电场矢量端点的旋转方向与传播方向符合右手螺旋的为右旋圆极化;符合左手螺旋的为左旋圆极化。

天线不能接收与其正交的极化分量。例如,线极化天线不能接收来波中与其极化方向垂直的线极化波,圆极化天线不能接收来波中与其旋向相反的圆极化分量。而对于椭圆极化来说,其中与接收天线的极化旋向相反的圆极化分量不能被接收,极化失配意味着功率损失。

8. 频带宽度

天线的所有电参数都和工作频率有关。任何天线的工作频率都有一定的范围,当工作频率偏离设计频率(一般取中心工作频率为设计频率)时,天线的电参数将变差,例如,波瓣宽度增大、副瓣电平增高、方向系数下降、极化特性变化以及失配等。通常根据使用天线系统的要求,规定天线电参数容许的变化范围,当工作频率变化时,天线电参数不超过容许值的频率范围称为天线的工作频带宽度(简称带宽)。其变差的容许程度取决于天线设备系统的工作特性要求。当工作频率变化时,天线的有关电参数变化的允许程度而对应的频率范围称为频带宽度。根据天线设备系统的工作场合不同,影响天线频带宽度的主要电参数也不同。

根据频带宽度的不同,可以把天线分为窄频带天线、宽频带天线和超宽频带天线。假设

天线的最高工作频率为 f_{man},最低工作频率为 f_{min},对于窄频带天线,常用相对带宽即

$$\frac{f_{max}-f_{min}}{f_0}\times100\%$$ 来表示其频带宽度。而对于超宽频带天线,常用绝对频带即 $\frac{f_{max}}{f_{min}}$ 来表示

其频带宽度。

通常,相对带宽只有百分之几的为窄频带天线,例如引向天线;相对带宽达百分之几十的为宽频带天线,例如螺旋天线;绝对带宽可达到几个倍频程的称为超宽频带天线,例如对数周期天线。

2.3 电尺寸和波

在 EMC 方面,我们最应该掌握的是电路或者电磁辐射结构的电尺寸,而非其实际物理尺寸。在判断辐射结构辐射电磁能量的能力时,天线等辐射结构的物理尺寸并不重要,而用波长表示的电尺寸更为重要。电尺寸用波长来衡量。波长代表了为使相位改变 $360°$ 正弦电磁波必须经过的距离。严格地讲,这只适用于一类电磁波——均匀平面波。但是,其他类型的电磁波也有类似的特性,所以这个概念也是通用的。在电子、电气工程类本科专业的前期课程"电磁场理论"都有涉及相关概念。

电尺寸(电长度)是指电路、传输线或结构的几何长度 l 与所传输信号波的波长 λ 之比,即

$$l_\lambda = \frac{l}{\lambda} \tag{2-37}$$

假定电流及其相关波形为正弦波,当电流从连接导线的一端,到达另一端时所经历的相移为

$$\varphi = 2\pi\frac{l}{\lambda} = 2\pi l_\lambda$$

由上式可知,当电流沿连接线传播一个波长的距离 $l=\lambda$ 时,它经历的相移为 $360°$,即流入连接线的电流和流出连接线的电流是同相的;如果连接线的总长度为半波长,那么电流的相移为 $180°$,使得入连接线的电流和流出连接线的电流完全反向;如果连接线的总长度为 $1/10$ 波长,那么电流的相移为 $36°$;如果连接线的总长度为 $1/20$ 波长,那么电流的相移为 $18°$;如果连接线的总长度为 $1/100$ 波长,那么电流的相移为 $3.6°$;如果电路要用集中参数电路模型描述,即连接线的影响不重要,那么连接线的长度必须使相移可忽略不计,对此,不存在固定的准则,但如果长度小于信号激励频率所对应波长的 $1/10$,那么可以假定相移忽略不计。

当电路最大尺寸小于波长的 $1/10$ 时,认为电路是电小尺寸,可以看成是集中参数电路,即只要电路的电尺寸的最大值小于波长的 $1/10$,那么电路的集总参数模型足以代表实际电路。这就是通常所说的电小尺寸准则。

微波技术中的长线与短线的区别,长线上电压的波动现象明显,而短线上的波动现象可忽略,这是长线和短线的重要区别,见图 2-26。长线是分布

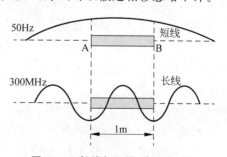

图 2-26 长线与短线(电小尺寸)

参数电路,短线是集中参数电路。

虽然麦克斯韦方程可以解释所有的电现象,但从数学上来讲它们是相当复杂的。因此,在可能的情况下,就使用较简单的近似方法,如集总参数电路模型和基尔霍夫定律。一个重要问题是:分析问题时,何时可以用简单的集总参数电路模型和基尔霍夫定律来代替麦克斯韦方程?从上面的分析可知,当电路的最大尺寸为电小尺寸时,即当最大尺寸远小于电源激励频率所对应的波长时,通常的准则是,当电路的最大尺寸小于波长的1/10时,则可以采用集总参数电路模型和基尔霍夫定律代替麦克斯韦方程的近似方法来解释电现象。

在实际工程中,需要计算出电路或其他电磁结构的电尺寸,以判断它是否为电小尺寸($l_\lambda < \lambda/10$)。如果是电小尺寸,就可以运用比电大尺寸($l > \lambda/10$)所需的更简单的概念和计算。例如,仅当电路的最大尺寸是电小尺寸时,与元件的集总参数电路模型一起,基尔霍夫电压和电流定律是可用的。如果电路是电大尺寸的,那么为了描述该问题,只能运用麦克斯韦方程组(或一些可接受的方程的近似简化形式)。

从广义上讲,除自由空间外,在非导电介质中波的传播速度由介质的介电常数 ε 和磁导率 μ 决定。ε 的单位是 F/m,或者说是电容值/距离;μ 的单位是 H/m,或者是电感值/距离。

在自由空间中,它们用 ε_0 和 μ_0 表示,其中,$\varepsilon_0 = 1/36\pi \times 10^{-9} = 8.85 \times 10^{-12}$ F/m,$\mu_0 = 4\pi \times 10^{-7}$ H/m。

用这些参数来表示自由空间(空气)中的传播速度为

$$v_0 = \frac{1}{\sqrt{\varepsilon_0 \mu_0}} \approx 3 \times 10^8 \text{m/s}$$

电波在其他介质中的传播特性用相对于自由空间的介电常数 ε_r 和磁导率 μ_r 来描述,所以 $\varepsilon = \varepsilon_0 \varepsilon_r$,$\mu = \mu_0 \mu_r$。如聚四氟乙烯具有 $\varepsilon_r = 2.1$ 和 $\mu_r = 1$(注意,其磁导率与自由空间相同,这是非铁磁性材料的一个重要特性)。

对于除自由空间以外的非导电介质而言,波的传播速度为

$$v = \frac{1}{\sqrt{\varepsilon\mu}} = \frac{v_0}{\sqrt{\varepsilon_r \mu_r}} \tag{2-38}$$

例如,在聚四氟乙烯($\varepsilon_r = 2.1, \mu_r = 1$)中波的传播速度为

$$v = \frac{1}{\sqrt{\varepsilon\mu}} = \frac{v_0}{\sqrt{\varepsilon_r \mu_r}} \approx 207019667.8 \approx 0.69 v_0$$

能够正确计算某特定频率下一个结构的电尺寸是非常重要的。做到这一点的关键就是要认识到,自由空间(空气)中 1m 的尺寸正好是 300MHz 频率时的一个波长。记住 300MHz 时的一个波长就是 1m,根据尺寸的近似比例可以很容易计算出自由空间中另一个频率的波长。要想做到这一点,必须认识到波长随着频率的增加而减小,反之也成立。例如,50MHz 时的波长是 1m × 300MHz/150MHz = 6m。空气中 2GHz 时的波长是 300/2000 = 0.15m = 15cm,30GHz 时的波长是 300/30000 = 0.01m = 1cm。

为了方便读者了解无线电波频率分段情况,将国际无线电波谱的频段划分列于表 2-1。

表 2-1　国际无线电波谱的频段划分

波　段		频率范围	波长范围	备　注
普通无线电波	甚低频(VLF)	3～30kHz	10^5～10^4m	超长波
	低频(LF)	30～300kHz	10^4～10^3m	长波
	中频(MF)	300～3000kHz	10^3～10^2m	中波
	高频(HF)	3～30MHz	100～10m	短波
	甚高频(VHF)	30～300MHz	10～1m	超短波
微波	超高频(UHF)	300～3000MHz	1～0.1m	分米波
	特高频(SHF)	3～30GHz	10～1cm	厘米波
	极高频(EHF)	30～300GHz	10～1mm	毫米波
	超极高频	300～3000GHz	1～0.1mm	亚毫米波

同时,也附带提一下移动通信系统中的频率和频段:

3G 的频率和频段分别是:TDD\(TD-SCDMA)1880～1900MHz 和 2010～2025MHz。

4G 的频率和频段分别是:1880～1900MHz、2320～2370MHz、2575～2635MHz。

5GNR 的频率范围分别定义为不同的 FR:FR1 与 FR2。频率范围 FR1 即通常所讲的 5GSub-6GHz(6GHz 以下)频段,频率范围 FR2 则是 5G 毫米波频段。众所周知,TDD 和 FDD 是移动通信系统中的两大双工制式。在 4G 中,针对 FDD 与 TDD 分别划分了不同的频段,在 5GNR 中也同样为 FDD 与 TDD 划分了不同的频段,同时还引入了新的 SDL(补充下行)与 SUL(补充上行)频段。

FR1:450～6000MHz,FR2(毫米波频段):24250～52600MHz。

2.4　分贝与 EMC 的常用单位

在 EMC 中,干扰信号按其传播路径分为传导干扰信号和辐射干扰信号,对于传导干扰信号,幅值是干扰信号电压、电流的大小,电压[以伏特(V)为单位],电流[以安培(A)为单位];对于辐射干扰,幅值是指电场强度、磁场强度的大小,电场[以伏/米(V/m)为单位],磁场[以安/米(A/m)为单位]。与这些主要量相联系的就是以瓦特(W)为单位的功率和以瓦特每平方米(W/m^2)为单位的功率密度。这些物理量取值范围相当大。例如,电场值可以为 $1\mu V/m$～200V/m,其幅值的动态范围达到了 8 个数量级(10^8)。因为在 EMC 领域中以这些单位来表示的物理量的幅度和频率范围都是很宽的,在图形上用对数坐标更容易表示,所以 EMC 单位用分贝(dB)来表示,见表 2-2。该表列出了传导发射和辐射发射各物理量的单位。

表 2-2　电磁发射和敏感度限值的单位

	窄　带	宽　带
传导发射	dBV、dBmV、dBμV 等 dBA、dBmA、dBμA 等	dBV/kHz、dBmV/MHz 等 dBA/kHz、dBmA/MHz 等
传导敏感度	dBV、dBmV、dBμV 等	dBV/kHz、dBmV/MHz 等
辐射发射	dBV/m、dBT 等	dBV/(m·kHz)等 dBmV/kHz 等
辐射敏感度	dBV/m、dBT 等	dBV/(m·kHz)等 dBmV/MHz 等

1. 分贝(dB)的定义

分贝是从电话机产业发展起来的,它是为了描述电话机电路中噪声的影响。人的听力趋于对数形式,所以很自然地以 dB 为单位来描述噪声的影响。以如图 2-27 所示的放大器来讨论分贝的定义。

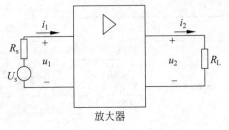

图 2-27　分贝的定义和举例

设 p_1 为放大器的输入功率,p_2 为放大器的输出功率,则放大器的功率增益为

$$功率增益 = \frac{p_2}{p_1}$$

以 dB 表示的功率增益定义为

$$功率增益 = 10\lg\frac{p_2}{p_1} \tag{2-39}$$

放大器的电压增益和电流增益为

$$电压增益 = \frac{u_2}{u_1}$$

$$电流增益 = \frac{i_2}{i_1}$$

以 dB 为单位的定义为

$$电压增益 = 20\lg\frac{u_2}{u_1} \tag{2-40a}$$

$$电流增益 = 20\lg\frac{i_2}{i_1} \tag{2-40b}$$

注意,以 dB 为单位的功率增益定义为两个量的比值的 10lg 倍,而以 dB 为单位的电压增益与电流增益定义为两个量的比值的 20lg 倍。

总之,以 dB 为单位的两个量的比值由下式给出:

$$P_{dB} = 10\lg\frac{p_2}{p_1}(功率)$$

$$U_{dB} = 20\lg\frac{u_2}{u_1}(电压)$$

$$I_{dB} = 20\lg\frac{i_2}{i_1}(电流)$$

在电磁兼容测量中,分贝是测量的物理量与作为比较的参考物理量之间的比值的对数(以 10 为底的),用来表示两者的倍率关系。必须明确 dB 仅为两个量的比值,是无量纲的。

对于电压,参考量可选为 1V、1mV,最常用的是 $1\mu V$,对应测量电压的单位为 dBV、dBmV、dBμV,即

$$dBV = 20\lg\frac{u(测量值)}{1V}$$

$$dBmV = 20\lg\frac{u(测量值)}{1mV}$$

$$dB\mu V = 20lg\frac{u(测量值)}{1\mu V}$$

例如,测量电压为 1V 时,即为 120dBμV,因为

$$dB\mu V = 20lg\frac{u(测量值)}{1\mu V} = 20lg\frac{1V}{1\mu V} = 20lg\frac{10^6\mu V}{1\mu V} = 120$$

对于电流,参考量选为 1A、1mA、1μA,则对应测量电流的单位为 dBA、dBmA、dBμA,即:

$$dBA = 20lg\frac{i(测量值)}{1A}$$

$$dBmA = 20lg\frac{i(测量值)}{1mA}$$

$$dB\mu A = 20lg\frac{i(测量值)}{1\mu A}$$

例如,测量电流为 1A 时,即为 120dBμA,因为

$$dB\mu A = 20lg\frac{i(测量值)}{1\mu A} = 20lg\frac{1A}{1\mu A} = 20lg\frac{10^6\mu A}{1\mu A} = 120$$

对于功率,参考量选为 1W、1mW、1μW,则对应测量功率的单位为 dBW、dBmW、dBμW,即

$$dBW = 10lg\frac{p(测量值)}{1W}$$

$$dBmW = 10lg\frac{p(测量值)}{1mW}$$

$$dB\mu W = 10lg\frac{p(测量值)}{1\mu W}$$

例如,测量功率为 1W 时,即为 30dBmW,因为

$$dBmW = 10lg\frac{p(测量值)}{1mW} = 10lg\frac{1W}{1mW} = 10lg\frac{10^3 mW}{1mW} = 30$$

在辐射电磁场中,用电场强度来描述,单位为伏特每米(V/m),或者用磁场强度来描述,单位是安培每米(A/m)。在 EMC 中,场强(电场强度、电磁强度)常见单位如下:

对于电场强度,参考量选为 1V/m、1mV/m、1μV/m,则对应测量电场的单位为 dBV/m、dBmV/m、dBμV/m,即

$$dBV/m = 20lg\frac{E(测量值)}{1V/m}$$

$$dBmV/m = 20lg\frac{E(测量值)}{1mV/m}$$

$$dB\mu V/m = 20lg\frac{E(测量值)}{1\mu V/m}$$

例如,测量电场为 1V/m 时,即为 120dBμV/m,因为

$$dB\mu V/m = 20lg\frac{E(测量值)}{1\mu V/m} = 20lg\frac{1V/m}{1\mu V/m} = 20lg\frac{10^6\mu V/m}{1\mu V/m} = 120$$

对于磁场强度,参考量选为 1A/m、1mA/m、1μA/m,则对应测量电流的单位为 dBA/m、

dBmA/m、dBμA/m,即

$$dBA/m = 20lg\frac{H(测量值)}{1A/m}$$

$$dBmA/m = 20lg\frac{H(测量值)}{1mA/m}$$

$$dBμA/m = 20lg\frac{H(测量值)}{1μA/m}$$

例如,测量磁场为 1A/m 时,即为 120dBμA/m,因为

$$dBμA/m = 20lg\frac{H(测量值)}{1μA/m} = 20lg\frac{1A/m}{1μA/m} = 20lg\frac{10^6μA/m}{1μA/m} = 120$$

反过来,将 dB 转换为绝对单位也很重要。

2. EMC 测量采用分贝作计量单位的意义

(1)分贝具有压缩数据的特点,用其计量可使测量的精确性提高。

(2)分贝具有使物理量之间的换算便捷的特点,使较复杂的乘除及方幂的运算变为简单的加减和对数运算。

(3)分贝作计量单位具有反映人耳对声音干扰实际响应的特点。

3. EMC 测量常用参考量及其测量值分贝数的计算公式

将 EMC 测量常用参考量及其测量值分贝数的计算公式(测量值量纲同参考量量纲)列于表 2-3。

表 2-3　EMC 测量常用参考量及其测量值

物理量	参考量	相应的分贝量	分贝量的名称	测量值分贝数的计算公式
电压	1μV	0dBμV	微伏分贝	dBμV=20lg(测量值/1μV)
电流	1μA	0dBμA	微安分贝	dBμA=20lg(测量值/1μA)
电场强度	1μV/m	0dBμV/m	微伏/米分贝	dBμV/m=20lg(测量值/1μV/m)
磁场强度	1μA/m	0dBμA/m	微安/米分贝	dBμA=20lg(测量值/1μA/m)
辐射功率	1pW	0dBpW	皮瓦分贝	dBpW=10lg(测量值/1pW)

dBμV=以 1μV 为参考电平的 dB 数。

2.5　传输线理论初步

对于直流和低频电路,忽略元器件的大小及整个电路尺寸对电压、电流信号的影响,采用元器件的集总参数与模型,利用欧姆定律、基尔霍夫定律等电路定律进行分析,就能达到非常高的分析精度。但在射频、高速电路中,信号的高频分量对应的电磁波长与电路尺寸、甚至于元器件的大小已经可以比拟,信号在导线中传输存在相移,在导线的不同位置电压和电流是不同的。在某些位置,电流(或电压)达到最大;在某些位置电流(或电压)达到最小,甚至可能是零。电压、电流呈现分布特性。这时集总参数与模型就不再适用。需要使用传输线的分布传输模型。传输线理论在场分析和基本电路理论之间架起了桥梁。

通用的规则是:如果导线的长度大于信号波长的 1/10;或者对于数字信号,当信号的上升时间小于两倍线上的传输时延(传播速度的倒数),导线应作为传输线。所谓传输线,是指一种导体系列,但通常不一定是两根,用来引导电磁能量从一地方到另一地方。根据传输

线的几何尺寸和导体数量分类,一些常用传输线类型可分为同轴电缆(2),微带线(2),带状线(3),平衡线(2),波导(1)。括号中的数字代表传输线中导线的数量,如图2-28所示。

同轴电缆　　　　微带线　　　　带状线　　　　平衡线　　　　波导

图 2-28　常用传输线几何形状

同轴电缆可能是最为常用传输线。在同轴电缆中,电磁能量通过内导体和外导体(屏蔽层)内表面之间的介质传输。

在印制电路板上,传输线通常由平的、矩形截面的导体组成,靠近一个或多个面(微带线或带状线)。对于微带线,信号导线是在 PCB 表面层,电磁场部分在空气中传输,部分在 PCB 的介质中传输。对于带状线,电磁能量通过导体间的介质传输。

平衡线是由相同尺寸和形状、对地和对所有其他导体阻抗都相等的两个导体组成(例如,两个平行圆导体),在这种情况下,电磁能量是通过导体周围的介质(通常是空气)传输的。

波导是由单个中空导体组成的,用于引导电磁能量。在波导中,能量是通过导体空心传输的,在几乎所有情况下,传输介质是空气。波导大都用在吉赫兹频率范围。不同于上述其他传输线,波导有一个重要的性能就是不能传输直流信号。

需要注意的是,信号在传输线中的传输方式。传输线的导体仅是引导电磁能量,电磁能量是在介质材料中传播的。因此,在传输线中,最重要的材料是介质而不是导体,电磁能量(场)通过介质传播,导体仅是引导能量。信号在传输线中的传输可以麦克斯韦方程组描述,但复杂、抽象的麦克斯韦方程组数学表达式无助于直观地理解。我们可以用向水中扔石子产生水花波纹的例子来直观解释,当我们向平静的水面扔下一颗石子时,石子落入水中的瞬间,水的局部被压缩,石子的动能传递给被压缩的水。被压缩的水松弛,其能量被释放并压缩周边的水,周边的水重复这一过程。最终我们看到的是水在垂直方向上起落波动,这一过程向外扩散形成波浪。投入的石子是上述水纹波动过程的激励源。数字信号的传输和这一过程非常相似,驱动器输出的信号是变化的电压或电流,在变化的电压或电流施加到传输线的瞬间,构成传输线的两个导体之间形成变化的电场和磁场,以电磁波的形式向前传播。在传输线的各个局部位置出现电场和磁场的变化,并伴随着电荷的变化和流动,将产生变化的电压和电流。这一过程沿传输线的行进速度构成传输线的介质中的电磁波速度(介质中的光速),可以把传输线各点电压和电流变化看成是电磁波传播的外在表现。

信号向前传播的速度取决于电场和磁场建立的速度,这和传输线周围的介质特性有关,与介质的介电常数和磁导率的关系式为

$$v = \frac{1}{\sqrt{\mu_r \mu_0 \varepsilon_r \varepsilon_0}}$$

而真空中的光速为

$$c = \frac{1}{\sqrt{\mu_0 \varepsilon_0}}$$

如果介质不是磁性材料,$\mu_r = 1$,因此,在传输线中,电磁能量的传输速度为

$$v = \frac{c}{\sqrt{\varepsilon_r}} \tag{2-41}$$

式中,c 是真空中(自由空间)的光速,ε_r 是介质的相对介电常数,波在其中传播。

介电常数越大,传播速度越低。对于大多数传输线来说,传播速度大约是 1/3 的光速至光速之间,具体取决于介电常数。对于许多传输线中的电介质,传播速度大约是真空中光速的一半。比如,制造 PCB 的常用板材的相对介电常数通常为 4 左右。

传输线经常用双线来示意,如图 2-29 所示为传输线分布参数模型的集总元件等效电路。传输线必须用大量的 R-L-C-G 单元表示,理想情况是无限多个。单元越多,模型就越准确。

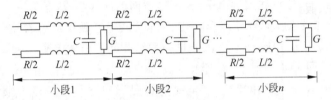

图 2-29 双导线传输线分布参数模型(集总元件等效电路)

在图 2-29 中,R 表示单位长度导体的电阻值,单位为欧姆(Ω);L 表示单位长度导体的电感值,单位为亨利(H);C 表示单位长度导线间的电容值,单位为法拉(F);G 表示隔开两导线的介质材料单位长度的电导,单位为西门子(S)。

大部分传输线分析是假设传输横电磁波(TEM)。在 TEM 模式中,电场和磁场是相互垂直的,传播方向垂直于包含电场和磁场的平面。为支持 TEM 模式传播,传输线必须包含两根或多根导线。因此,波导不支持 TEM 传播。波导采用横电(TE)波(也称为 H 波)和横磁(TM)波(也称为 E 波)模式传播能量。有关传输线的详细讨论可参考相应文献,本节主要介绍传输线的特征阻抗、时延和传播常数等几个重要的性能参数以及信号的反射和端接电阻匹配方式。

1. 传输线的特征阻抗(特性阻抗)

信号进入传输线后,电磁波由导体引导沿传输线以传播速度 v 在介质中传播。电磁波在传输线导体中感应电流,该电流沿信号导体流动,通过导体间的电容,经返回导体回到信号源,如图 2-30 所示。因为通过电容的电流为 $I = C(\mathrm{d}V/\mathrm{d}t)$,即只有在传输线电压变化时,才有电流通过电容,所以,仅在传输波的上升前沿,电流可以通过传输线导体间的电容。

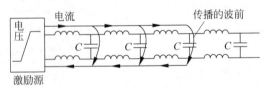

图 2-30 信号上升沿沿线传播时传输线上流动的电流和返回电流

由于传播速度有限,流动信号一开始不知道传输线终端是什么负载,或者哪里是传输线的终端。因此,电压和电流由传输线的特征阻抗确定。图 2-30 表明,传输线开路可以传输电压和电流。

将图 2-29 中的参数集中画在上方的导线上,即如图 2-31 所示。其中,每段 l 的阻抗

$Z_s = l(R + j\omega L)$，综合电容和电导，其阻抗 $Z_P = \dfrac{1}{Y_P} = \dfrac{1}{l(G + j\omega C)}$。用上述阻抗代替图 2-31 中的 R、L、C、G 元件，则图 2-31 变成图 2-32。

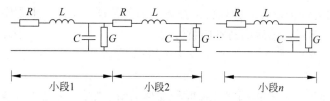

图 2-31　双导线传输线分布参数模型

在图 2-32 中，假设传输线的长度无限长，每一段传输线的阻抗是相等的，即 $Z_1 = Z_2 = Z_3 = \cdots = Z_n$。

对于均匀传输线，当信号在上面传输时，在任何一处所受到的瞬态阻抗都是相同的，称为传输线的特性阻抗，如图 2-32 所示。所以，图 2-32 可以简化为图 2-33。

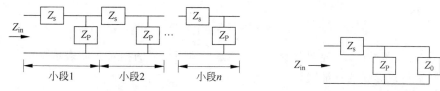

图 2-32　传输线的特性阻抗　　　　　**图 2-33　简化的传输线的特性阻抗**

由上面的叙述可知，传输线的输入阻抗和特性阻抗必然相等，即 $Z_{in} = Z_0$。

由图 2-33 的电路结构知：

$$Z_{in} = Z_s + \frac{Z_0 Z_P}{Z_0 + Z_p} = Z_0$$

求解上式，得：

$$Z_0 = \frac{Z_s \pm \sqrt{Z_s^2 + 4Z_s Z_p}}{2}$$

将 $Z_s = l(R + j\omega L)$，$Z_P = \dfrac{1}{Y_P} = \dfrac{1}{l(G + j\omega C)}$ 代入上式，可得：

$$Z_0 = \frac{l(R + j\omega L)}{2} \pm \frac{1}{2}\sqrt{l^2(R + j\omega L)^2 + 4\frac{R + j\omega L}{G + j\omega C}}$$

由于 l 很小，所以上式可以简化为

$$Z_0 = \sqrt{\frac{R + j\omega L}{G + j\omega C}} = \sqrt{Z_s Z_p}$$

即传输线特征阻抗 Z_0 为

$$Z_0 = \sqrt{\frac{R + j\omega L}{G + j\omega C}} \tag{2-42}$$

在低频下，如信号频率小于 1kHz 时，特性阻抗为

$$Z_0 = \sqrt{\frac{R}{G}}$$

在高频下，如信号频率大于 100MHz 时，ωL 和 ωC 远大于 R 和 G，特性阻抗为

$$Z_0 = \sqrt{\frac{L}{C}}$$

如果传输线是无耗的,那么传输线的分析也可以大大简化。许多实际的传输线都是低损耗的,因此使用无耗传输线的方程可以描述它们的性能。对于无耗传输线,$R=0$,$G=0$,代入式(2-42)得到无耗传输线的特征阻抗方程

$$Z_0 = \sqrt{\frac{L}{C}} \tag{2-43}$$

特征阻抗描述了信号沿传输线传播时所受到的瞬态阻抗,它是传输线的固有属性,仅与传输线的单位长度的分布电感 L、分布电容 C、材料特性和介电常数有关,与传输线的长度无关。宽度变化的导线没有固定的特征阻抗,只要导线的几何结构和材料特性保持不变,那么传输线的特征阻抗就是固定的。

下面介绍几种常见的传输线的特征阻抗计算公式。

1) 同轴线的特征阻抗

$$Z_0 = \frac{60}{\sqrt{\varepsilon_r}} \ln \left[\frac{r_2}{r_1} \right] \tag{2-44}$$

式中,r_1 是内导体半径,r_2 是外导体半径,ε_r 是导体间材料的相对介电常数。

2) 圆平行双导线的特征阻抗

$$Z_0 = \frac{120}{\sqrt{\varepsilon_r}} \ln \left[\left(\frac{d}{2r} \right) + \sqrt{\left(\frac{d}{2r} \right)^2 - 1} \right] \tag{2-45}$$

式中,r 是每根导线的半径,d 是两根导线间的距离,ε_r 是导线四周材料的相对介电常数。

对于 $d \gg 2r$ 的情况,式(2-45)可近似表示为

$$Z_0 = \frac{120}{\sqrt{\varepsilon_r}} \ln \left[\frac{d}{r} \right] \tag{2-46}$$

3) 平面上的一根圆导线的特征阻抗

根据问题的对称性,一根圆导线位于一平面上方 h 处,其特征阻抗是相距 $2h$ 的两根圆导线特征阻抗的一半,即:

$$Z_0 = \frac{60}{\sqrt{\varepsilon_r}} \ln \left[\left(\frac{h}{r} \right) + \sqrt{\left(\frac{h}{r} \right)^2 - 1} \right] \tag{2-47}$$

式中,r 是导线的半径,h 是导线距离平面的高度。

对于 $h \gg r$ 的情况,式(2-47)可近似为

$$Z_0 = \frac{60}{\sqrt{\varepsilon_r}} \ln \left[\frac{2h}{r} \right] \tag{2-48}$$

4) 微带线特征阻抗

$$Z_0 = \frac{87}{\sqrt{\varepsilon_r + 1.41}} \ln \left[\frac{5.98H}{0.8W + T} \right] \tag{2-49}$$

式中,H 是迹线与平面的距离,W 是迹线的宽度,T 是迹线的厚度。

5) 带状线特征阻抗

$$Z_0 = \frac{60}{\sqrt{\varepsilon_r}} \ln \left[\frac{4H}{0.67\pi(T + 0.8W)} \right] \tag{2-50}$$

式中,H 是两平面间的距离,W 是迹线的宽度,T 是迹线的厚度。

大部分实际传输线的特征阻抗是 $25\sim500\Omega$,其中以 $50\sim150\Omega$ 最常见。

2. 时延

时延是信号传输经过整个线长所用的时间总量,计算公式如下:

$$t_\mathrm{d} = \frac{l}{v}$$

式中,t_d 为时延,l 为传输线长度,v 为信号的传输速度。

3. 传播常数

传播常数描述信号沿传输线传播时的衰减和相位的变化。按照图 2-29 所示的参数,通常传播常数是复数,可表示为

$$\gamma = \sqrt{(R + \mathrm{j}\omega L)(G + \mathrm{j}\omega C)} \tag{2-51}$$

$$\gamma = \alpha + \mathrm{j}\beta \tag{2-52}$$

式中,实部 α 是衰减常数,虚部 β 是相移常数。对于无耗传输线 $\alpha=0$,即无耗传输线的衰减为零;$\beta=\omega\sqrt{LC}$,表示信号沿传输线传输时相位的变化,单位是每单位长弧度。

4. C、L 和 ε_r 的关系

由于传播速度是介电材料的函数,传输线的电容和电感也与介电材料以及传输线的尺寸有关,电容、电感和速度都是关联的,所以传播速度可以写成

$$v = \frac{c}{\sqrt{\varepsilon_\mathrm{r}}} = \frac{1}{\sqrt{LC}} \tag{2-53}$$

由特性阻抗式(2-43)和传播速度式(2-53),可导出传输线的 L 和 C:

$$L = \frac{\sqrt{\varepsilon_\mathrm{r}}}{c}Z_0 \tag{2-54}$$

$$C = \frac{\sqrt{\varepsilon_\mathrm{r}}}{c}\frac{1}{Z_0} \tag{2-55}$$

式(2-54)表明,电感 L 仅是介电常数和传输线特征阻抗的函数;式(2-55)表示电容 C 也是介电常数和传输线特征阻抗的函数。因此,有相同特征阻抗和介电材料的所有的传输线有相同的单位长度电感和电容,而不管其尺寸、几何形状和结构如何。例如,所有特征阻抗是 70Ω,介电常数是 4 的传输线,电容值都是 $95\mathrm{pF/m}(2.4\mathrm{pF/in})$,电感值都是 $467\mathrm{nH/m}(11.8\mathrm{nH/in})$。

5. 信号的反射

信号的反射和互连线的阻抗密切相关。反射的直接原因就是互连线中的阻抗突然发生了变化,只要互连线中的阻抗存在不连续点,该处就会发生反射。

为什么信号遇到阻抗突变会发生反射?信号达到瞬时阻抗不同的两个区域(区域 1、区域 2)的交界面时,如图 2-34 所示,在信号/返回路径的导体中仅存在一个电压和一个电流,即在交界面处,无论是从区域 1 还是从区域 2 看过去,在交界面处两侧的电压和电流必须相等。也就是说,在交界面处,电压必须是连续的,否则,在交界面处会产生无穷大的电场;同样,交界面两侧的电流必须连续,否则交界面处会产生无穷大的磁场。

图 2-34 阻抗突变示意图

因此,在交界面处,有

$$V_1 = V_2, \quad I_1 = I_2$$

根据欧姆定律:

$$I_1 = \frac{V_1}{Z_1}, \quad I_2 = \frac{V_2}{Z_2}$$

显然,当两个区域的阻抗不相等($Z_1 \neq Z_2$)时,上述4个公式不可能同时成立。如何摆脱这一困境? 反射理论提供了很好的答案,应该从电磁波的角度来理解反射,根据传输线的电报方程,在交界面处,电压的一部分正向传播,另一部分反向传播。为了使整个系统不被破坏,区域1在交界面处,产生了一个反射回源端的电压,它的唯一目的就是吸收入射信号和传输信号之间不匹配的电压和电流。

从电压电流角度,可以把区域1的电压V_1分成两部分,其中一部分以电压V_{inc}正向传输,称为入射电压,另一部分以电压V_{refl}反向传播,称为反射电压。V_2记为V_{trans},称为传输电压。

由于交界面两侧电压相等,所以有:

$$V_{inc} + V_{refl} = V_{trans}$$

再看电流的情况,入射电压产生一个正向电流I_{inc},反射电压产生一个反向电流I_{refl}。区域2的电流I_2记为I_{trans},要使交界面两侧电流相等,必有:

$$I_{inc} - I_{refl} = I_{trans}$$

根据欧姆定律,每个区域的阻抗为该区域中电压与电流之比,即

$$\frac{V_{inc}}{I_{inc}} = Z_1, \quad \frac{V_{refl}}{I_{refl}} = Z_1, \quad \frac{V_{trans}}{I_{trans}} = Z_2$$

将上述几个表达式代入电流连续表达式中,可得:

$$\frac{V_{inc}}{Z_1} - \frac{V_{refl}}{Z_1} = \frac{V_{trans}}{Z_2}$$

将电压连续表达式代入上式,可得:

$$\frac{V_{inc}}{Z_1} - \frac{V_{refl}}{Z_1} = \frac{V_{inc} + V_{refl}}{Z_2}$$

即

$$V_{inc}\frac{Z_2 - Z_1}{Z_2 Z_1} = V_{refl}\frac{Z_2 + Z_1}{Z_2 Z_1}$$

可得反射系数为

$$R = \frac{V_{refl}}{V_{inc}} = \frac{Z_2 - Z_1}{Z_2 + Z_1} \tag{2-56}$$

同样,可以推导出传输系数(透射系数)为

$$T = \frac{V_{trans}}{V_{inc}} = \frac{2Z_2}{Z_2 + Z_1} \tag{2-57}$$

式(2-56)和式(2-57)在实际工程中是经常用到的公式。

6. 端接电阻匹配方式

在高速数字电路系统中,传输线上的阻抗不匹配会造成信号反射,并出现过冲、下冲和

振铃等信号畸变,而当传输线的时延大于信号上升时间的 20% 时,反射的影响就不能忽视了,不然,将带来信号完整性问题。减少反射的方法是:根据传输线的特性阻抗在其驱动端串联电阻使源阻抗与传输线阻抗匹配,即串联端接;或者在接收端并联电阻使负载阻抗与传输线阻抗匹配,即并联端接,从而使反射系数或者负载反射系数为零。在实际应用中,应根据具体情况来选择串联匹配端接还是并联匹配端接,有时也会同时采用两种匹配形式。常用的端接方式有串联端接、并联端接、戴维南端接、RC 网络端接和二极管端接等。

1) 串联端接

串联端接是指在尽量靠近源端的位置串联一个电阻以匹配信号源的阻抗,使源端发射系数为零,如图 2-35 所示。R 加上驱动源的输出阻抗 R_s 应等于传输线阻抗 Z_0,即 $R+R_s=Z_0$。

图 2-35　串联端接

串联端接的优点在于:每条线只需要一个端接电阻,无须与电源相连接,消耗功率小,当驱动高容性负载时可提供限流作用,这种限流作用可以帮助减小地弹噪声。而且串联终端匹配技术不会给驱动器增加任何额外的直流负载,也不会在信号线与地之间引入额外的阻抗。

串联端接的缺点在于:由于串联电阻 R 的分压作用,即信号会在传输线、串联匹配电阻和驱动器阻抗之间实现信号电压的分配,因而加在信号线上的电压实际上仅是源电压的一半,所以不能驱动分布式负载;另外,由于在信号通路上加接了元件,增加了 RC 时间常数,从而减缓了负载端信号的上升时间,因而不适合用于高频信号通路(如高速时钟等)。

2) 并联端接

并联端接是在尽量靠近负载输入端的位置(即传输线的末端)连接一个电阻下拉到地或者上拉到直流电源,以实现负载端的阻抗与传输线特性阻抗匹配,如图 2-36 所示。电阻值必须与传输线特性阻抗匹配,以消除信号反射。终端匹配到直流电源 V_{cc} 可以提高驱动器的驱动能力,但会抬高信号的低电平;而终端匹配到地则可以提高电流的吸收能力,但会拉低信号的高电平。

并联端接优点在于设计简单、易实现,只需要一个附加的元件;缺点是消耗直流功率,在要求低功耗的便携式设备中无法使用。

3) 戴维南端接

戴维南端接是分压器型端接方式,采用上拉电阻 R_1 和下拉电阻 R_2 构成端接电阻,通过 R_1 和 R_2 吸收反射,如图 2-37 所示。

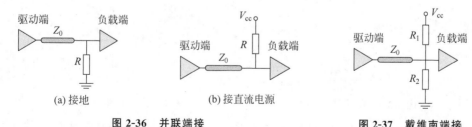

图 2-36　并联端接　　　　　　　　图 2-37　戴维南端接

戴维南等效阻抗可表示为:

$$R = \frac{R_1 R_2}{R_1 + R_2}$$

为了达到匹配的目的,戴维南等效电阻 R 必须等于传输线的特性阻抗。R_1 的选取,除了要确保等效电阻的阻值,还应满足下面的条件:R_1 的最大值由可接收的信号的最大上升时间决定,最小值由源端吸电流数值决定;R_2 的选取应满足当传输线断开时电路逻辑高电平的要求。

戴维南终端匹配技术的优点在于:在这种匹配方式下,终端匹配电阻同时还作为上拉电阻和下拉电阻来使用,因而提高了系统的噪声容限,降低了对源端器件驱动能力的要求。这种方案能够很好地抑制过冲。其缺点是无论逻辑状态是高还是低,在 V_{cc} 到地之间都会有一个常量的电流存在,导致匹配电阻中有直流功耗,减小了噪声容限,除非驱动器可提供大的电流。

戴维南端接方式非常适合高速背板设计、长传输线以及大负载的应用场合,通过两并联电阻将负载的电压级保持在最优的开关点附近,则驱动器可以用较小的功率来驱动总线。特别适用于总线使用。

4) RC 网络端接

RC 网络端接又称交流负载端接,它与并行端接相似,在走线路径的负载端连接一个电阻和电容的串联网络到参考地,即采用电阻和电容网络作为端接阻抗,如图 2-38 所示。

并行 RC 端接方式在 TTL 和 CMOS 系统中应用得比较好。端接电阻 R 要小于或等于传输线阻抗 Z_0,电容 C 必须大于 100pF,推荐使用 0.1μF 的多层陶瓷电容。交流端接的好处在于电容阻隔了直流通路而不会产生额外的直流功耗,同时允许高频能量通过而起到了低通滤波器的作用;缺点是 RC 网络的时间常数会降低信号的速率。

5) 肖特基二极管端接

也可采用肖特基二极管来完成这种端接方式,在终端和电源之间连接一个二极管,另外在终端和地之间连接另外一个二极管,如图 2-39 所示。通常使用肖特基二极管,因为肖特基二极管具有低的导体电压。传输线终端任何的信号反射,如果导致接收器输入端上的电压超过 V_{cc} 和二极管的正向偏置电压,那么该二极管就会正向导通连接到 V_{cc} 上,二极管导通,从而将信号的过冲钳位到 V_{cc} 和二极管的阈值电压之和上。同样,连接到地的二极管也可以将信号的下冲限值在二极管的正向偏置电压上。即肖特基二极管的低正向电压降 V_f(典型 0.3 到 0.45V)将输入信号钳位到 GROUND(地电位)$-V_f$ 和 $V_{cc}+V_f$ 之间。这样就显著减小了信号的过冲(正尖峰)和下冲(负尖峰)。

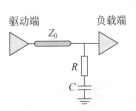

图 2-38 RC 网络端接

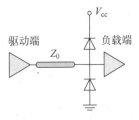

图 2-39 二极管端接

二极管端接的优点在于:二极管替换了需要电阻和电容元件的戴维南端接或 RC 端接,通过二极管钳位减小过冲与下冲,不需要进行线的阻抗匹配。二极管端接的缺点在于:二极管的开关速度一般很难做到很快,因此对于较高速的系统不适用。

不同于传统的端接技术,二极管端接技术的一个优势是:肖特基二极管端接技术无须考虑真正意义上的匹配,所以,当不清楚传输线的特性阻抗时,比较适合采用这种端接技术。同时,二极管导通电阻上消耗的功率远小于任何电阻类端接技术的功率消耗。

6) 多负载端接方案

在实际电路中,常常会遇到单一驱动源驱动多个负载的情况,这时需要根据负载情况及电路的布线拓扑结构来确定端接方式和使用端接的数量。一般情况下可以考虑以下两种方案。

(1) 如果多个负载之间的距离较近,那么可通过一条传输线与驱动端连接,负载都位于这条传输线的终端,这时只需要一个端接电路。有多负载串联端接和多负载并联端接两种方案,如图 2-40 所示。如采用串联端接,则在传输线源端安装阻抗匹配原则加入一个串行电阻即可,如图 2-40(a) 所示;如果采用并联端接,则端接应置于离源端最远的负载处,同时,线网的拓扑结构应优先采用菊花链的连接方式,如图 2-40(b) 所示。

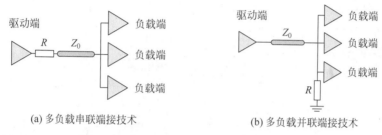

图 2-40 菊花链式连接方式多负载端接技术

(2) 如果多个负载之间的距离较远,则需要通过多条传输线与驱动端连接,这时每个负载都需要一个端接电路,如图 2-41 所示。也有多负载串联端接和多负载并联端接两种方案,如图 2-41 所示。

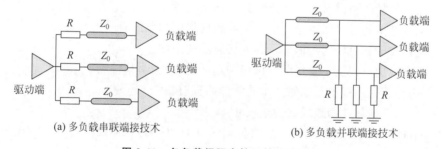

图 2-41 多负载间距离较远的端接技术

上面介绍了几种常用的端接方式,那实际应用时如何选择端接方式呢?不同的端接方式,各有其优缺点,不同的应用场合需采用不同的端接方式。下面介绍选择端接方式的几个原则:

(1) 电路中逻辑器件家族不同,其端接方式也有所不同。一般来说,CMOS 工艺的驱动器在输出逻辑高电平和低电平时,其输出阻抗值相同且接近传输线的阻抗值,适合采用串联端接技术;而 TTL 工艺的驱动器在输出逻辑高电平和低电平时,其输出阻抗值不同,可采用戴维南端接技术;ECL 器件一般都具有很低的输出阻抗,可在 ECL 电路的接收端使用下拉接地电阻来吸收能量。

(2) 串联端接用在点对点的布线拓扑是最佳的,此外,串联端接对那些相对于时钟频率为小尺寸的网络走线很合适。

（3）对于短的传输线,当最小数字脉冲宽度大于传输线的时间延迟时,源端串联端接是合乎要求的;对于长的传输线,推荐采用负载端端接技术。

（4）RC网络端接可提供好的信号质量,其代价是增加元件,同时降低边沿速率。

当然,上述方法和原则不是绝对的,影响端接方式的因素包括具体电路上的差别、网络拓扑结构的选取、接收端的负载等。因此,在高速电路中实施电路的端接时,需要根据实际情况并通过仿真分析来选取合适的端接方案和元件参数,以获得最佳的端接效果。同时,经验也很重要。

习题

2-1 干扰源产生的干扰信号类型有哪几类?

2-2 周期干扰信号的频谱有何特点?

2-3 非周期干扰信号的频谱有何特点?

2-4 已知周期方波信号在一个周期内的表达式为

$$f(t) = \begin{cases} 1, & -\dfrac{T}{4} \leqslant t \leqslant \dfrac{T}{4} \\ -1, & -\dfrac{T}{2} \leqslant t < -\dfrac{T}{4}, \quad \dfrac{T}{4} < t \leqslant \dfrac{T}{2} \end{cases}$$

式中,T 表示周期,试求其频谱函数。

2-5 单边谱与双边谱有何特点?求例 2-2 中周期矩形脉冲信号的三角形式傅里叶级数,画出其幅度谱,并与图 2-6 进行比较。

2-6 数字信号的频谱有什么特点?如何确定其带宽?

2-7 辐射产生的必要条件是什么?影响辐射强弱的原因有哪些?

2-8 电偶极子辐射场与磁偶极子辐射场有哪些不同?

2-9 分别写出电偶极子辐射的近区场和远区场,并说明其特点。

2-10 为什么说偶极子是辐射效率非常低的辐射器?

2-11 求出下列部件物理尺寸的电尺寸:

（1）印制电路板上 5cm 的连接盘（其发射频率为 2GHz,传播速度为 $1.5 \times 10^8 \,\mathrm{m/s}$）;

（2）300km 长,频率为 50Hz 的电力传输线。

第3章
CHAPTER 3
电磁兼容三要素及特性

3.1 概述

一般地,电磁干扰源发出的电磁能量通过某种耦合通道传输至敏感设备,导致敏感设备出现某种形式的响应并产生效果,这一作用过程及其效果称为电磁干扰效应。电磁干扰效应普遍存在于人们周围,如果电磁干扰效应表现为设备或系统发生有限度的降级,这就是电磁兼容性故障。不论复杂系统还是简单装置,任何一个电磁干扰都必须具备 3 个基本条件:首先应该具有电磁干扰源,即要有产生电磁能量的设备或系统,如我们生活中的日光灯的开关、汽车的点火系统、雷达、大功率用电设备、处理数字信息的设备、雷电放电等;其次要有传输干扰能量的途径(或通道);最后还必须有被干扰对象(敏感设备)的响应。

在电磁兼容理论和实践中,敏感设备是被干扰对象的总称,它可以是一个很小的元件或一个电路板组件,也可以是一个单独的用电设备,甚至可以是一个大系统。电磁干扰源是指产生电磁干扰的任何元件、器件、设备、系统或自然现象。使电磁干扰能量传输至敏感设备的通路或介质则被称为干扰传播途径(或耦合途径、耦合通道)。所以,电磁干扰源、敏感设备和传输耦合途径构成了电磁兼容的三大要素,如图 3-1 所示。

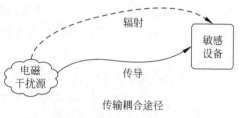

图 3-1 电磁干扰三要素

下面以我们生活中最常用的电视接收机作为敏感设备为例进行讲解,图 3-2 表示了可能的电磁干扰源和作用于敏感设备的潜在干扰传播途径。雷电、汽车和计算机产生的辐射干扰通过电磁波的辐射方式施加于电视接收机;计算机产生的传导干扰通过与电源线相连的电源插座沿电源线作用于电视接收机,形成传导干扰。

电磁干扰源、干扰传播途径和敏感设备称为电磁干扰三要素。如果用时间 t、频率 f、距离 r 和方位 θ 的函数 $S(t,f,r,\theta)$、$C(t,f,r,\theta)$、$R(t,f,r,\theta)$ 分别依次表示电磁干扰源、电磁能量的干扰耦合、敏感设备的敏感性,则产生电磁干扰时,必须满足如下关系:

$$S(t,f,r,\theta) \cdot C(t,f,r,\theta) \geqslant R(t,f,r,\theta)$$

从上式可以看出,形成电磁干扰时,电磁干扰源、耦合途径、敏感设备这 3 个要素缺一不

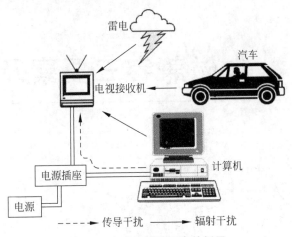

图 3-2　电磁干扰三要素的例子

可。也就是说,能产生巨大电磁能量的干扰源,如大功率雷达、核爆炸、雷电放电等,未必一定形成电磁干扰,只能说它们是潜在的电磁干扰源。同样,对电磁能量比较敏感的设备,如计算机、信息处理设备、通信接收机等,也未必一定受到干扰,也只能说它们是潜在的电磁敏感设备。此外,上式也表明,要想抑制电磁干扰,排除电磁干扰故障,使用电设备或系统在工作时电磁兼容,必须使 $S \cdot C < R$。

事实上,任何一台用电设备,既可能是电磁干扰源,又可能是电磁敏感设备。在电磁兼容性设计中,电磁兼容性工程师通常对电磁干扰源的特性、电磁敏感设备的性能提出具体的电磁兼容技术要求,由器件、设备供应商考虑这些电磁兼容性技术要求,并按要求提供器件、设备。电磁干扰耦合的分析、预测,系统的电磁兼容性,则主要由电磁兼容性工程师依据系统的组成、布局和系统的电磁兼容性技术要求,从总体上进行系统设计。

3.2　电磁干扰源及特性

3.2.1　干扰源的分类

电磁干扰源是一个笼统的概念,它是指任何产生电磁干扰的元件、器件、设备、分系统、系统或自然现象。按分类标准不同可以有不同的干扰源类型,一般可按干扰信号的来源、传播路径、功能和特性等来分类。

(1) 按干扰的来源分类:自然干扰,包括雷电干扰和宇宙干扰;人为干扰,即在人类的生活、交通、生产、科学研究、军事等活动中产生的电磁干扰。

(2) 按传播途径分类:传导干扰,即通过导体耦合的干扰,例如,导线传输、电容耦合、电感耦合;辐射干扰,即通过空间传输的干扰(近区场感应耦合、远区场辐射耦合)。

(3) 按场的性质分类:电场干扰、磁场干扰、电磁辐射干扰。

(4) 按信号的功能分类:功能性干扰,即设备、系统在实现自身功能的过程中产生有用电磁能量而对其他设备、系统产生的干扰;非功能性干扰,即设备、系统在实现自身功能的过程中产生无用电磁能量而对其他设备、系统产生的干扰。

(5) 按干扰信号的波形分类:连续波干扰、脉冲波干扰。

（6）按干扰信号的带宽分类：宽带干扰、窄带干扰。

（7）按干扰信号的频率分类：射频干扰（低频、高频、微波）、工频干扰（50Hz，美国、日本为60Hz）、静态场干扰（静电场、恒定磁场）。

（8）按干扰频率范围分类：可细分为5种，如表3-1所示。

表 3-1　电磁干扰的频率范围分类

根据频率范围电磁干扰的分类	频率范围	典型电磁干扰源
工频及音频干扰源	50Hz及其谐波	输电线 电力牵引系统 有线广播
甚低频干扰源	30kHz以下	雷电
载频干扰源	10～300kHz	高压直流输电高次谐波 交流输电及电气铁路高次谐波
射频、视频干扰源	300kHz～300MHz	工业、科学、医疗设备 电动机、照明电气 宇宙干扰
微波干扰源	300MHz～100GHz	微波炉 微波接力通信 卫星通信

（9）按干扰信号出现的规律分类：有规则干扰，即周期性干扰信号、非周期性干扰信号；随机干扰。

干扰来源于干扰源，为了抑制干扰，一般说来，在干扰源方面采取措施是比较方便的。当干扰严重时，不仅要对所涉及的电子、电气设备进行检查，同时也要对干扰源进行检查。因此，在解决电子、电气设备的防干扰问题时，首先应对干扰源进行分析，熟悉常见的电磁干扰源是发现和解决电磁干扰问题的关键之一。

1. 自然干扰源

自然电磁干扰源：来源于大气层的噪声和地球外层空间的宇宙噪声，包括宇宙干扰、大气干扰、热噪声和沉积静电干扰等。

1）雷电干扰

大气干扰主要是雷电，雷电放电时，电场强度达到10^4V/cm以上，闪电通道中的电流平均可达几万安培，最大可达20万安培以上，放电时间在毫秒至秒数量级，一次闪电释放的能量就有几万千焦耳。干扰信号的频率主要为10～100kHz，最高也可以达到100MHz，对无线电通信的干扰较大。此外，沙暴、雨雾等自然想象也可以产生电磁噪声。

2）宇宙干扰

宇宙干扰来自太阳系、银河系的电磁干扰，包括太阳、月亮、恒星、行星和星系发出的太空背景噪声、无线电磁噪声等，干扰信号的频率为几十MHz～几十GHz。受干扰对象主要是卫星通信和广播信号以及航天飞机等。例如，太阳黑子活动造成的无线电干扰，可造成通信中断。

3）热噪声

热噪声是由于热力状态变化引起导体无规则的电起伏。

4）沉积静电干扰

沉积静电干扰指飞行器高速接触大气中的尘埃、雨点、雪花、冰雹时产生的电荷积累，会引起的火花放电、电晕放电等,可影响通信和导航。

2. 人为干扰源

人为干扰是指在人类的生产、生活、交通、科学研究、军事等项活动中产生的电磁干扰,产生人为电磁干扰的设备和系统,称为人为干扰源,人为干扰源涵盖了很大范围的电气电子设备和系统,从大功率无线电发射设备到高压输变电系统,以及工业、科学和医疗设备等。可分为两类:一类是非功能性干扰源,如电力线、电源线、汽车点火系统等;另一类是功能性干扰源,如雷达、广播、电视、通信等。

近年来,随着电子信息技术的高速发展,架设的各种电线越来越多,电视、计算机、移动电话、微波炉等各种电气电子设备走入我们的生活,构成了越来越复杂的人为电磁干扰环境。人为电磁干扰源包括各种产生电磁发射的干扰源,如广播电视发射设备(广播电视的发射台和中转台)、通信雷达及导航发射设备(包括短波发射台、微波通信站、地面卫星通信站、移动通信站)、工业、科研、医疗高频设备(在工业方面,有高频炉、塑料热合机、高频介质加热机等。在医疗方面,有高频理疗机、超短波理疗机、紫外线理疗机等。在科学方面,有电子加速器及各种超声波装置、电磁灶等)、交通系统电磁辐射干扰设备和系统(电气化铁路、轻轨及电气化铁道、有轨道电车、无轨道电车等)、电力系统电磁干扰系统(高压输电线包括架空输电线和地下电缆,变电站包括发电厂和变压器电站等)、家用电器(计算机、显示器、电视机、微波炉、无线电话、手机等)。这些设备和系统都会产生不同频率、不同强度的电磁干扰。一般情况下,人为电磁干扰源比自然电磁干扰源发射的干扰强度大,对电磁环境的影响严重,下面重点介绍几种常见的人为电磁干扰源。

1) 工业、科学、医疗设备(ISM)

工业、科学和医疗设备(ISM)数量多、功率大、增长速度快(据统计,世界范围内的ISM设备以每年5%的速度递增)。工业、科学、医疗设备是指为工业、科学、医疗、家用或类似目的而产生和(或)使用射频能量的设备或器具,但不包括应用于电信、信息技术和其他国家标准涉及的设备。如工业设备中的射频(RF)氩弧焊机、射频加热器等是较强的人为电磁干扰源。典型的氩弧焊应用基本频率为2.6MHz的射频电弧进行焊接,但其频率为3kHz~120MHz。值得注意的是,它含有低于2.6MHz的干扰频率。射频(RF)氩弧焊是一种较强的人为电磁干扰源,它对无线电接收机的电磁干扰效应是一种"油炸"噪声。

射频加热器主要有感应加热器和介质加热器。感应加热器主要用于锻造、冶炼、淬火、焊接和退火等工艺,其加工对象是电导体或半导体,工作频率较低,在1kHz~1MHz范围,应用较多的是数百千赫。而介质加热设备,例如高频塑料热合机、三夹板干燥机等,其加工对象是电介质,工作频率较高,范围为13MHz~5.8GHz。这些加热设备都使用单一频率的电磁能量,由国家指定了专用的频率。它们是窄带电磁干扰源,但其谐波次数往往可以高达9次以上,因而可以在很宽的频率范围内发射强的电磁噪声。射频加热器虽然功率强大,但只要进行良好的EMC控制,其电磁干扰不足为害。

用于科学研究的射频设备在我国不是主要的电磁干扰源。

随着科学技术的发展,医疗射频设备逐渐成为一个重要的电磁干扰源,医院内的电磁干扰问题与日俱增,主要的电磁干扰源包括从短波到微波的各种电疗设备、外科用高频手术刀等。

2）信息技术设备

信息技术设备的工作特点是以高速运行及传送数字逻辑信号为特征。其典型代表是数字计算机、传真机、计算机外围设备等。这类设备内部的干扰源主要有开关电源、时钟振荡器、各种高速数字逻辑器件及频率变换器，发现和寻找数字计算机干扰源的办法是寻找产生高频及电流电压发生瞬时变化（$\mathrm{d}i/\mathrm{d}t$，$\mathrm{d}u/\mathrm{d}t$ 值较大）的部位。随着计算机时钟频率的不断提高，其电磁干扰的发射频率已经高达数百兆赫。信息技术设备不仅会产生电磁干扰，而且会泄漏机要信息。

3）无线电发射设备

通信、广播、电视、雷达、导航等大功率无线电发射设备发射的电磁能量都是带有信息的，对于其本身的系统来说是有用信号，而对其他系统就可能成为无用信号而造成干扰，并且其强功率也可能对其周围的生物体产生危害。大功率的中、短波广播电台或通信发射台的功率以数十千瓦、百千瓦计。这些大功率发射设备的载波均经过合法支配，一般不会形成电磁干扰源。但是，一旦发射机除了发射工作频带内的基波信号外，还伴随有谐波信号和非谐波信号发射，它们就将对有限的频谱资源产生污染。另外，由于广播电视发射塔附近地区的辐射场强很大，如图 3-3 所示，对城市中电磁辐射的背景值（一般电磁环境）的影响也很大。

移动通信基站是公众最关注的电磁辐射源，如图 3-4 所示。移动通信基站天线的架设方式有楼顶支撑杆、增高架、屋顶架、落地杆塔、落地铁塔、美化天线及其他方式，在城市中一般架设在楼顶，高度为十几米至几十米，发射功率一般是 20W（农村一般是 40W）。城市中移动通信基站的密度一般比较大，一般 300～400m 就有一个。

图 3-3　广播电视发射塔

图 3-4　移动通信基站

4）高压电力系统

作为电磁干扰源的高压电力系统包括架空高压送电线路与高压设备，如图 3-5 所示。高压输电线的工作电压很高，输送的电能巨大，它可以经耦合电容和电感对周围的电气、电子设备造成影响甚至毁坏弱电设备。此外，在输送的工频电流中还包含许多谐波分量，其频率范围可以达到数十兆赫兹，谐波能量集中在 0.1～150kHz 的范围。造成谐波的原因很多，除了用电和输电设备的暂态过程之外，很重要的原因是下雨、下雪、有雾和空气湿度大时高压输电线和高压设备由于绝缘度下降或被损坏，通过空气发生放电。其电磁干扰源主要来自以下 3 方面：

（1）导线或其他金属配件表面对空气的电晕放电。

（2）绝缘子的非正常放电。

（3）接触不良处的火花。

图 3-5 高压电力系统

5) 静电放电

静电放电也是一种有害的电磁干扰源。当两种介电常数不同的材料发生接触,特别是发生相互摩擦时,两者之间会发生电荷的转移,而使各自成为带有不同电荷的物体。当电荷积累到一定程度时,就会产生高电压,此时带电物体与其他物体接近时就会产生电晕放电或火花放电,形成静电干扰。静电干扰最为危险的是可能引起火灾,导致易燃、易爆物引爆,可能使测量、控制系统失灵或发生故障,也可能使计算机程序出错、集成电路芯片损坏。

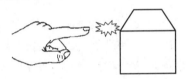

图 3-6 堆积电荷的手靠近金属物体的静电放电

许多人都有过这样的经历:冬春干燥季节,脱衣服或用手触摸金属物体时,图 3-6 所示,会产生轻微的电击感,晚上脱衣服睡觉时,黑暗中会发出"噼啪"的响声,还伴有闪光,这些都是静电放电现象,冬季空气干燥,相对湿度低,这就造成皮肤表面电阻值增大,局部有大量电荷堆积,这时的人体已经带上了几千伏甚至上万伏的静电电压。这种静电也是复杂电磁环境的构成要素之一。

6) 家用电器、电动工具与电气产品

这是一批种类繁多、干扰源特性复杂的一大类装置或设备。按其产生电磁干扰的原因,大致可以将这类设备划分如下:

(1) 由于频繁开关动作而产生的所谓"喀呖声"干扰。这是一类在时域上有明确定义的电磁噪声。这一类设备有电冰箱、洗衣机等。

(2) 带有换向器的电动机旋转时,由电刷与换向器间的火花形成的电磁干扰源设备,如电钻、电动剃须刀等。

(3) 可能引起低压配电网各项指标下降的干扰源,如空调机、感性负载等。

(4) 各种气体放电灯,如荧光灯等。

微波炉、电磁炉、日光灯、家用电动工具等都会产生电磁辐射干扰,对小范围内的电磁环境产生一定的影响。如家用微波炉电磁泄漏的频率是 2.45GHz,在距微波炉 1m 处,辐射场强为 1V/m(120dB)20cm 处接近 4V/m(132dB)。

7) 内燃机的发动机点火系统

发动机点火系统是最强的宽带干扰源之一。产生干扰最主要的原因是电流的突变和电弧现象。点火时将产生波形前沿陡峭的火花电流脉冲群和电弧,火花电流峰值可达几千安培,并且具有振荡性质,振荡频率为 20kHz~1MHz,其频谱包括基波及其谐波。点火产生的干扰场对环境影响很大。

8）电牵引系统

电牵引系统包括电气化铁路、轻轨铁道、城市有轨与无轨电车等（图 3-7 为城市电车）。它们的共同特点是从线路上获取电流，而不是自身携带电源。它们的导电弓装置因跳动、抖动而产生周期性的随机脉冲干扰，脉冲电流一方面沿导线进入电网形成传导干扰，另一方面向空间发射电磁波。

图 3-7　城市电车

9）复杂战场下的电磁干扰源

由于电子设备和信息化武器装备的普及和使用，现代战场上电磁辐射源及电磁信号变得密集，电磁波源多样，电磁辐射信号种类繁多，导致电磁环境趋于复杂。从空间角度讲，电磁波可以来自地面、海上、空中或太空。从敌我属性来讲，电磁波可以来自敌方的电子设备，也可能来自己方的电子设备，还可能来自非敌我双方所属的电子设备和自然界。从辐射源种类讲，电磁波可能来自通信、雷达、导航、制导、计算机、广播和电磁设备（图 3-8 为现代战场中的电磁干扰源）。

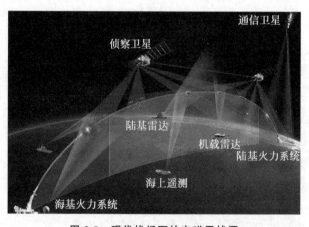

图 3-8　现代战场下的电磁干扰源

特别是电磁脉冲武器的出现改变了现代战场的电磁环境态势，电磁脉冲武器的作战对象主要是敌方的指挥、通信、信息及武器系统，它能够对较大范围内的敌方各种电子设备的内部关键部件同时实施压制性和摧毁性的杀伤，所以，它是一种性能独特、威力强大、软硬杀伤兼备的信息化作战电磁脉冲武器，将对电子战的作战方式带来革命性的影响，是一种能大量摧毁敌方武器系统并将使作战方式发生革命性变化的新一代武器，是一种可用来控制未来战场,并成为核威慑条件下信息战的撒手锏武器。

一些常见干扰源的频率范围,可参见表 3-2。

表 3-2　常见干扰源的频谱范围

源	频　谱	源	频　谱
地磁测向 探测烧焦的金属	<3Hz 3~30Hz	雷电放电 电视	几赫兹~几百兆赫兹 30MHz~3GHz
直流或工频输电 无线电灯塔气象预报站	0 或 50/60Hz 30~300kHz	移动通信(包括手机) 微波炉	30MHz~3GHz 300MHz~3GHz
电动机	10~400kHz	核脉冲	高达吉赫兹
照明(荧光灯)	0.1~3.0MHz	海上导航	10kHz~10GHz
电晕放电	0.1~10MHz	工、科、医用高频设备	几十千赫兹~几十吉赫兹
直流电源开关电路	100kHz~30MHz	无线电定位	1~100GHz
广播	150kHz~100MHz	空间导航卫星	1~300GHz
电源开关设备	100kHz~300MHz	先进的通信系统、遥测	30~300GHz

3.2.2　电磁干扰源的时、空、频谱特性

1. 干扰能量的空间分布

对于有意辐射源,其辐射干扰的空间分布是比较容易计算的,主要取决于发射天线的方向性及传输路径损耗。对于无意辐射源,无法从理论上严格计算,经统计测量可得到一些无意辐射源干扰场分布的有关数学模型及经验数据。对于随机干扰,由于不能确定未来值,其干扰电平不能用确定的值来表示,需用其指定值出现的概率来表示。

2. 干扰能量的时间分布

干扰能量随时间的分布与干扰源的工作时间和干扰的出现概率有关,按照干扰的工作时间和出现概率可分为周期性干扰、非周期性干扰和随机干扰 3 种类型。周期性干扰是指在确定的时间间隔上能重复出现的干扰;非周期干扰虽然不能在确定的周期重复出现,但其出现时间是确定的,而且是可以预测的;随机干扰则以不能预测的方式变化,其变化特性也是没有规律的,因此随机干扰不能用时间分布函数来分析,而应用幅度的频谱特性来分析。

3. 干扰的频率特性

按照干扰能量的频率分布特性可以确定干扰的频谱宽度,按其干扰的频谱宽度,可分为窄带干扰与宽带干扰。一般而言,窄带干扰的带宽只有几十赫兹,最宽只有几百千赫兹。而宽带干扰的能量分布在几十至几百兆赫兹,甚至更宽的范围内。在电磁兼容学科领域内,带宽是相对接收机的带宽而言,根据国家军用标准 GJB 72A—2002 的定义,窄带干扰指主要能量频谱落在测量接收机通带之内,而宽带干扰指能量频谱相当宽,当测量接收机在±2 个脉冲宽内调谐时,它对接收机输出响应的影响不大于 3dB。

有意辐射源干扰能量的频率分布,可根据发射机的工作频带及带外发射等特性得出,而对无意辐射源,则用统计规律来得出经验公式和数学模型。

为了确定干扰源在空间产生的干扰效应,必须知道干扰信号的空间、时间或频率分布。该分布可用功率密度 $P=(t,f,\Phi,r)$ 来表示,括号中的变量分别为时间、频率、方位和距离。根据干扰源的频率分布特性可知干扰的频谱宽度,它分为窄带及宽带两种。

3.3　耦合途径及特性

3.3.1　耦合的一般途径

干扰信号由干扰源发生,经过一定的传播途径到达接收机,造成干扰。一般而言,从各种电磁干扰源传输电磁干扰至敏感设备的通路或媒介,即耦合途径,有两种方式。

1. 传导耦合方式

传导耦合是干扰源与敏感设备之间的主要耦合途径之一。传导耦合必须在干扰源与敏感设备之间存在完整的电路连接,电磁干扰沿着这一连接电路从干扰源传输电磁干扰至敏感设备,产生电磁干扰。传导耦合的连接电路包括互连导线、电源线、信号线、接地导体、设备的导电构件、公共阻抗、电路元器件等。

2. 辐射耦合方式

辐射耦合是电磁干扰通过其周围的介质以电磁波的形式向外传播,干扰电磁能量按电磁场的规律向周围空间发射。辐射耦合的途径主要有天线、电缆(导线)、机壳的发射。

通常将辐射耦合划分为 3 种:

(1) 天线与天线的耦合,指的是天线 A 发射的电磁波被另一天线 B 无意接收,从而导致天线 A 对天线 B 产生功能性电磁干扰。

(2) 场与导线(或闭合电路)的耦合,指的是空间电磁场对存在于其中的导线实施感应耦合,从而在导线上形成分布电磁干扰源。

(3) 场与机箱孔缝的耦合,指的是干扰电磁场通过机箱上的孔洞、缝隙进入机箱内部,形成对机箱内部部件、设备的干扰。

在实际工程中,敏感设备受到电磁干扰侵袭的耦合途径是传导耦合、辐射耦合以及它们的组合。干扰信号的传播途径分类如图 3-9 所示。

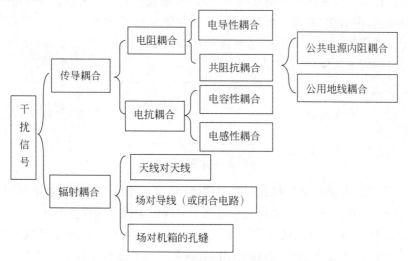

图 3-9　电磁干扰信号的耦合途径

另外,按传导干扰所表现的形态来划分,可分为:差模(Different Mode,DM)干扰和共模(Common Mode,CM)干扰,如图 3-10 所示。

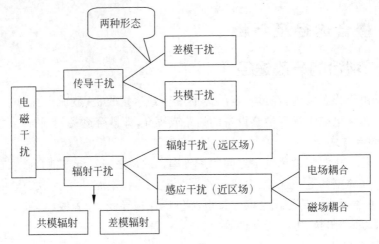

图 3-10　电磁干扰的形态分类

3.3.2　传导耦合

传导干扰是指通过导体(例如导线),或通过电容性器件、电感性器件耦合而传播的干扰。

1. 传导耦合两种形态：差模干扰与共模干扰

电压、电流的变化通过导线传输时有两种形态,我们将此称作"共模"和"差模"。设备的电源线、电话等的通信线、与其他设备或外围设备相互交换的线路,至少有两根导线,这两根导线作为往返线路输送电力或信号,但在这两根导线之外通常还有第三导体,这就是"地线"。干扰电压和电流分为两种：一种是两根导线分别作为往返线路传输；另一种是两根导线作为去路,地线作为返回路传输,前者叫"差模",后者叫"共模",如图 3-11 所示。

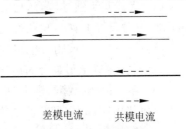

图 3-11　差模干扰电流与
共模干扰电流示意图

差模干扰如图 3-12 所示,电源、信号源及其负载通过两根导线连接,流过一边导线的电流与另一边导线的电流幅度相同,方向相反。

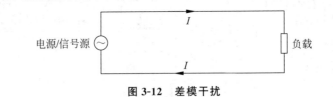

图 3-12　差模干扰

实际上,干扰源并不一定连接在两根导线之间,由于噪声源有各种形态,所以在两根导线与地线之间也存在电压,其结果是使流过两根导线的干扰电流幅度不同。

如图 3-13 所示,在加在两线之间的干扰电压($2V_{\parallel}$)的驱动下,两根导线上有幅度相同但方向相反的电流(差模电流)。但如果同时在两根导线与地线之间加上干扰电压(V_C),那么两根线就会流过幅度和方向都相同的电流,这些电流(共模电流)合在一起经地线流向相反方向。我们来观察流过两根导线的电流。一根导线上的差模干扰电流与共模干扰同向,因此相加；另一根导线上的差模噪声与共模噪声反向,因此相减。所以,流经两根导线的电流具有不同的幅度。

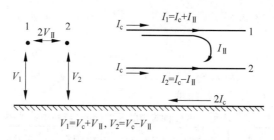

$$V_1 = V_c + V_{II}, \quad V_2 = V_c - V_{II}$$

图 3-13 差模干扰电压、电流与共模干扰电压、电流

2. 电阻性耦合

1）电导性耦合

电导性耦合是一种最简单、最常见的传输耦合方式,电磁干扰能量以电压或电流的形式通过连接两元器件或设备(系统)之间的导线、电缆从干扰源直接传输至接收器,如图 3-14 所示。传输线路在不同频率下呈现的性质不同,故处理方法也有差异。

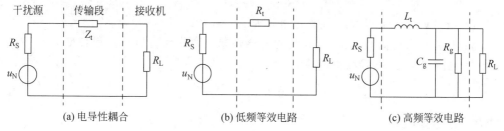

(a) 电导性耦合   (b) 低频等效电路   (c) 高频等效电路

图 3-14 电导性耦合

在低频情况下,导线表现为单纯电阻,如图 3-14(b)所示。干扰电压可用下式计算:

$$u_L = \frac{R_L}{R_S + R_t + R_L} u_N$$

在高频情况下,导线不能看成是单纯电阻,还应该考虑导线的电感、漏电电阻及杂散电容,它们将共同构成一个 LC 谐振回路,如图 3-14(c)所示。电路的谐振频率为

$$f_0 = \frac{1}{2\pi\sqrt{L_t C_g}}$$

一般来说,导线的谐振频率比较高。以一根直径为 2mm、长 10cm、离地高 5mm 的铜导线为例,其直流电阻约为 $550\mu\Omega$,电感 L_t 约为 $0.46\mu H$,对周围的杂散电容约为 24pF,则谐振频率约为 480MHz。而此时导线的感抗约为

$$\omega_0 L = \frac{1}{\omega_0 C} = 138.7\Omega$$

可见,导线的感抗远大于其直流电阻的大小。

当干扰信号频率低于谐振频率时,回路中的电容可以忽略,电路表现为电感。

下面以圆截面导线为例,来说明其在不同频率下的电阻和阻抗。

一根均匀截面的导线的直流电阻为

$$R = \rho \frac{l}{A}$$

式中,导线长度 l 的单位为 m,导线横截面积 S 的单位为 m^2,导线电阻率 ρ 的单位为 $\Omega \cdot m$。

在高频时,由于趋肤效应,电流向表面集中,趋肤深度 δ 可以表示为

$$\delta = \frac{1}{\sqrt{\pi f \mu \sigma}} \qquad (3-1)$$

式中,μ 为导体的磁导率 $\mu = \mu_0 \mu_r$; f 为频率,单位是 Hz; σ 为电导率,单位是 S/m。表 3-3 中列出了几种常用导线材料的趋肤深度。

表 3-3   几种常用材料的趋肤深度(mm)与频率的关系

材料	10^2 Hz	10^3 Hz	10^4 Hz	10^5 Hz	10^6 Hz	10^7 Hz	10^8 Hz	10^9 Hz
Cu	6.7	2.1	0.67	0.21	0.067	0.021	0.006	0.002
Al	8.8	2.75	0.88	0.275	0.088	0.028	0.008	0.002
Fe	1.1	0.35	0.11	0.035	0.011	0.003	0.001	0.000

在有趋肤效应的情况下,因为高频电流只在截面上靠近表明的部分流动,所以,导线的有效截面比实际截面小,可以写为 $S_{eff} = \pi D \delta$,D 为导线的直径。导线的高频电阻 R_{RF} 为

$$R_{RF} = \rho \frac{l}{S_{eff}} = \rho \frac{l}{\pi D \delta} = R_{DC} \frac{D}{4\delta} \qquad (3-2)$$

可以看出,导线的高频电阻 R_{RF} 比直流电阻 R_{DC} 大。

高频时,除了考虑高频电阻外,导线的电感将起主要作用。对于一根长度为 l、直径为 D 的导线,当 $l/D \gg 1$ 时,导线的电感为

$$L = 0.2 l \ln\left(\frac{4l}{D}\right) \mu H \qquad (3-3)$$

式中,l 和 D 的单位为 m。

导线的总阻抗为

$$Z = R_{RF} + j\omega L \qquad (3-4)$$

一般情况下,对于高频信号:$|\omega L| \gg R_{RF} \gg R_{DC}$。

因此,导线的阻抗主要是电感的感抗。频率越高,感抗越大,这对于信号的传输是很不利的。所以要求负载阻抗应和传输线的特性阻抗匹配,这样信号沿传输线传播没有反射,直至终端为负载电阻所吸收。

2) 共阻抗耦合

当两个不同电路的电流流经一个共同的阻抗时,一个电路的电流在该公共阻抗上形成的电压就会影响到另一个电路,这就是共阻抗耦合,如图 3-15 和图 3-16 所示。形成共阻抗耦合干扰的有:电源输出阻抗(包括电源内阻、电源与电路间连接的公共导线)、接地线的公共阻抗等,所以,共阻抗耦合通常发生在电源和接地系统。

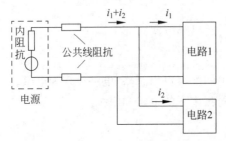

图 3-15   电源内阻和公共电源线阻抗耦合

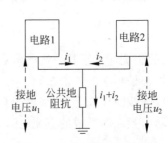

图 3-16   公共接地线阻抗耦合

（1）通过公共电源内阻的耦合。如图 3-15 所示为一配电线路。电路 2 所需电源电流的任何变化都会影响电路 1 的端电压，因为电源线和电源内阻抗是共同的阻抗。通过把电路 2 的导线直接连接到电源输出端，就可以得到有效的改进，但是，通过电源内阻抗耦合的干扰信号将继续存在。消除公共阻抗耦合有害影响的措施是去耦。去耦滤波器的关键元器件是引线尽可能短的高频电容器。

（2）通过公共接地线的耦合。如图 3-16 所示，接地电流 i_1 和 i_2 都流过共同的接地阻抗。对于电路 1，其接地电位受到流过共同接地阻抗的接地电流 i_2 的调制，因此有些干扰信号通过共同的接地阻抗从电路 2 耦合到电路 1，反之亦然。

对于共阻抗耦合，以上各种公共阻抗（例如，电源内阻、公用地线的电阻）都很小，属于分布阻抗（分布电阻），在电路图上会被忽略，但是在研究干扰时，就成为了干扰信号的耦合途径。

3. 电容性耦合

电容性耦合（The Capacitive Coupling）也称为电耦合，它是由两电路间的电场相互作用引起的。图 3-17 表示一对平行导线所构成的两电路间的电容性耦合模型。C_1、C_2 分别是两导线对地的电容，图 3-18（a）为其等效电路，图 3-18（b）为其低频时的等效电路，图 3-18（c）为其高频时的等效电路。假设电路 1 为干扰源电路，其干扰电压为 U_1，电路 2 为敏感电路，两电路间的耦合电容为 C_{12}。

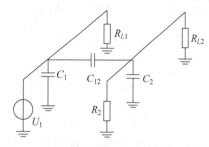

图 3-17 接地面上两导线间电容性耦合模型

低频时，根据等效电路（见图 3-18（b）），可以计算出干扰源电路在电路 2 上耦合的干扰电压为

$$U_2 = \frac{R_2'}{R_2' + Z_{12}}U_1 = \frac{j\omega C_{12}R_2'}{1 + j\omega C_{12}R_2'}U_1 \tag{3-5}$$

其中，

$$R_2' = \frac{R_2 R_{L2}}{R_2 + R_{L2}}, \quad Z_{12} = \frac{1}{j\omega C_{12}}$$

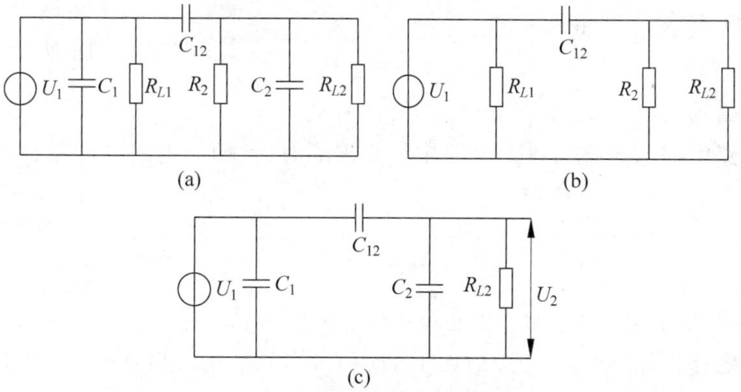

图 3-18 电容耦合的等效电路

高频时，根据等效电路（见图 3-18（c）），可以计算出干扰源电路在电路 2 上耦合的干扰

电压为

$$U_2 = \frac{Z_2}{Z_2 + Z_{12}} U_1$$

其中,

$$Z_2 = \frac{1}{\frac{1}{R_{L2}} + j\omega C_2}, \quad Z_{12} = \frac{1}{j\omega C_{12}}$$

代入得:

$$U_2 = \frac{j\omega C_{12}}{j\omega (C_2 + C_{12}) + 1/R_{L2}} U_1$$

当 R_{L2} 的阻抗比寄生电容 $C_{12} + C_2$ 的阻抗更低时,上式可以进一步简化,在大多数实际情况下是正确的。因此,对于

$$R_{L2} \ll \frac{1}{j\omega (C_2 + C_{12})}$$

即

$$\frac{1}{R_{L2}} \gg j\omega (C_2 + C_{12})$$

$$U_2 = j\omega R_{L2} C_{12} U_1 \tag{3-6}$$

式(3-6)表明,电场(电容)耦合可以模拟为一个电流发生器,敏感电路和地之间用电流为 $j\omega C_{12} U_1$ 的电流源连接,即被干扰导体与地之间产生噪声电流。

式(3-6)表明,噪声电压与噪声源的频率 ω、敏感电路的接地电阻 R_{L2}、它们之间的耦合电容 C_{12} 以及噪声源电压 U_1 的幅值成正比。

4. 电感性耦合

当一根导线上的电流发生变化,而引起周围的磁场发生变化时,恰好另一根导线在这个变化的磁场中,则这根导线上就会感应出电动势。于是,一根导线上的信号就耦合进了另一根导线。这种耦合称为电感性耦合或磁耦合,它是由两电路之间的磁场相互作用引起的。

当电流 I 在闭合电路中流动时,该电流就会产生与此电流成正比的磁通量 Φ。I 与 Φ 的比例常数称为电感 L,由此得到

$$\Phi = LI$$

电感的值与电路的几何形状和周围介质的特性有关。

当一个电路中的电流在另一个电路中产生磁通时,这两个电路之间就存在互感 M_{12},其定义为

$$M_{12} = \frac{\Phi_{12}}{I_1}$$

其中,Φ_{12} 表示电路 1 中的电流 I_1 在电路 2 产生的磁通量。

由法拉第定律可知,磁通密度为 B 的磁场在面积为 S 的闭合回路中感应的电压为

$$U_2 = -\frac{d}{dt}\iint B \cdot dS$$

图 3-19(a)为接地面上的两平行导线间的磁耦合模型,图 3-19(b)为其等效电路,M 是

互感系数。干扰电压为

$$U_2 = \frac{d\Phi}{dt} = M\frac{di_1}{dt} \tag{3-7}$$

对于正弦交流电流

$$U_2 = j\omega M I_1 \tag{3-8}$$

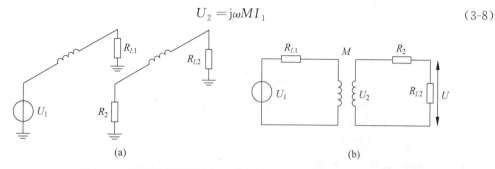

图 3-19　接地面上的两平行导线间的磁耦合模型及等效电路

磁场与电场间的干扰有如下区别：第一，减小受干扰电路的负载阻抗未必能使磁场干扰的情况改善；而对于电场干扰的情况，减小受干扰电路的负载阻抗可以改善干扰的情况。第二，在磁场干扰中，电感耦合电压串联在被干扰导体中，而在电场干扰中，电容耦合电流并联在导体与地之间。利用这一特点，可以分辨出干扰是电感耦合还是电容耦合。在被干扰导体的一端测量干扰电压，在另一端减小端接阻抗，如果测量的电压减小，则干扰是通过电容耦合的；如果测量的电压增加，则干扰是通过电感耦合的（如图 3-20 所示）。

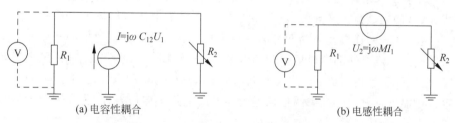

(a) 电容性耦合　　　　　(b) 电感性耦合

图 3-20　电容耦合与电感耦合的判别

3.3.3　辐射耦合

通过辐射途径造成的干扰耦合称为辐射耦合。辐射耦合是以电磁场的形式将电磁能量从干扰源经空间传输到接收器（干扰对象）。这种传输路径小至系统内可想象的极小距离，大至相隔较远的系统间以及星际间的距离。许多耦合都可看成是近区场耦合模式，而相距较远的系统间的耦合一般是远区场耦合模式。辐射耦合除了从干扰源有意辐射之外，还有无意辐射。人们的主要兴趣是理解系统中的天线的无意辐射特性，这些天线可以是导线、PCB 的连接盘（PCB 表面和里面具有的矩形截面导线通常被称为连接盘）和其他金属结构，如机壳和外壳。本节主要介绍近距离内（包括近区场和远区场）辐射干扰的耦合；不介绍远距离的传播，例如，通过电离层和对流层的散射、山峰的绕射等。

1. 辐射干扰的物理模型

一个干扰源（长度为 Δl 的电偶极子）向自由空间传播电磁波，其电场强度为 E，磁场强

度为 H, 它的普通表达式为

$$E_r = -\mathrm{j}\, \frac{2 I \Delta l \cos\theta}{4\pi\omega\varepsilon} \left(\frac{1}{r^3} + \mathrm{j}\, \frac{k}{r^2} \right) \mathrm{e}^{-\mathrm{j}kr}$$

$$E_\theta = -\mathrm{j}\, \frac{I \Delta l \sin\theta}{4\pi\omega\varepsilon} \left(\frac{1}{r^3} + \mathrm{j}\, \frac{k}{r^2} - \frac{k^2}{r} \right) \mathrm{e}^{-\mathrm{j}kr}$$

$$E_\varphi = 0$$

$$H_\varphi = \frac{I \Delta l \sin\theta}{4\pi} \left(\frac{1}{r^2} + \mathrm{j}\, \frac{k}{r} \right) \mathrm{e}^{-\mathrm{j}kr}$$

$$H_r = H_\theta = 0$$

当 $r \gg \lambda/2\pi$ 时, 有 $E/H = 120\pi$。

当 $r \ll \lambda/2\pi$ 时, 如果干扰源是大电流低电压, 则磁场 H 起主要作用; 如果干扰源是高电压小电流, 则电场 E 起主要作用。

远区场自由空间波阻抗 $Z_0 = 120\pi$, 而在近区场时, 波阻抗取决于源的性质和源到观察点的距离, 必须分别考虑电场和磁场, 因为近区场的波阻抗不是常数。

对于电偶极子作为干扰源的感应场区间, 则会出现高阻抗场, 并且干扰源主要是电场发生源起主要作用; 由于其电场与磁场比值 $E_\theta/H_\varphi > \eta = 120\pi$, 所以称为高阻抗。

对于磁偶极子作为干扰源的感应场区间, 则会出现低阻抗场, 并且干扰源主要是磁场发生源起主要作用。由于其电场与磁场比值 $E_\theta/H_\varphi < \eta = 120\pi$, 所以称为低阻抗。

2. 辐射的两种形态: 共模辐射和差模辐射

在电磁兼容设计中, 人们更关注的是系统或设备中无线天线的辐射特性。这些天线可以是导线、PCB 的连接盘。在导线、PCB 的连接盘或系统中任何导体上的高频电流都会产生辐射。导线、PCB 的连接盘包括两种简单辐射模型: 共模电流辐射模型和差模电流辐射模型。共模电流可以由外部电磁场耦合到由电缆、地参考面和设备与地连接的各种阻抗形成的回路中, 然后引起共模辐射; 共模电流也可以由地参考点和电缆之间的噪声电压引起, 然后产生共模辐射发射。电缆中两根靠近的导线或电路中传送差模(去和回)信号电流, 由差模电流自身产生的辐射场称为差模辐射。

图 3-21 为线路板上的共模辐射和差模辐射的示意图。通常把馈线与地之间的辐射定义为共模辐射, 把馈线与馈线之间的辐射定义为差模辐射。

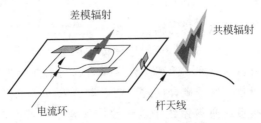

图 3-21 共模辐射与差模辐射

差模辐射可以用小型环状天线(周长小于 $\lambda/4$)来模拟。其辐射电场的大小与环路面积 A、电流 I(设为正弦波)和距离 r 有关, 其在自由空间中远区场的近似预测公式为

$$E = 131.6 \times 10^{-16} (f^2 A I) \left(\frac{1}{r} \right) \sin\theta \tag{3-9}$$

式中, f 是信号电流的频率(Hz), θ 是 r 与环路平面的夹角(°)。

控制差模辐射的方法:减小差模电流的大小、减小电流信号的频率或电流的谐波分量、减小环路面积、对于数字信号,尽量增大信号的上升沿时间。

共模辐射可以用电短(长度小于 $\lambda/4$)单极天线来模拟。其辐射电场的大小与单极天线长度 l、共模电流 I 和距离 r 有关,其近似预测公式为

$$E = 4\pi \times 10^{-7}(fIl)\left(\frac{1}{r}\right)\sin\theta \tag{3-10}$$

共模辐射是由于接地电路中存在电压降,某些部位具有高电位的共模电压,当外接电缆与这些部位连接时,就会在共模电压激励下产生共模电流,成为辐射电场的天线,多数共模辐射是由于接地系统中存在电压降造成的。控制共模辐射的方法是:减小地电压的大小、提供足够大的共模阻抗与电缆串联—共模扼流圈;减小(分流)共模电流;减小 I/O 导线(电缆)的长度、使用屏蔽电缆。

共模辐射需考虑的频率范围取决于信号上升沿时间,共模辐射比差模辐射更难控制,共模辐射决定着产品的整体发射性能。

3. 辐射干扰的发射和接收

1) 辐射干扰的发射主要方式

(1) 天线辐射:在广播、电视、通信、雷达等系统中用天线辐射。

(2) 等效天线辐射:导线、传输电缆中通过高频电流,就有天线辐射效应(实际上,线长度>波长的 1/20,就能成为天线)。辐射干扰发射效率与各种连线的长度和发射频率密切相关,发射频率越高、连接线缆越长则发射效率越高,其对外的干扰发射强度也越大。当所连接线缆的长度为干扰信号对应波长的 1/4,干扰发射效率最高。

(3) 设备的电磁泄漏:例如,ISM 设备机壳的缝隙、孔径。实际机箱上有许多泄漏源——不同部分结合处的缝隙、通风口、显示窗、按键、指示灯、电缆插座、电源线等,如图 3-22 所示。

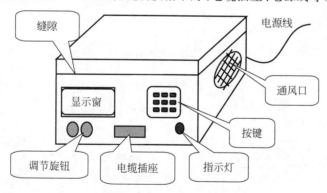

图 3-22 设备外壳上的孔缝

(4) 放电辐射:电晕放电、火花放电、弧光放电、辉光放电、静电放电。

说明:导线、传输电缆中通过高频电流,就有天线辐射效应,即所谓天线效应。在电磁兼容设计中,要树立以下观念:设备内的每根布线、电缆、金属都是"天线"。线长度>波长的 1/20,就能成为天线。22MHz 的信号,波长为 13m,65cm 长的布线就是天线;100MHz 信号的 5 次谐波为 500MHz,3cm 长的布线就可能成为天线。长度为信号波长的 1/4 时,便是一个将信号转变成场的极好的转换器。设备内部电缆及外接电缆很容易成为天线。

2) 辐射干扰的接收

(1) 天线接收。

(2) 等效天线接收：各种导线、电缆、PCB 的连接盘、机壳都有天线效应，可以接收辐射干扰信号。

(3) 接收能力与干扰信号的特性有关：水平放置的天线，可以接收水平极化波干扰信号，垂直放置的天线，可以接收垂直极化波干扰信号。

4. 近区场的耦合

辐射源的近区是感应场，干扰信号的传播没有滞后效应，近区干扰场在被干扰设备的等效天线(导线、电缆、机壳)上产生感应电动势。在感应场区有电容耦合和电感耦合两种形式。

5. 远区辐射场的传播和衰减

辐射源的远区是辐射场，干扰信号以电磁波的形式传播，传播的途径有地面波传播、天波传播、视距传播、反射传播和绕射传播等。

1) 辐射功率密度和场强

(1) 理想点源。

理想点源向四周均匀地辐射，也称为无方向性天线或各向同性天线。

(2) 方向性系数。

方向性系数表示天线将能量集中辐射的程度，定义为在辐射功率相等的条件下，天线在某个方向的辐射功率密度 S 与理想点源的

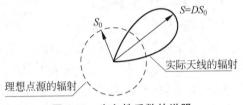

图 3-23 方向性系数的说明

辐射功率密度 S_0 之比。如图 3-23 所示为方向性系数的说明。

$$D(\theta,\varphi)=\frac{S(\theta,\varphi)}{S_0}\bigg|_{P_r=P_{r0}}$$

设一发射天线的辐射功率为 P_r，则

$$S_0=\frac{P_r}{4\pi r^2}$$

$$D(\theta,\varphi)=\frac{S(\theta,\varphi)}{S_0}=\frac{4\pi r^2 S(\theta,\varphi)}{P_r} \tag{3-11}$$

(3) 辐射功率密度。

设一发射天线，输入功率为 P_T，增益为 G_T，则在距天线 r 处最大辐射方向上的辐射功率密度为

$$S_{\max}=\frac{P_T G_T}{4\pi r^2} \tag{3-12}$$

推导如下：

$$D=\frac{E_{\max}^2}{E_0^2}=\frac{S_{\max}}{S_0}, \quad S_{\max}=S_0 D=\frac{P_r}{4\pi r^2}D=\frac{P_r}{4\pi r^2}\frac{G_T}{\eta}=\frac{P_r}{4\pi r^2}\frac{P_T}{P_r}G_T=\frac{P_T G_T}{4\pi r^2}$$

(4) 场强 E。

由远区场 $S=EH=\dfrac{E^2}{120\pi}$，得

$$E = \frac{\sqrt{30 P_T G_T}}{r} \frac{V}{m} \tag{3-13}$$

如果天线输入功率 P_T 的单位为 kW,r 的单位为 km,则

$$E = \frac{173 \sqrt{P_T G_T}}{r} \frac{mV}{m} \tag{3-14}$$

2）自由空间电磁波的传播衰减（自由空间是指无损耗的空间,如真空）

自由空间是指无损耗的空间,如真空。设一接收天线的有效接收面积为 A_e,增益为 G_R,则

$$A_e = \frac{\lambda^2}{4\pi r^2} G_R$$

接收天线的输出功率为

$$P_R = A_e S = \left(\frac{\lambda}{4\pi r}\right)^2 P_T G_T G_R$$

自由空间中的传播衰减定义为

$$L = \frac{P_T}{P_R} = \left(\frac{4\pi r}{\lambda}\right)^2 \frac{1}{G_T G_R}$$

式中,P_T 为发射天线的输入功率,P_R 为接收天线的输出功率。

用 dB 表示

$$L(dB) = 10 \lg \frac{P_T}{P_R} = 20 \lg \frac{4\pi r}{\lambda} - G_T(dB) - G_R(dB) \tag{3-15}$$

可以看出,自由空间中的传播衰减与频率 f、距离 r 有关,f 或 r 增大 1 倍,衰减增大 6dB。

3）损耗介质中的传播衰减

由于空气对电磁波的吸收和散射,电磁波在传播过程中有衰减,设损耗为 A,定义为

$$A = 20 \lg \frac{E}{E_0} dB$$

式中,E 是接收点的实际场强（可以通过测量得到）,E_0 是该点的自由空间场强（可以通过计算得到）。A 与辐射频率、传播距离、地面参数、气候条件等因素有关,损耗介质中的传播衰减为

$$L(dB) = 20 \lg \frac{4\pi r}{\lambda} - G_T - G_R + A \text{ dB} \tag{3-16}$$

6. 辐射场与被干扰设备的耦合方式

干扰源以电磁辐射的形式向空间发射电磁波,把干扰能量隐藏在电磁场中,使处于近区场和远区场的接收器存在着被干扰的威胁。任何干扰都必须使电磁能量进入接收器才能产生危害,那么电磁能量是怎样进入接收器的呢？这就是辐射的耦合问题。一般而言,实际的辐射干扰大多数是通过天线、电缆导线和机壳感应进入接收器。

（1）通过接收机的天线感应进入接收器;

（2）通过电缆导线感应,然后沿导线传导进入接收器;或者是通过接收器的连接回路感应形成干扰;

（3）通过金属机壳上的孔缝、非金属机壳耦合进入接收电路。

因此,辐射干扰通常存在的主要耦合途径:天线耦合、导线感应耦合、闭合回路耦合和孔缝耦合。

1) 辐射场通过天线的耦合干扰

天线与天线间的辐射耦合是一种强辐射耦合,它是指某一天线产生的电磁场在另一天线上的电磁感应。根据耦合的作用距离可划分为近区场耦合和远区场耦合,根据耦合作用的目的可划分为有意耦合和无意耦合。一般按照不同的性能要求和用途,采用金属导体做成特定形状,用于接收电磁波的装置就是天线。当电磁波传播到天线导体表面时,电磁波的电场和磁场的高频振荡在天线导体中引起电磁感应,从而产生感应电流,经馈线流入接收电路。

天线有目的地接收特定电磁辐射属于有意耦合,然而,在实际工程中,存在大量的无意电磁耦合。例如,电子设备中长的信号线、控制线、输入和输出引线等具有天线效应,能够接收电磁干扰,形成无意耦合。

2) 辐射场对导线(或回路)的耦合干扰

很多电子设备用金属壳屏蔽,干扰场可以通过引出的电源线或电缆耦合进入设备造成干扰。设有两个设备 A 和 B,通过两根平行导线连接,如图 3-24 所示,辐射场在导线上可能产生两种感应电压:共模干扰和差模干扰。

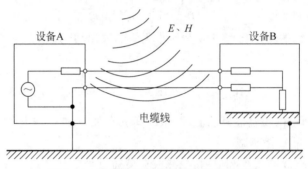

图 3-24 在电磁环境下的设备间电气连接

(1) 在导线与系统地构成的回路上产生共模干扰电压 U_C,如图 3-25(a)所示,等效电路如图 3-25(b)所示。U_C 在两根导线中产生方向相同、大小和相位也相同的电流 i_1、i_2。U_C 称为共模电压,这种场对回路的耦合称为共模耦合。

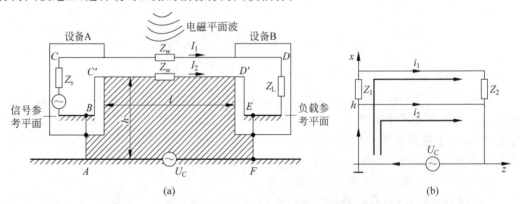

图 3-25 辐射场在导线与系统地构成的回路上产生的感应共模电压及等效电路图

(2) 两根导线和设备(输出、输入端)构成的回路上产生的差模干扰电压 U_D,如图 3-26(a)

所示,等效电路如图 3-26(b)所示。U_D 在两根导线中产生方向相反、大小相等的电流 i_1、i_2。U_D 称为差模电压,这种场对回路的耦合称为差模耦合。

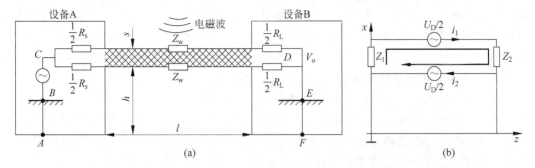

图 3-26　辐射场在两导线与设备构成的回路上产生的感应差模电压及等效电路图

3) 辐射场对机壳的耦合干扰

(1) 辐射场可以通过设备机壳上的孔径、缝隙的衍射(绕射)进入设备内产生干扰,波长越长绕射能力越强。

(2) 若机壳上没有孔径、缝隙,则辐射场可以通过在机壳上产生的感应电流耦合到机壳内,由于趋肤效应,机壳的导体板越厚,耦合到机壳内的干扰场越弱。

3.4　电磁敏感体及特性

3.4.1　概述

所谓电磁敏感设备(或电磁敏感体),是指对电磁干扰发生响应的设备。或者说,敏感设备是指受干扰影响的系统、设备和电路,它同前面介绍的接收器概念实际上是等价的。为了统一,下面仍以接收器相称。电磁敏感设备是产生电磁干扰的最终受害体,电磁干扰源产生的干扰信号经过传输通道最终达到敏感体(设备),这时,干扰能否产生取决于敏感体自身的抗干扰能力。通常把系统或者设备抑制外来能量的能力,叫作系统或者设备的电磁敏感度。设备的抗干扰能力用电磁敏感度(Susceptibility)来表示。设备的电磁干扰敏感性电平阈值越低,即对电磁干扰越灵敏,电磁敏感度越大,抗干扰能力越差,或称抗扰性(Immunity)性能越低。反之,接收器的电磁敏感度越低,抗干扰能力也越强,或抗扰性性能越高。采用不同的结构和选用不同的元器件都将大大影响设备的抗干扰能力。这些都是在设备或系统的设计阶段需要考虑的。各种设备的抗扰性要求都可从 EMC 相关标准中查到。例如,GB/T 9254.2—2021《信息技术设备、多媒体设备和接收机 电磁兼容 第 2 部分:抗扰性要求》该部分旨在建立信息技术设备、多媒体和接收机的电磁兼容抗扰性要求,在 0~400GHz 频率范围内,使 EUT 具有足够的抗扰性水平,能够在其应用环境中按预期运行。

(1) 电磁敏感度。电子设备或系统对电磁干扰的响应特性,称为电磁敏感度,分为传导敏感度和辐射敏感度。传导敏感度是指对传导干扰信号的响应特性,辐射敏感度是指对辐射干扰信号的响应特性。电磁敏感度越高,抗干扰能力越弱。

(2) 电磁抗扰性。设备或系统抵制电磁干扰的能力,称为电磁抗扰性,即装置、设备或系统面临电磁干扰不降低运行性能的能力。在有电磁干扰的情况下,装置、设备或系统不能避免性能降低的能力,称为电磁敏感度。电磁敏感度和电磁抗扰性是对同一个概念的两种表述方法,接收器的电磁敏感度越高,抗干扰能力就越差,电磁抗扰性也就越低;反之,接收器的电磁敏感度越低,抗干扰能力就越强,电磁抗扰性也就越高。采用哪一种表述方式可以根据实际情况而定。注意:后期电磁兼容术语中已将敏感性改为敏感度,抗扰性改为抗扰度。

1. 敏感频率和抗扰性允许值

(1) 敏感频率:在该频率上,设备对电磁干扰的响应比较敏感。

(2) 抗扰性允许值:导致设备或系统性能下降的干扰信号的幅值(可以是电压、电流、电场强度、磁场强度、功率密度等)。例如,在 GB/T13838—92《声音和电视广播接收机及有关设备辐射抗扰性特性允许值和测量方法》中,

声音和电视广播接收机的音频功能辐射抗扰性允许值:
$$0.15\sim150\text{MHz},125\text{dB}(\mu\text{V}/\text{m})$$

调频广播接收机的接收功能辐射抗扰性允许值:
$$87\sim108\text{MHz},109\text{dB}(\mu\text{V}/\text{m})$$
$$108\sim150\text{MHz},125\text{dB}(\mu\text{V}/\text{m})$$

电视广播接收机的接收功能辐射抗扰性允许值:
$$48.5\sim92\text{MHz},109\text{dB}(\mu\text{V}/\text{m})$$
$$92\sim150\text{MHz},125\text{dB}(\mu\text{V}/\text{m})$$

2. 电磁干扰安全系数

对于系统的电磁敏感性规范,目前各国,尤其是军品中,使用的是电磁干扰安全因数(DMISM)。

其定义为
$$m=\frac{\text{抗干扰允许值}}{\text{现有最大干扰值}}=\frac{\text{敏感度阈值}}{\text{现存最大干扰值}}$$

也可用 dB 表示。例如,对于干扰电压,有
$$m=\frac{U_0}{U_m} \quad \text{或} \quad m(\text{dB})=20\lg\frac{U_0}{U_m} \tag{3-17a}$$

对于干扰场强,有
$$m=\frac{E_0}{E_m} \quad \text{或} \quad m(\text{dB})=20\lg\frac{E_0}{E_m} \tag{3-17b}$$

对于干扰功率密度,有
$$m=\frac{S_0}{S_m} \quad \text{或} \quad m(\text{dB})=10\lg\frac{S_0}{S_m} \tag{3-17c}$$

在美国军用标准中规定,一般系统的电磁干扰安全系数:$m\geqslant6\text{dB}$,武器和电爆装置:$m\geqslant20\text{dB}$。

一个系统或设备,应将其最敏感的元件在最敏感的频率上的干扰临界值作为系统或设备的敏感度阈值(抗干扰允许值),敏感度阈值越低,说明系统或设备越容易受到干扰。

为了保证系统的电磁干扰安全因数,设备安装之前必须达到一定的敏感度水平,这在军标和国际上都有明确规定。传导干扰的敏感度是用电压和电流的量值来衡量的,它要求设

备在标准的试验方法中,对规定的电压或电流不敏感;而辐射干扰的敏感度是用电场和磁场的量值来衡量的,它要求设备在标准的试验方法中,对规定的场强不敏感。

3. 电磁兼容的条件

(1)干扰源产生的电磁干扰满足规定的限值。

(2)敏感设备具有规定的抗干扰能力。

3.4.2 接收机的电磁敏感性

1. 干扰信号的侵入

1)干扰信号侵入接收机的途径

(1)通过天线、等效天线(输入电缆等)、机壳上的孔洞、缝隙进入接收机的干扰称为辐射干扰。

(2)通过电源线、连接电缆等侵入接收机的干扰称为传导干扰。

2)通过接收机基本频道和寄生频道侵入的干扰

只有当干扰信号的频率在接收机的选择曲线(调谐曲线)内,干扰信号才能到达接收机的输出端,在选择曲线外衰减是无限大的。

(1)通过接收机的基本频道侵入如果干扰信号的频率在接收机的基本通道内(见图3-27),干扰信号就可以直接进入接收机电路,到达输出端。

(2)通过寄生频道的侵入。

干扰信号也可以通过接收机的其他调谐频率的寄生频道侵入。例如,超外差接收机中可能出现的寄生频道:

① 各级中频 f_{if1}、f_{if2} 等;

② 本振频率 f_h 高于有用信号频率 f_0 时($f_h = f_0 + f_{if1}$),会出现镜像频率 $f_{im1} = f_h + f_{if1} = f_0 + 2f_{if1}$,如图3-28所示。还有一些寄生频道 f_{im2}……,其中 f_{if1} 和 f_{im1} 影响比较大。

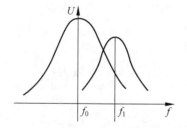

图3-27 干扰信号通过接收机的基本频道侵入

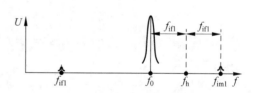

图3-28 各寄生频道的分布

2. 接收机对干扰信号的响应

如果接收机受到干扰,那么它对不同的干扰信号将产生不同的响应,具体可按干扰的性质分为线性干扰响应和非线性干扰响应。

1)线性干扰响应

对于线性干扰,接收机的响应相当于带通滤波器,能够进入接收机基本频道和寄生频道的任何信号都可能对接收机造成干扰。常见的线性干扰包括同频道干扰(又称共信道干扰,是指工作在相同频带内的信号之间的干扰)和邻频道干扰(某一发射机的功率谱旁瓣可能对工作在邻近频带上的接收机产生干扰)。例如,数字计算机既是干扰源,也是敏感设备,数字计算机传送脉冲信号,其工作频率范围很宽(150kHz～500MHz),包含了中波、短波、超短波及微波前端,正好与各种通信、电视、医疗、军用仪器同频段,在电磁环境比较复杂时,被干扰的可能性极大。

2)非线性干扰响应

非线性干扰响应是由于接收机输入滤波电路对无用信号抑制不充分,以及器件中某些非线性过程所造成的。此外,接收机滤波器前面的导线连接不好也会产生非线性干扰。接收机常见的非线性干扰有乱真响应、镜像响应、互调、交叉调制等。

(1)乱真响应:当带外干扰信号与本机振荡信号或其谐波,在接收机前级非线性器件上混频而产生的频率接近接收机中频时,产生乱真响应。在接收机的每个调谐频率上都存在一定的乱真响应频率。其乱真响应的频率 f_s 为

$$f_s = |pf_0 \pm f_i|q \tag{3-18}$$

式中,f_0 为本振频率,f_i 为接收机中频,$p=0,1,2,\cdots,q=1,2,3,\cdots$

(2)镜像响应:镜像响应是镜像响应频率信号在接收机中的响应。镜像响应频率是以本振频率为参考,与信号频率对称的频率。它是乱真频率的一个特例。

如信号频率为 $f_m = f_0 + f_i$,那么镜像频率就成为 $f_{im} = f_0 - f_i$,如果信号频率为 $f_m = f_0 - f_i$,那么镜像频率为 $f_{im} = f_0 + f_i$。

(3)互调:接收机通频带外的两个干扰信号(频率分别为 f_1 和 f_2,每个都不会对接收机造成干扰),同时出现在非线性器件(放大器、混频器等)的输入端,混频后产生新的频率成分,若恰好落入接收机的某一调谐曲线内(基本频道、任一寄生频道)则会造成干扰,称为互调干扰。

在 GB/T 4365—2003 电工术语电磁兼容中定义互调为:发生在非线性的器件或传播介质中的过程。由此,一个或多个输入信号的频谱分量相互作用,产生出新的分量,它们的频率等于各输入信号分量频率的整倍数的线性组合。注意:互调可以是单个非正弦输入信号或多个正弦或非正弦信号作用于同一或不同输入端引起的。例如,对于基本频道,产生互调干扰的条件为

$$|mf_1 \pm nf_2| = f_0$$

其中,m、n 是正整数。$m+n$ 称为互调的阶数(二阶互调、三阶互调影响较大)。

二阶互调:

$$f_1 + f_2 = f_0, |f_1 - f_2| = f_0, 2f_1 = f_0, 2f_2 = f_0$$

三阶互调:

$$f_1 + 2f_2 = f_0, |f_1 - 2f_2| = f_0, 2f_1 + f_2 = f_0,$$
$$|2f_1 - f_2| = f_0, 3f_1 = f_0, 3f_2 = f_0$$

以上任一个互调信号,都是在接收机的通频带内,只要信号足够强,就可以对接收机造成干扰。

(4)交叉调制(交调):有用信号和干扰信号同时出现在非线性器件的输入端,有用信号的载频受到干扰信号的调制,称为交叉调制。有用信号的载波被干扰信号调制,干扰信号已经被包含在有用信号的频谱范围之内,后面的滤波器和谐振电路也不能将其消除。交调可以看作互调的一种特殊情况。

3. 干扰信号的危害

（1）过载：很强的干扰信号能使放大器的工作点移动，增益降低，灵敏度降低。

（2）干扰啸叫：干扰信号与有用信号的频率相近（或两干扰信号的频率相近），引起的接收机的响应称为啸叫（频率相近的两个简谐振动合成，出现拍频）。

出现干扰啸叫的原因很多，举一个收音机中的例子。当检波级输入一个高频信号 f_1 时（见图 3-29(a)），又出现一个干扰信号 $f_2=f_1\pm1\text{kHz}$（见图 3-29(b)），则检波输出的就是一个 1kHz 的音频信号（见图 3-29(c)），可能引起收音机音频啸叫。

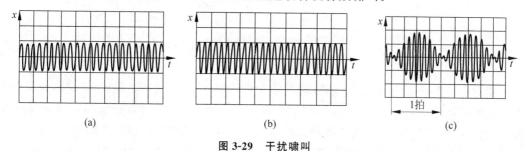

图 3-29　干扰啸叫

（3）误触发：无论是传导干扰信号还是辐射干扰信号，都容易引起触发电路的误触发。

（4）击穿：很强的电磁脉冲可以击穿电子器件。

习题

3-1　电磁干扰的三要素是什么？如何使系统在工作时处于电磁兼容状态？

3-2　工程中常见的干扰源有哪些？并举例说明。

3-3　ISM 指的是什么？

3-4　什么是共模干扰？什么是差模干扰？

3-5　共阻抗耦合的特点是什么？

3-6　辐射干扰的主要发射方式有哪些？

3-7　什么是电磁敏感性和电磁抗干扰性？

3-8　干扰信号侵入敏感体有哪些途径？

视频

第 4 章

CHAPTER 4

屏 蔽 技 术

无论采用何种方法(问题解决法、规范法和系统法)进行电磁兼容设计,实现设备和系统电磁兼容的技术关键都是要有效地抑制电磁干扰。所谓抑制(suppression),就是通过滤波、接地、搭接、屏蔽和吸收,或这些技术的组合,以减小或消除不希望有的辐射。因此,只有掌握电磁干扰的抑制技术,并在电气电子产品的设计、调试、生产、使用过程中合理应用,才能获得满意的电磁兼容性。抑制电磁干扰的基本着眼点是破坏电磁干扰形成条件,使电磁干扰不能产生。具体来说,应从以下 3 个方面采取措施:

(1) 消除或抑制干扰源,尽量减少干扰强度。

(2) 切断或限制电磁干扰耦合途径。

(3) 提高敏感体的抗干扰度。

4.1 概述

屏蔽是电磁兼容工程中广泛采用的抑制电磁干扰的有效方法之一,主要用于切断通过空间辐射干扰的耦合途径。一般而言,凡是电磁干扰都可以采用屏蔽的方法来抑制。所谓屏蔽(Shielding),就是用导电或导磁材料制成的金属屏蔽体(Shield)将电磁干扰源限制在一定的范围内,使干扰源从屏蔽体的一面耦合或当其辐射到另一面时受到抑制或衰减。根据 GJB 72A—2002《电磁干扰和电磁兼容性术语》的定义:能隔离电磁环境,显著减小在其一边的电场或磁场对另一边的设备或电路影响的一种装置或措施,如屏蔽盒、屏蔽室、屏蔽笼或其他通常的导电物体,称为屏蔽体。

当电气电子设备或系统中的各电路和元件有电流流过的时候,在其周围空间就会产生磁场。又因为电路和各元件上的各部分具有电荷,故在其周围空间会产生电场。进一步地,这种电场和磁场作用在周围的其他电路和元件上时,在这些电路和元件上就产生相应的感应电压和电流。这种在邻近电路、元件和导线中产生的感应电压和电流,又能反过来影响原来的电路和元件中的电流和电压。这就是电气电子设备或系统中电磁场的寄生耦合干扰。这种干扰往往使电气电子设备或系统工作性能变坏,有时甚至不能正常工作,是一种极为有害的电磁现象。当频率高于 100kHz 时,电路、元件的电磁辐射能力增强,电气电子设备或系统中就存在辐射电磁场的寄生耦合干扰。

在 EMC 中,屏蔽有两个目的。第一,采用屏蔽体包围电磁干扰源,防止产品的电子电路或部分电子电路(干扰源)辐射发射到产品边缘外面。这是为了既要避免产品不符合辐射发射的限值,又要防止导致产品对其他电子产品的干扰,如图 4-1 所示;第二,采用屏蔽体包围接收器(产品),防止产品外部的辐射发射耦合到产品内部的电子电路上,导致产品内部的干扰,如图 4-2 所示。

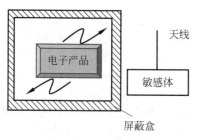

图 4-1 抑制辐射发射

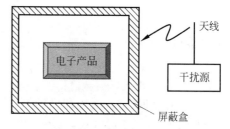

图 4-2 屏蔽辐射发射

4.1.1 屏蔽的分类

根据不同的分类标准有不同的分类方法。

(1) 按屏蔽对象的不同,屏蔽可分为主动屏蔽和被动屏蔽。主动屏蔽是屏蔽干扰源,把干扰源置于屏蔽体之内,防止电磁能量和干扰信号泄漏到外部空间,如图 4-1 所示。由于干扰源与屏蔽体一般相距很近,所以屏蔽的电磁辐射强度很大,所以屏蔽体必须良好接地。被动屏蔽是屏蔽敏感体,把敏感设备置于屏蔽体内,使其不受外部干扰的影响,如图 4-2 所示。被动屏蔽时不一定将屏蔽体接地,但考虑电容性耦合等因素,一般以接地为好。

(2) 按屏蔽性质或屏蔽原理的不同,屏蔽可分为电场屏蔽、磁场屏蔽和电磁屏蔽。电场屏蔽用于减少设备、电路或组件间的电场感应,防止电场的影响;磁场屏蔽则用于抑制设备、电路或组件间的磁场耦合,防止磁场影响;电磁屏蔽则用于同时防止设备、电路或组件间的电场和磁场的影响,通常主要用于防止高频电磁场的影响。这三类屏蔽的作用和原理如下:

电场屏蔽——静电屏蔽、低频交变电场屏蔽。利用良好接地的金属导体制作。

磁场屏蔽——静磁屏蔽、低频交变磁场屏蔽。利用高磁导率材料构成低磁阻通路。

电磁屏蔽——用于高频电磁场的屏蔽。利用反射和衰减来隔离电磁场的耦合。

4.1.2 屏蔽效能

1. 概念

屏蔽效能(shielding effectiveness)表示屏蔽体对电磁干扰的屏蔽能力和效果,反映了屏蔽体对电磁场的减弱程度。它与屏蔽材料的性能、干扰源的频率、屏蔽体至干扰源的距离以及屏蔽体上可能存在的各种不连续的形状和数量有关。

定义:空间某点未加屏蔽时的电场强度 E_0(或磁场强度 H_0)与加屏蔽后该点的电场强度 E(或磁场强度 H)之比,称为电场屏蔽效能

$$SE = \frac{E_0}{E}$$

或磁场屏蔽效能

$$SE = \frac{H_0}{H}$$

由于屏蔽体通常能将电磁波的强度衰减到原来的百分之一至百万分之一,因此通常用分贝来表述。电场屏蔽效能(以分贝表示)

$$SE = 20\lg\frac{E_0}{E}$$

磁场屏蔽效能(以分贝表示)

$$SE = 20\lg\frac{H_0}{H}$$

一般而言,对于近区场,电场和磁场的近区场波阻抗不相等,电场屏蔽效能和磁场屏蔽效能也不相等;但是对于远区场,电场和磁场是统一的整体,电磁场的波阻抗是一个常数,电场屏蔽效能和磁场屏蔽效能相等。

表 4-1 是衰减量与屏蔽效能的对应关系。表 4-2 表示一般产品、设备对屏蔽效能的要求。

表 4-1　衰减量与屏蔽效能的对应关系

无屏蔽场强/(V/m)	有屏蔽场强/(V/m)	屏蔽效能 SE(dB)
10	1	20
100	1	40
1000	1	60
10000	1	80
100000	1	100
1000000	1	120

表 4-2　一般产品、设备屏蔽效能的要求

机　箱　类　型	屏蔽效能 SE(dB)
民用产品	40 以下
军用设备	60
TEMPEST 设备	80
屏蔽室、屏蔽舱	100 以上

由表 4-2 可知,一般民用产品机箱的屏蔽效能在 40dB 以下,军用设备机箱的屏蔽效能一般要达到 60B,TEMPEST 设备的屏蔽机箱的屏蔽效能要达到 80dB 以上。屏蔽室或屏蔽舱等往往要达到 100dB。100dB 以上的屏蔽体是很难制造的,成本也很高。

另外,还可以用屏蔽系数表示屏蔽效果,它是指被干扰的电路加屏蔽后所感应的电压 U_s 与未加屏蔽时感应的电压 U_0 之比,

$$\eta = \frac{U_s}{U_0}$$

2. 屏蔽效能的计算方法

屏蔽有两个目的:一是限制屏蔽体内部的电磁干扰越出某一区域;二是防止外来的电磁干扰进入屏蔽体内的某一区域。屏蔽的作用通过一个将上述区域封闭起来的壳体实现。这个壳体可以做成金属隔板式、盒式,也可以做成电缆屏蔽和连接器屏蔽。屏蔽体一般有实心型、非实心型(例如金属网)和金属编织带等几种类型。后者主要用作电缆的屏蔽。各种

屏蔽体的屏蔽效果,均用该屏蔽体的屏蔽效能来表示。

　　计算和分析屏蔽效能的方法主要有解析方法、数值方法和近似方法。解析方法是基于存在屏蔽体及不存在屏蔽体时,在相应的边界条件下求解麦克斯韦方程。解析方法求出的解是严格解,在实际工程中也常常使用。但是,解析方法只能求解几种规则形状的屏蔽体(例如,球壳、柱壳屏蔽体)的屏蔽效能,且求解可能比较复杂。随着计算机和计算技术的发展,数值方法显得越来越重要。从原理上讲,数值方法可以用来计算任意形状屏蔽体的屏蔽效能。然而,数值方法可能成本过高。为了避免解析方法和数值方法的缺陷,各种近似方法在评估屏蔽体屏蔽效能中就显得非常重要,在实际工程中获得了广泛应用。

　　此外,依据电磁干扰源的波长与屏蔽体的几何尺寸的关系,屏蔽效能的计算又可以分为场的方法和路的方法。

4.1.3　屏蔽研究的主要内容

　　屏蔽问题主要研究各种材料(如金属和磁性材料)、各种结构(如多层、单层、缝隙)及各种形状的屏蔽体的屏蔽效能以及屏蔽体的设计。

4.2　电场屏蔽

　　电场屏蔽的作用:防止两个设备(元件、部件)间的电容性耦合干扰。
　　电场屏蔽的分类:静电屏蔽、低频交变电场屏蔽。

4.2.1　静电屏蔽

　　静电屏蔽的原理是静电平衡。电磁场理论表明,置于静电场中的导体在静电平衡的条件下,具有下列性质:
　　(1) 导体内部任何一点的电场为零。
　　(2) 导体表面任何一点的电场强度矢量的方向与该点的导体表面垂直。
　　(3) 整个导体是一个等位体。
　　(4) 导体内部没有静电荷存在,电荷只能分布在导体的表面上。
　　即使其内部存在空腔的导体,在静电场中也具有上述性质。因此,如果把有空腔的导体置入静电场中,那么由于空腔导体的内表面无静电荷,空腔空间中也无电场,所以空腔导体起了隔离外部静电场的作用,抑制了外部静电场对空腔空间的干扰。反之,如果把空腔导体接地,那么即使空腔导体内部存在带电体产生的静电场,在空腔导体外部也无由空腔导体内部存在的带电体产生的静电场。这就是静电屏蔽的理论依据,即静电屏蔽原理。
　　可见,静电屏蔽的要求是完整的屏蔽导体和良好接地。
　　例如,当空腔屏蔽体内部存在带有正电荷 Q 的带电体时,空腔屏蔽体内表面会感应出等量的负电荷,而空腔屏蔽体外表面会感应出等量的正电荷,如图 4-3(b)所示。此时,仅用空腔屏蔽体将静电场源包围起来,实际上起不到屏蔽作用。只有将空腔屏蔽体接地(见图 4-3(c)),这样空腔屏蔽体外表面感应出的等量正电荷沿接地导线泄放进入接地面,其所产生的外部静电场就会消失,才能将静电场源产生的电力线封闭在屏蔽体内部,屏蔽体才能真正起到静电屏蔽的作用。

(a) 带正电的孤立导体　　　　(b) 空腔导体完全包围带电体　　　(c) 接地空腔屏蔽导体

图 4-3　主动静电屏蔽

当空腔屏蔽体外部存在静电场干扰时,由于空腔屏蔽导体为等位体,所以屏蔽体内部空间不存在静电场(见图 4-4),即不会出现电力线,从而实现静电屏蔽。空腔屏蔽导体外部存在电力线,且电力线终止在屏蔽体上。屏蔽体的两侧出现等量反号的感应电荷。当屏蔽体完全封闭时,不论空腔屏蔽体是否接地,屏蔽体内部的外电场均为零。但是,实际的空腔屏蔽导体不可能是完全封闭的理想屏蔽体,如果屏蔽体不接地,则会引起外部电力线的入侵,造成直接或间接静电耦合。为了防止这种现象,此时空腔屏蔽导体仍需接地。

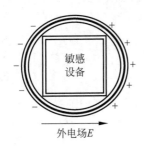 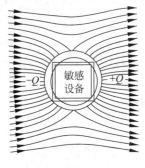

(a) 空腔屏蔽导体对外来静电场的屏蔽　　　　(b) 被动静电屏蔽体电场线分布

图 4-4　被动静电屏蔽

4.2.2　低频交变电场屏蔽(工频电场、高压带电作业的均压服屏蔽)

目的:抑制低频电容性耦合干扰。

分析方法:应用电路理论分析。交变电场的屏蔽原理是采用电路理论加以解释较为方便、直观,因为干扰源与接收器之间的电场感应耦合可用它们之间的耦合电容进行描述。

1. 未加屏蔽时

设干扰源 S 上有一交变电压 U_S,在其附近产生交变电场,置于交变电场中的接收器 R 对地电容 C_R 接地,干扰源对接收器的电场感应耦合可以等效为分布电容 C_{SR0} 的耦合,于是形成了由 U_S、C_{SR0} 和 C_R 构成的耦合回路,如图 4-5(a)所示。接收器上产生的干扰电压 U_{N0} 为

$$U_{N0} = \frac{C_{SR0}}{C_R + C_{SR0}} U_S \tag{4-1}$$

从式(4-1)可以看出,干扰电压 U_{N0} 的大小与耦合电容 C_{SR0} 的大小有关。为了减小干扰,可使干扰源与接收器尽量远离,从而减小 C_{SR0},使干扰 U_{N0} 减小。如果干扰源与接收器间的距离受空间位置限制无法加大,则可采用屏蔽措施。

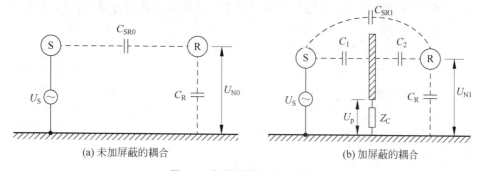

図 (a) 未加屏蔽的耦合　　　(b) 加屏蔽的耦合

图 4-5　低频交变电场的屏蔽

2. 加屏蔽（忽略 C_{SR1} 的影响）时

为了减少干扰源与接收器之间的交变电场耦合，可在两者之间插入屏蔽体，如图 4-5(b)所示。插入屏蔽体后，原来的耦合电容 C_{SR0} 的作用现在变为耦合电容 C_1、C_2 和 C_{SR1} 的作用。由于干扰源和接收器之间插入屏蔽体后，它们之间的直接耦合作用非常小，所以耦合电容 C_{SR1} 可以忽略。

设金属屏蔽体的对地阻抗为 Z_C，则屏蔽体上的感应电压为

$$U_p = \frac{j\omega C_1 Z_C}{1 + j\omega\left(C_1 + \frac{C_2 C_R}{C_2 + C_R}\right)Z_C}U_S \qquad (4\text{-}2)$$

$$U_{N1} = \frac{C_2}{C_2 + C_R}U_P = \frac{1}{1 + C_R/C_2}U_P \qquad (4\text{-}3)$$

由此可见，要使 U_{N1} 比较小，则必须使 C_1、C_2 和 Z_C（Z_C 为屏蔽体阻抗和接地线阻抗之和）减小。由式(4-2)可知，只有 $Z_C = 0$，才能使 $U_p = 0$，进而 $U_{N1} = 0$。也就是说，屏蔽体必须良好接地，才能真正将干扰源产生的干扰电场的耦合抑制或消除，保护接收器免受干扰。

如果屏蔽导体没有接地或接地不良（因为平板电容器的电容量与极板面积成正比，与两极板间距成反比，所以耦合电容 C_1、C_2 均大于 C_{SR0}），那么接收器上的感应干扰电压比没有屏蔽导体时的干扰电压还要大，此时干扰比不加屏蔽体时更为严重。

从上面的分析可以看出，交变电场屏蔽的基本原理是采用接地良好的金属屏蔽体将干扰源产生的交变电场限制在一定的空间内，从而阻断了干扰源至接收器的传输路径。必须注意，交变电场屏蔽要求屏蔽体必须是良导体（例如，金、银、铜、铝等），屏蔽体必须有良好的接地。

电场屏蔽的设计要点：屏蔽体的材料以良导体为好，对厚度无要求；屏蔽体的形状对屏蔽效能有明显的影响；屏蔽体要靠近受保护的设备；屏蔽体要有良好的接地。

4.3　磁场屏蔽

4.3.1　低频磁场屏蔽

1. 屏蔽原理

低频（100kHz 以下）磁场的屏蔽常用高磁导率的铁磁性材料（例如，铁、硅钢片、坡莫合

金等),其屏蔽原理是利用铁磁性材料的高磁导率对干扰磁场进行分路,如图 4-7 所示。但有两个因素使磁通分流法的有效性降低:

(1) 铁磁性材料的磁导率随频率的升高而降低。

(2) 磁场强度增大到一定程度后,铁磁性材料的磁导率随磁场强度的增加而降低。

若把磁化曲线画成 B-H 的关系曲线,则从曲线上各点与坐标原点连线的斜率即是各点的磁导率 μ,因此可建立 μ-H 曲线,由此可近似确定其磁导率 $\mu = B/H$。因 B 与 H 非线性,故铁磁材料的 μ 不是常数,而是随 H 的变化而变化,如图 4-6 所示。H 为磁场强度、B 为磁感应强度,且 $B = \mu H$。

如图 4-8 所示,长为 l、横截面为 S 的一段屏蔽材料,则其磁阻为

$$R_{\mathrm{m}} = \frac{F_{\mathrm{m}}}{\Phi} = \frac{Hl}{BS} = \frac{l}{\mu S} \tag{4-4}$$

式中,$\mu = \mu_{\mathrm{r}} \mu_0$ 为磁性材料的磁导率(H/m);S 为磁路的横截面积(m^2);F_{m} 为磁通势,Φ 为磁通。

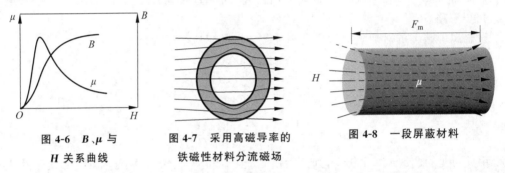

图 4-6　B、μ 与　　　　图 4-7　采用高磁导率的　　　　图 4-8　一段屏蔽材料
H 关系曲线　　　　铁磁性材料分流磁场

显然,磁导率 μ 大则磁阻 R_{m} 小,此时磁通主要沿着磁阻小的途径形成回路。由于铁磁材料的磁导率 μ 比空气的磁导率 μ_0 大得多,所以铁磁性材料的磁阻很小。将铁磁性材料置于磁场中时,磁通将主要通过铁磁材料,而通过空气的磁通将大为减小,从而起到磁场屏蔽作用。

2. 屏蔽效能

屏蔽效能:

$$\mathrm{SE} = \frac{H_0}{H} \tag{4-5}$$

以分贝表示为

$$\mathrm{SE} = 20\lg \frac{H_0}{H} \tag{4-6}$$

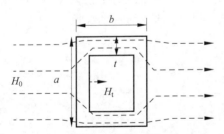

图 4-9　高磁导率材料的磁旁路效果图

高磁导率材料具有磁旁路效果。将一个高磁导率材料做成的屏蔽盒置于磁场强度为 H_0 的均匀磁场中,如图 4-9 所示。由于盒壁的磁导率比空气大得多,所以绝大部分磁通经盒壁通过,只有少部分磁通经盒内空间通过。这样就减少了磁场对盒内空间的干扰,从而达到低频磁场屏蔽的目的。

下面介绍用磁路方法计算屏蔽效能。设矩形截

面屏蔽盒在垂直磁场方向的尺寸为 a，沿磁场方向的尺寸为 b，屏蔽盒的壁厚为 t，如图 4-9 所示。

在垂直纸面的方向取一单位长度。设在这一单位长度所构成的 $(a \times 1)$ 内有磁通 Φ_0 流入屏蔽盒体，其中绝大部分磁通 Φ_s 流经屏蔽盒壁，只有少部分磁通 Φ_t 流经屏蔽体壁内的空腔，即

$$\Phi_0 = \Phi_s + \Phi_t \tag{4-7}$$

由磁通量与磁场强度的关系可得：

$$\begin{cases} \Phi_0 = \mu_0 H_0 a \\ \Phi_s = 2\mu_s H_s t \\ \Phi_t = \mu_0 H_t (a - 2t) \end{cases} \tag{4-8}$$

式中，μ_0、μ_s 分别为空气的磁导率及屏蔽材料的磁导率；H_s、H_t 分别为屏蔽盒壁中的磁场强度及屏蔽盒内部空腔中的磁场强度。

将式 (4-8) 代入式 (4-7)，得

$$\mu_0 H_0 a = 2\mu_s H_s t + \mu_0 H_t (a - 2t) \tag{4-9}$$

流经屏蔽盒壁的磁阻 $R_{ms} = b / \mu_s^2 t$，因而磁压降为

$$U_{ms} = \Phi_s \cdot R_{ms} = H_s b$$

流经屏蔽盒内部空腔的磁阻 $R_{mt} = (b - 2t) / \mu_0 (a - 2t)$，因而磁压降为

$$U_{mt} = \Phi_t \cdot R_{mt} = H_t (b - 2t)$$

磁压降与计算路径无关，即 $U_{ms} = U_{mt}$，故有

$$H_s b = H_t (b - 2t)$$

即

$$H_s = H_t \frac{b - 2t}{b}$$

将上式代入式 (4-9)，可得

$$\frac{H_0}{H_t} = \frac{2\mu_s t \dfrac{b - 2t}{b}}{\mu_0 a} + \frac{\mu_0 (a - 2t)}{\mu_0 a}$$

因此，屏蔽效能可以表示为

$$SE = 20 \lg \frac{H_0}{H_t} = 20 \lg \left(2\mu_r \frac{b - 2t}{ab} + \frac{a - 2t}{a} \right) \tag{4-10}$$

考虑到 $2t \ll b$，$2t \ll a$，所以 $b - 2t \approx b$，$a - 2t \approx a$；又由屏蔽材料的相对磁导率 $\mu_r = \mu_s / \mu_0$，从而得到矩形截面屏蔽盒的低频磁屏蔽效能的近似计算公式为

$$SE = 20 \lg \frac{H_0}{H} = 20 \lg \left(\frac{2\mu_r t}{a} + 1 \right) \tag{4-11}$$

式 (4-11) 表明，屏蔽材料的相对磁导率 μ_r 越大，屏蔽盒的厚度 t 越大，则屏蔽效果越好；屏蔽盒垂直于磁场方向的边长 a 越小，屏蔽效能越大。所以，当屏蔽盒的截面为长方形时，应使其长边平行于磁场方向，而短边垂直于磁场方向。此外，低频磁屏蔽要求厚度 t 很大，这使屏蔽体既笨重又不经济，所以，要得到好的磁屏蔽效果，最好采用多层屏蔽。

球形磁屏蔽壳体的屏蔽效能可由下面的公式计算：

$$SE = 20\lg\frac{H_0}{H} = 20\lg\left(1 + \frac{2\mu_r t}{3R}\right)(\text{dB}) \tag{4-12}$$

式中,t 为屏蔽体的厚度,$R(R \gg t)$ 为球形腔体的平均半径,或为与屏蔽体体积相等的非球形腔体的平均半径,设屏蔽体的体积为 V,则

$$V = \frac{4\pi R^3}{3}, \quad R = \sqrt[3]{3V/(4\pi)}$$

磁屏蔽不可能把磁力线完全集中在屏蔽体内,总有一些泄漏,采用双层屏蔽可以提高屏蔽效果。

例 4-1 长方体屏蔽盒尺寸为 $150\text{mm} \times 200\text{mm} \times 200\text{mm}$,壁厚 $t = 2\text{mm}$。试计算用钢板 $\mu_{r1} = 1000$ 和坡莫合金 $\mu_{r2} = 10000$ 作屏蔽材料时的 SE。

解：

$$R = 0.62\sqrt[3]{150 \times 200 \times 200} = 112.66(\text{mm})$$

$$SE = 20\lg\left(1 + \frac{2\mu_{r1} t}{3R}\right) \approx 22.17\text{dB}$$

$$SE = 20\lg\left(1 + \frac{2\mu_{r2} t}{3R}\right) \approx 41.54\text{dB}$$

4.3.2 高频磁场屏蔽

高频磁场的屏蔽采用的是低电阻率的良导体材料(例如,铜、铝等)。其屏蔽原理是利用电磁感应现象在屏蔽体表面所产生的涡流的反磁场来达到屏蔽的目的,也就是说,利用低电阻率的良导体中形成的涡电流产生反向磁通抑制或抵消屏蔽体外的入射磁场。

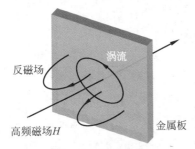

根据法拉第电磁感应定律,闭合回路上产生的感应电动势等于穿过该回路的磁通量的时变率。根据楞次定律,感应电动势引起感应电流,感应电流所产生的磁通要阻止原来磁通的变化,即感应电流产生的磁通方向与原来磁通的变化方向相反。应用楞次定律可以判断感应电流的方向。

如图 4-10 所示,当高频磁场穿过金属板时,在金属板中就会产生感应电动势,从而形成涡流。金属板中的

图 4-10 涡流效应

涡流电流产生的反向磁场将抵消穿过金属板的原磁场。这就是感应涡流产生的反磁场对原磁场的排斥作用。同时,感应涡流产生的反磁场增强了金属板侧面的磁场,使磁力线在金属板侧面绕行而过。如果用良导体做成屏蔽盒,将线圈置于屏蔽盒内,如图 4-11 所示,则线圈所产生的磁场将被屏蔽盒的涡流反磁场排斥而被限制在屏蔽盒内。同样,外界磁场也将被屏蔽盒的涡流反磁场排斥而不能进入屏蔽盒内,从而达到磁场屏蔽的目的。由于良导体金属材料对高频磁场的屏蔽作用是利用感应涡流的反磁场排斥原干扰磁场而达到屏蔽的目的,所以屏蔽盒上产生的涡流的大小直接影响屏蔽效果。

屏蔽盒在垂直于涡流的方向上不应有缝隙或开口。因为当垂直于涡流的方向上有缝隙或开口时,将切断涡流。这意味着涡流电阻增大,涡流减小,屏蔽效果变差。如果需要屏蔽盒必须有缝隙或开口,则缝隙或开口应沿着涡流方向。正确的开口或缝隙对削弱涡流影响

较小,对屏蔽效果的影响也较小,如图 4-11 所示。屏蔽盒上的缝隙或开口尺寸一般为波长的 $\frac{1}{50} \sim \frac{1}{100}$。

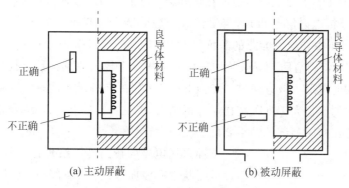

(a) 主动屏蔽　　　　　　　　(b) 被动屏蔽

图 4-11　高频磁场屏蔽

4.3.3　磁场屏蔽的设计要点

屏蔽体应选用高磁导率的材料,但应防止磁饱和;尽量缩短磁路长度,增加屏蔽体的截面积(厚度);被屏蔽物体不要紧贴在屏蔽体上;注意屏蔽体的结构设计,缝隙或长条通风孔应循着磁场方向分布;对于强磁场的屏蔽可采用多层屏蔽,防止发生磁饱和;对于多层屏蔽,应注意磁路上的彼此绝缘;高磁导率材料的磁导率与频率有关,一般只用于频率 1kHz 以下的场合。

4.4　电磁场屏蔽

通常所说的屏蔽,多半是指电磁屏蔽。所谓电磁屏蔽,是指同时抑制或削弱电场和磁场。电磁屏蔽一般也指高频交变电磁屏蔽。在交变场中,电场和磁场总是同时存在的,只是在频率较低的范围内,电磁干扰一般出现在近区场。如前所述,近区场随着干扰源的性质不同,电场和磁场的大小有很大差别。高电压小电流干扰源以电场为主,磁场干扰可以忽略不计,这时就可以只考虑电场屏蔽;低电压高电流干扰源以磁场干扰为主,电场干扰可以忽略不计,这时就可以只考虑磁场屏蔽。随着频率增高,电磁辐射能力增加,产生辐射电磁场,并趋向于远区场干扰。远区场干扰中的电场干扰和磁场干扰都不可忽略,因此需要将电场和磁场同时屏蔽,即电磁屏蔽。高频时即使在设备内部也可能出现远区场干扰,需要进行电磁屏蔽。如前所述,采用导电材料制作的且接地良好的屏蔽体,就能同时起到电场屏蔽和磁场屏蔽的作用。

4.4.1　电磁屏蔽的基本原理

关于电磁屏蔽的机理有三种理论:

(1) 感应涡流效应。这种理论解释电磁屏蔽机理比较形象易懂,物理概念清楚,但是难于据此推导出定量的屏蔽效果表达式,且关于干扰源特性、传播介质、屏蔽材料的磁导率等因素对屏蔽效能的影响也不能解释清楚。

(2)电磁场理论。严格地说,电磁场理论是分析电磁屏蔽原理和计算屏蔽效能的经典学说,但是,由于需要求解电磁场的边值问题,所以分析复杂且求解过程烦琐。

(3)传输线理论。它是根据电磁波在金属屏蔽体中传播的过程与行波在传输线中传输的过程很相似,来分析电磁屏蔽机理,定量计算屏蔽效能。屏蔽的传输线模型(Transmission Line Models of Shielding)或屏蔽的平面波模型(Plane Wave Models of Shielding)最早由 Schelkunoff 提出,特别适用于屏蔽结构的尺寸远大于干扰场的波长且干扰源至屏蔽体之间的距离相对较大的情形。该方法进一步由 Schultz 发展应用到干扰源至屏蔽结构之间的距离较近或干扰源的波长大于屏蔽结构尺寸的情况,但这一推广并不总是正确的,并且计算得出的屏蔽效能总比实际测试的结果要好。

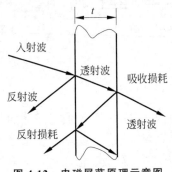

图 4-12　电磁屏蔽原理示意图

下面采用电磁屏蔽的传输线理论解释电磁屏蔽原理。假设一干扰电磁波向厚度为 t 的金属良导体发射,当干扰电磁波入射到达金属良导体的表面时,由于波阻抗的突变,必有一部分电磁波被良导体反射,剩余的那一部分电磁波透过金属良导体的第一个界面进入良导体内,在良导体中衰减传输,经过距离 t 到达良导体的第二个界面时,又有部分电磁波反射回良导体内,部分电磁波透过良导体的第二个界面进入良导体的另一侧。在良导体的第二个界面上反射回良导体内的这一部分电磁波继续在良导体中反向衰减传输,经过距离 t 到达良导体的第一个界面时,又有部分电磁波透过良导体的第一个界面反向进入电磁波开始时发射的区域,另一部分电磁波仍然反射回良导体内继续传输,如图 4-12 所示。上述过程反复继续。

由此可见,如果把电磁波刚进入良导体时被其反射的电磁波能量称为反射损耗,透射波在金属良导体内传播的衰减损耗称为吸收损耗,电磁波在金属良导体两表面之间所形成的多次反射产生的损耗称为多次反射损耗,那么,金属屏蔽体对电磁波的屏蔽效果包括反射损耗、吸收损耗和多次反射损耗。

我们知道,光线入射到两种不同介质的界面时,要产生反射、折射、吸收和透射,同时产生能量损失。正如上面所分析的,电磁波与光线一样,当电磁波传播到两种不同介质的界面时,也会发生这些类似的现象。电磁波在两种不同介质的界面产生反射损失的原因是电磁波在两种不同介质中的特征阻抗不同。

1. 反射损耗

当电磁波入射到不同介质的分界面时,就会发生反射,使穿过界面的电磁能量减弱。由于反射现象而造成的电磁能量损失称为反射损耗。当电磁波穿过一层屏蔽体时要经过两个界面,因此要发生两次反射。因此,电磁波穿过屏蔽体时的反射损耗等于两个界面上的反射损耗的总和。对于电场波来说,第一个界面的反射损耗较大,第二个界面的反射损耗较小;对于磁场波来说,情况正好相反,第一个界面的反射损耗较小,第二个界面的反射损耗较大。

2. 吸收损耗

电磁波在屏蔽材料中传播时,会有一部分能量转换成热量,导致电磁能量损失,损失的这部分能量称为屏蔽材料的吸收损耗。

3. 多次反射修正因子

电磁波在屏蔽体的第二界面(穿出屏蔽体的界面)发生反射后,会再次传输到第一个界面,在第一个界面发生再次反射,然后再次到达第二个界面,在这个截面会有一部分能量穿透界面,泄漏到空间中。这部分是额外泄漏的,在计算屏蔽效能时应考虑在内。这就需要引入多次反射修正因子。

4.4.2　电磁屏蔽效能

电磁场理论指出,入射到有耗介质平面分界面上的电磁波,部分被反射,其余部分透过界面在有耗介质中衰减传输,出射后的电磁波强度较入射电磁波强度减小。这种现象就是有耗介质的电磁屏蔽机理。显然,屏蔽效果与屏蔽体的电磁特性、结构等参数有关。评价屏蔽效果的常用指标是屏蔽效能。

1. 波阻抗和特性阻抗

对于任何电磁波,波阻抗定义为

$$Z_w = \frac{E}{H} \tag{4-13}$$

以 μ、ε、σ、ω 分别表示材料的磁导率、介电常数、电导率和角频率,则材料(介质)的特性阻抗(本征阻抗)可由下式计算:

$$Z = \sqrt{\frac{j\omega\mu}{\sigma + j\omega\varepsilon}} \tag{4-14}$$

在自由空间中,磁导率: $\mu_0 = 4\pi \times 10^{-7}$ H/m,介电常数: $\varepsilon_0 = 8.85 \times 10^{-12}$ F/m。

在远区场讨论平面波的情况下,特性阻抗也等于波阻抗,对于绝缘体 ($\sigma \ll \omega\varepsilon$),特性阻抗则与频率无关,成为

$$Z = \sqrt{\frac{\mu}{\varepsilon}}$$

在空气介质中,由于 $\sigma \ll \omega\varepsilon$,所以其特性阻抗为

$$Z_0 = \sqrt{\frac{j\omega\mu}{\sigma + j\omega\varepsilon}} = \sqrt{\frac{j\omega\mu}{j\omega\varepsilon}} = \sqrt{\frac{\mu_0}{\varepsilon_0}} = 120\pi\,\Omega \tag{4-15}$$

由于空气介质中的特征阻抗只有实部,可知空气介质表现为纯电阻性。

在良导体中,由于 $\sigma \gg \omega\varepsilon$,所以其特性阻抗为

$$Z = \sqrt{\frac{j\omega\mu}{\sigma + j\omega\varepsilon}} = \sqrt{\frac{j\omega\mu}{\sigma}} = (1+j)\sqrt{\frac{\pi f \mu}{\sigma}}\,\Omega \tag{4-16}$$

可知,良导体既有电阻性又有电感性,其波阻抗既取决于电导率又取决于磁导率。

2. 平面电磁波的反射系数、透射系数和传播常数的计算公式

均匀平面波垂直入射到无限大的导体板上(厚度为 t),如图 4-13 所示。介质 1 和介质 2 间的界面的反射系数和透射系数计算公式为

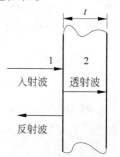

图 4-13　平面波在界面上的入射、反射与透射

$$R_{12} = \frac{Z_2 - Z_1}{Z_2 + Z_1} \text{(反射系数)}$$

$$T_{12} = 1 + R_{12} = \frac{2Z_2}{Z_2 + Z_1} \text{(透射系数)}$$

式中,Z_1、Z_2 分别表示介质 1 和介质 2 的波阻抗。

透射波在介质 2 中的传播常数计算公式为 $\gamma = \alpha + j\beta = \sqrt{j\omega\mu(\sigma + j\omega\varepsilon)}$ (α 和 β 是电磁波在金属屏蔽体中的衰减常数和相移常数)。

对于良导体来说,

$$\gamma = \alpha + j\beta = \sqrt{j\omega\mu\sigma} = \sqrt{j2\pi f\mu\sigma} = (1+j)\sqrt{\pi f\mu\sigma} \tag{4-17}$$

3. 屏蔽效能

下面以单层无限大的导体板(厚度为 t)为例来计算电磁屏蔽的屏蔽效能。

设导体板波阻抗为 Z_2,导体板左侧为介质 1,右侧为介质 3,波阻抗分别为 Z_1、Z_3。

1) 平面电磁波总的透射场强 E

设入射波为 E_0,则 $x=0$ 面(界面 1)上的电磁波的反射系数和透射系数为

$$R_{12} = \frac{Z_2 - Z_1}{Z_2 + Z_1} \text{(反射系数)}$$

$$T_{12} = \frac{2Z_2}{Z_2 + Z_1} \text{(透射系数)}$$

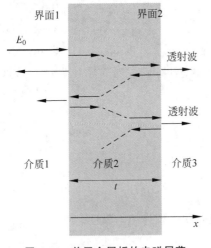

图 4-14　单层金属板的电磁屏蔽

$x=t$ 面(界面 2)上的电磁波的反射系数和透射系数为

$$R_{23} = \frac{Z_3 - Z_2}{Z_3 + Z_2} \text{(反射系数)}$$

$$T_{23} = \frac{2Z_3}{Z_3 + Z_2} \text{(透射系数)}$$

一次透射:

$x=0$ 面(界面 1)上,反射波为 $R_{12}E_0$,透射波为 $T_{12}E_0$。

$x=t$ 面(界面 2)上,入射波为 $T_{12}E_0 e^{-\gamma t}$,反射波为 $R_{23}(T_{12}E_0 e^{-\gamma t})$,透射波为 $T_{23}(T_{12}E_0 e^{-\gamma t}) = T_{12}T_{23}E_0 e^{-\gamma t}$。

二次透射:

$x=0$ 面(界面 1)上,入射波为 $R_{23}(T_{12}E_0 e^{-2\gamma t})$,反射波为 $R_{21}R_{23}(T_{12}E_0 e^{-2\gamma t})$,透射波为 $T_{21}R_{23}(T_{12}E_0 e^{-2\gamma t})$。

$x=t$ 面(界面 2)上,入射波为 $R_{21}R_{23}T_{12}E_0 e^{-3\gamma t}$,反射波为 $R_{23}(R_{21}R_{23}T_{12}E_0 e^{-3\gamma t})$,透射波为 $T_{23}(R_{21}R_{23}T_{12}E_0 e^{-3\gamma t}) = T_{12}T_{23}R_{21}R_{23}E_0 e^{-3\gamma t}$。

三次透射:

$x=0$ 面(界面 1)上,入射波为 $R_{23}(R_{21}R_{23}T_{12}E_0 e^{-4\gamma t})$,反射波为 $R_{21}R_{23}(R_{21}R_{23}T_{12}E_0 e^{-4\gamma t})$。

$x=t$ 面(界面 2)上,入射波为 $R_{21}R_{23}(R_{21}R_{23}T_{12}E_0e^{-5\gamma t})$,透射波为 $T_{23}(R_{21}$
$R_{23}R_{21}R_{23}T_{12}E_0e^{-5\gamma t})=T_{12}T_{23}(R_{21}R_{23})^2E_0e^{-5\gamma t}$。

n 次透射:

$x=t$ 面(界面 2)上,透射波为 $T_{12}T_{23}(R_{21}R_{23})^{n-1}E_0e^{-(2n-1)\gamma t}$

所以,平面电磁波总的透射场强 E 为

$$
\begin{aligned}
E &= T_{12}T_{23}E_0e^{-\gamma t}+T_{12}T_{23}R_{21}R_{23}E_0e^{-3\gamma r}+\cdots+T_{12}T_{23}(R_{21}R_{23})^{n-1}E_0e^{-(2n-1)\gamma t}\\
&= T_{12}T_{23}E_0e^{-\gamma t}[1+R_{21}R_{23}e^{-2\gamma t}+\cdots+(R_{21}R_{23}e^{-2\gamma t})^{n-1}]\\
&= T_{12}T_{23}E_0e^{-\gamma t}\frac{1}{1-R_{21}R_{23}e^{-2\gamma t}}
\end{aligned}
\tag{4-18}
$$

式(4-18)应用了首项为 1,公比为 $q=R_{21}R_{23}e^{-2\gamma t}<1$ 的递减等比级数的求和公式

$S=\dfrac{1}{1-q}$。

2) 屏蔽效能 SE

由式(4-18)

$$
E=T_{12}T_{23}E_0e^{-\gamma t}\frac{1}{1-R_{21}R_{23}e^{-2\gamma t}}
$$

得

$$
\frac{E_0}{E}=\frac{e^{\gamma t}(1-R_{21}R_{23}e^{-2\gamma t})}{T_{12}T_{23}}
$$

所以,单层无限大的导体板的屏蔽效能计算公式为

$$
\begin{aligned}
\mathrm{SE} &= 20\lg\left|\frac{E_0}{E}\right|\\
&= 20\lg\left|\frac{1-R_{21}R_{23}e^{-2\gamma t}}{T_{12}T_{23}e^{-\gamma t}}\right|\\
&= 20\lg\left|\frac{1}{T_{12}T_{23}}\right|+20\lg|e^{\gamma t}|+20\lg|1-R_{21}R_{23}e^{-2\gamma t}|
\end{aligned}
\tag{4-19}
$$

式(4-19)第一项是反射损耗,第二项是吸收损耗,第三项是多次反射损耗。

(1) 反射损耗。

导体板两侧为空气,波阻抗为 Z_w,$Z_1=Z_3=Z_w$,则

$$
\mathrm{SE_R}=20\lg\left|\frac{1}{T_{12}T_{23}}\right|=20\lg\left|\frac{(Z_w+Z_2)^2}{4Z_wZ_2}\right|
\tag{4-20}
$$

电磁波在两种介质(自由空间和屏蔽体)交界面的反射损耗,与两种介质的特性阻抗的差别有关。一般情况下,自由空间的波阻抗比金属屏蔽体的波阻抗大得多,即 $Z_2\ll Z_w$。

故式(4-20)可以简化为

$$
\mathrm{SE_R}=20\lg\left|\frac{(Z_2+Z_w)^2}{4Z_wZ}\right|=20\lg\left|\frac{\left(\dfrac{Z_2}{Z_w}+1\right)^2}{4\dfrac{Z_2}{Z_w}}\right|\approx 20\lg\left|\frac{Z_w}{4Z_2}\right|
\tag{4-21}
$$

下面用近似方法推导上述结果。

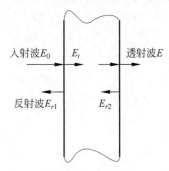

入射波E_0　E_t　透射波E

反射波E_{r1}　E_{r2}

图 4-15　平面波反射损耗近似计算

如图 4-15 所示,设入射波电场强度 E_0,经左界面反射后透射波电场强度为 $E_t = T_{12}E_0 = \dfrac{2Z_2}{Z_w + Z_2}E_0$

因为只考虑反射损耗,所以透射波无衰减到达右侧界面后,经过透射后的透射波电场强度为

$$E = T_{12}T_{23}E_0 = \frac{2Z_2}{Z_w + Z_2}\frac{2Z_w}{Z_w + Z_2}E_0 = \frac{4Z_wZ_2}{(Z_2 + Z_w)^2}E_0$$

由于入射波电场强度 E_0 到达右侧界面时被大大衰减了,所以介质中再次传播到左侧界面产生的反射波可忽略不计,可得:

$$\mathrm{SE_R} = 20\lg\left|\frac{E_0}{E}\right| = 20\lg\left|\frac{(Z_2 + Z_w)^2}{4Z_wZ}\right| = 20\lg\left|\frac{\left(\dfrac{Z_2}{Z_w} + 1\right)^2}{4\dfrac{Z_2}{Z_w}}\right| \approx 20\lg\left|\frac{Z_w}{4Z_2}\right|$$

上式的结果与式(4-21)一样。

在远区场,平面波的波阻抗为

$$Z_0 = \sqrt{\frac{\mu_0}{\varepsilon_0}} = 120\pi = 377(\Omega)$$

根据式(4-16),对于任意的良导体有

$$|Z_2| = \left|(1+\mathrm{j})\sqrt{\frac{\pi f \mu}{\sigma}}\right| = \sqrt{\frac{2\pi f \mu}{\sigma}}(\Omega) \tag{4-22}$$

对于铜,$\sigma_{cu} = 5.82 \times 10^{-7}\,\mathrm{S/m}$,因而 $|Z_2| = 3.69 \times 10^{-7}\sqrt{f} \ll Z_0(\Omega)$(只要 $f \leqslant 10^{16}\,\mathrm{Hz}$)。

令 σ_r 是某种金属相对于铜的电导率,即 $\sigma_r = \dfrac{\sigma}{\sigma_{cu}}$

该金属的电导率为

$$\sigma = \sigma_{cu}\sigma_r, \quad \sigma_{cu} = 5.8 \times 10^7\,\mathrm{S/m}$$

金属的磁导率为

$$\mu = \mu_0\mu_r, \quad \mu_0 = 4\pi \times 10^{-7}\,\mathrm{H/m}$$

$$|Z_2| = 3.69 \times 10^{-7}\sqrt{\frac{\mu_r f}{\sigma_r}}(\Omega) \tag{4-23}$$

式中,σ_r 表示导体材料对于铜的相对电导率;μ_r 表示导体材料的相对磁导率,各种金属材料的相对电导率和相对磁导率见表 4-3。

表 4-3　常用金属材料对铜的相对电导率和相对磁导率

材　料	相对电导率 σ_r	相对磁导率 μ_r	材料	相对电导率 σ_r	相对磁导率 μ_r
铜	1	1	白铁皮	0.15	1
银	1.05	1	铁	0.17	50~1000
金	0.70	1	钢	0.10	50~1000
铝	0.61	1	冷轧钢	0.17	180

续表

材　料	相对电导率 σ_r	相对磁导率 μ_r	材料	相对电导率 σ_r	相对磁导率 μ_r
黄铜	0.26	1	不锈钢	0.02	500
磷青铜	0.18	1	热轧硅钢	0.038	1500
镍	0.20	1	高导磁硅钢	0.06	80 000
铍	0.1	1	坡莫合金	0.04	8000～12 000
铅	0.08	1	铁镍铝合金	0.023	100 000

由于 $|Z_w| = \chi Z_0$，在远区场时，$\chi = 1$ 即 $|Z_w| = Z_0 = 377\Omega$。

在近区场时，高阻抗电场 $\chi = kr = \dfrac{\lambda}{2\pi r} = \dfrac{4.78 \times 10^7}{rf}$，即

$$|Z_{Ew}| = \frac{1.8 \times 10^{10}}{fr}\,(\Omega)$$

在近区场时，低阻抗磁场 $\chi = \dfrac{2\pi r}{\lambda} = \dfrac{rf}{4.78 \times 10^7}$ 即

$$|Z_{Hw}| = 7.9 \times 10^{-6} fr\,(\Omega)$$

将式(4-23)和以上各式分别代入式(4-21)，可得平面波的远区场反射损耗为

$$\mathrm{SE_R} = 20\lg\left|\frac{Z_0}{4Z_2}\right| \approx 168.1 - 10\lg\frac{\mu_r f}{\sigma_r}\,(\mathrm{dB}) \tag{4-24}$$

或

$$\mathrm{SE_R} = 168.1 + 10\lg\left(\frac{\sigma_r}{\mu_r f}\right)\,(\mathrm{dB}) \tag{4-25}$$

近区场的电场反射损耗(电场波)为

$$\mathrm{SE_{RE}} = 321.7 + 10\lg\left(\frac{\sigma_r}{\mu_r f^3 r^2}\right)\,(\mathrm{dB}) \tag{4-26}$$

近区场的磁场反射损耗(磁场波)为

$$\mathrm{SE_{RH}} = 14.6 + 10\lg\left(\frac{f r^2 \sigma_r}{\mu_r}\right)\,(\mathrm{dB}) \tag{4-27}$$

反射损耗最大的特点是与电磁波的波阻抗有关。对于特定的屏蔽材料，波阻抗越高，反射损耗越小。对于铜屏蔽材料(其他材料的趋势也大致相同)，根据电场源和磁场源的波阻抗变化规律，可以绘出图4-16。

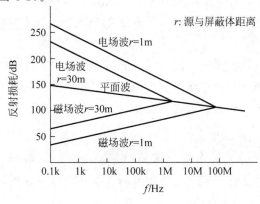

图 4-16　电场源和磁场源的近区场反射损耗

① 电磁波类型的影响：电场波的波阻抗较高,因此具有较大的反射损耗。而磁场波的反射损耗较小。但当频率升高时,电场波和磁场波的反射损耗趋向于一致,最终汇合在平面波的反射损耗数值上。

② 距离的影响：距离电场源越近,则反射损耗越大。这是因为距离电场源越近,电磁波的波阻抗越高。对于磁场源,则正好相反。因此要获得尽量高的屏蔽效能,如果是电场源,则屏蔽体应尽量靠近辐射源;如果是磁场,则应尽量远离辐射源。

③ 频率的影响：频率对反射损耗的影响是从两个方面发生：一个是频率升高时,电磁波的波阻抗发生变化,电场波的波阻抗变低,磁场波的波阻抗变高;另一个影响因素是频率升高时,屏蔽材料的阻抗发生变化(变大)。综合这两个方面的影响,就得出如图 4-16 所示的反射损耗特性。对于平面波,由于波阻抗一定(377Ω),因此随着频率升高,反射损耗降低。

注意：屏蔽材料的反射损耗并不是将电磁能量损耗掉,而是将其反射到空间,传播到其他地方。因此,反射损耗很大并不一定是好事,反射的电磁波有可能对其他电路造成影响。特别是当辐射源在屏蔽机箱内时,反射波在机箱内可能会由于机箱的谐振得到增强,对电路造成干扰。

下面讨论影响表面反射损耗的因素。

① 屏蔽材料。根据式(4-25)、式(4-26)和式(4-27),可以写出反射损耗的一般方程：

$$SE_R = C + 10lg\left(\frac{\sigma_r}{\mu_r}\right)\left(\frac{1}{f^n r^m}\right) \tag{4-28}$$

显然,式(4-28)中各个常数的取值,平面波：$C=168.1, n=1, m=0$;电场波：$C=321.7, n=3, m=2$;磁场波：$C=14.6, n=-1, m=-2$。

由此可见,屏蔽材料的电导率越高,磁导率越低,反射损耗越大。

② 场源特性。对于同一屏蔽材料,不同的场源特性有不同的反射损耗。通常,磁场反射损耗小于平面波反射损耗和电场反射损耗,因此,从可靠性考虑,计算总的屏蔽效能时,应以磁场反射损耗代入计算。

③ 场源至屏蔽体的距离。平面波的反射损耗与距离 r 无关,电场的反射损耗与距离的平方成反比,磁场的反射损耗与距离的平方成正比。

④ 频率。平面波的反射损耗以频率 f 的一次方的速率减少,磁场的反射损耗以频率 f 的一次方的速率增加,电场的反射损耗以频率 f 的三次方的速率减少。

(2) 吸收损耗。

当电磁波通过金属板时,由于金属板感应涡流产生欧姆损耗,并转变为热能而耗散。与此同时,涡流反磁场抵消入射波干扰场而形成吸收损耗。工程上为了计算方便,常用金属屏蔽材料的相对电导率、磁导率来表示吸收损耗。

$$SE_A = 20lg \mid e^{\gamma t} \mid = 20lg \mid e^{\alpha+j\beta} \mid = 20lge^{\alpha t} = 8.686\alpha t = 0.1314t\sqrt{f\mu_r\sigma_r} \text{(dB)} \tag{4-29}$$

其中 t 为屏蔽体厚度(mm),α 为衰减常数,由式(4-17)可知,良导体衰减常数 $\alpha \approx \beta \approx \sqrt{\pi\mu f\sigma}$,趋肤深度 $\delta = 1/\alpha = 1/\sqrt{\pi\mu f\sigma}$,是指电磁波衰减为原始强度的 $1/e$ 或 37% 时所传播的距离。常用金属的趋肤深度见表 4-4。

表 4-4　常用金属的趋肤深度　　　　　　　　单位：mm

频　　率	铜	铝	钢	μ 金属
100Hz	6.6	8.38	0.66	0.48
1kHz	2.08	2.67	0.20	0.08
10kHz	0.66	0.89	0.76	
1MHz	0.08	0.08	0.008	
10MHz	0.02	0.025	0.0025	

由此可见，吸收损耗随屏蔽体的厚度 t 和频率 f 的增加而增加，厚度增一个趋肤深度，吸收损耗增加得 9dB；同时也随着屏蔽材料的相对电导率 σ_r 和磁导率 μ_r 的增加而增加。

由式(4-29)，可根据所要求的吸收衰减量求出屏蔽体的厚度，即

$$t=\frac{SE_A}{0.131\sqrt{f\mu_r\sigma_r}}(mm)$$

例如，设 $SE_A=100dB$，$\mu_r=1$，$\sigma_r=1$，则当频率 $f=1MHz$ 时，屏蔽壳体厚度 $t=0.76mm$。随着频率的增加，获得一定屏蔽效能所需要的屏蔽壳体的厚度随之减小。如果把反射损耗也考虑在内，则所需厚度可能更小。所以在高频情况下，选择屏蔽壳体的厚度时，一般并不需要从电磁屏蔽效果考虑，而只要从工艺结构和机械性能考虑即可。

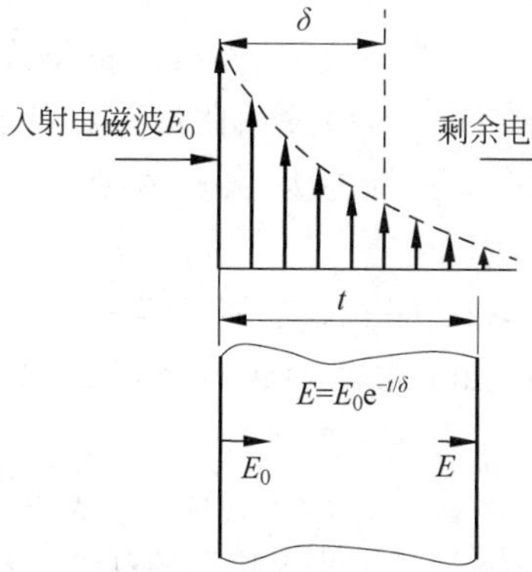

下面介绍直接由电磁波进入介质时的场强指数规律衰减来计算吸收损耗。如图 4-17 所示，场强会随着深入的深度以指数规律衰减，即：

$$E=E_0e^{-at}=E_0e^{-t/\delta}$$

图 4-17　电磁波在介质中指数衰减

根据屏蔽效能定义，可得

$$SE_A=20lg\frac{E_0}{E}=20lge^{t/\delta}=20\left(\frac{t}{\delta}\right)lge=8.686\left(\frac{t}{\delta}\right)=8.686at$$

从上式可见，电磁波在屏蔽体中经过一个趋肤深度的距离，吸收损耗约等于 9dB。经过两个趋肤深度的距离，吸收损耗增加一倍，吸收损耗增到 18dB。

（3）多次反射损耗。

屏蔽体第二界面的反射波反射到第一界面再次反射，接着又回到第二界面进行反射。如此反复进行，就形成了屏蔽体内的多次反射。一般情况下，自由空间的波阻抗比金属屏蔽体的波阻抗大得多，即 $Z_0\gg Z_2$，故

$$SE_B=20lg\left|1-R_{21}R_{23}e^{-2\gamma t}\right|=20lg\left|1-\left(\frac{Z_0-Z_2}{Z_0+Z_2}\right)^2e^{-2\gamma t}\right|$$

$$=20lg\left|1-e^{-2\gamma t}\right|=20lg\left|1-e^{-2t/\delta}e^{-j2t/\delta}\right|$$

(4-30)

对于 $Z_2\ll Z_0$ 的情况，厚度远大于趋肤深度（$t\gg\delta$）的良导体构成的屏蔽层多次反射损耗即可忽略不计。然而，与趋肤深度相比很薄（$t\ll\delta$）的屏蔽层，多次反射损耗为负，例如，对 $t/\delta=0.1$，可得 $SE_B=-11.8dB$。在这种情况下，多次反射损耗会降低屏蔽层的屏蔽效能。

$$e^{-2\gamma t}\approx e^{-2(1+j)at}=e^{-2at}e^{-j2at}$$

令 $T=20\lg e^{\alpha t}$,则

$$e^{\alpha t} \approx 10^{T/20}, \quad e^{-2\alpha t} \approx 10^{-0.1T}$$

$$\Rightarrow 2\alpha t = \ln 10^{0.1T} \approx 0.23T$$

$$\Rightarrow e^{-2\gamma t} \approx 10^{-0.1T} e^{-j0.23T}$$

$$SE_B = 20\lg|1 - 10^{-0.1T}e^{-j0.23T}| = 20\lg[1 - 2\times 10^{-0.1T}\cos(0.23T) + 10^{-0.2T}] \quad (4\text{-}31)$$

当屏蔽体较厚或频率较高时,屏蔽体吸收损耗较大,一般取 $SE_A > 10dB$,多次反射损耗即可忽略不计。但是,当屏蔽体较薄或频率较低时,吸收损耗很小,一般在 $SE_A < 10dB$ 时,就必须考虑多次反射作用对屏蔽效能的影响。在计算(磁场波)磁场屏蔽效能时,也必须考虑屏蔽层内的多次反射损耗。

从前面所述的反射损耗,吸收损耗和多次反射损耗的表达式可以看出,它们均与频率、屏蔽厚度、屏蔽层材料有密切关系,如图 4-18 所示为一块 0.5mm 厚的铜皮对平面波屏蔽效能与频率关系曲线。在低频时,屏蔽效能以反射损耗为主,而在高频时则以吸收损耗为主。

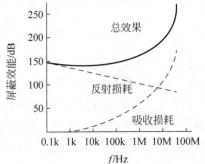

图 4-18 铜皮对平面波的屏蔽效能频率特性

例 4-2 一长方体屏蔽盒的尺寸为 $120\text{mm}\times 25\text{mm}\times 50\text{mm}$,材料为铜(其厚度为 0.5mm)。求频率为 1MHz 时该铜屏蔽盒的电磁屏蔽效能。

解: 实际中的屏蔽壳体多为矩形,其长、宽、高分别用 a、b、h 表示,屏蔽壳体的等效球体半径(与屏蔽壳体体积相同的球体半径)为

$$r_0 = \sqrt[3]{\frac{3V}{4\pi}} = \sqrt[3]{\frac{3abh}{4\pi}}$$

当干扰源至屏蔽壳体的距离 r 大于屏蔽壳体的等效球体半径时,计算屏蔽效能时以 $r = r_0$ 代入计算。因此,铜屏蔽盒的等效球体半径为

$$r_0 = \sqrt[3]{\frac{3V}{4\pi}} = \sqrt[3]{\frac{3abh}{4\pi}} = \sqrt[3]{\frac{3\times 120\times 25\times 50}{4\pi}} = 33(\text{mm})$$

对于铜,$\mu_r = 1$,$\sigma_r = 1$,可得吸收损耗为

$$SE_A = 0.131 t \sqrt{f\mu_r \sigma_r} = 0.131\times 0.5\times \sqrt{10^6\times 1\times 1} = 65.5(\text{dB})$$

$$\frac{\lambda}{2\pi} = \frac{C}{2\pi f} = \frac{3\times 10^8}{10^6\times 2\pi} = 47.75(\text{m})$$

所以,$r_0 = 33\text{mm}(\ll 47.75\text{m})$,故屏蔽盒所处场区为近区。从可靠性出发,选择式(4-27)计算反射损耗,得

$$SE_{RH} = 14.6 + 10\lg\left(\frac{fr^2\sigma_r}{\mu_r}\right) = 14.6 + 10\lg\left[\frac{10^6\times (33\times 10^{-3})^2\times 1}{1}\right]$$

$$= 14.6 + 30.4 = 45\text{dB}$$

因吸收损耗 $A = 65.6\text{dB}(>10\text{dB})$,所以可以忽略多次反射损耗。

综上可见,屏蔽盒的屏蔽效能为

$$SE = SE_A + SE_R = SE_A + SE_{RH} = 65.5 + 45 = 110.5(dB)$$

例 4-3 有一个大功率线圈的工作频率为 $20kHz$，在离线圈 $0.5m$ 处置一铝板($\sigma_r = 0.61$)以屏蔽线圈对设备的影响。设铝板厚度为 $0.5mm$，试计算其屏蔽效能。

解：

$$\mu_r = 1, \quad \sigma_r = 0.61, \quad \lambda = \frac{c}{f} = 1.5 \times 10^4 \, m$$

大功率线圈周围为强磁场，其屏蔽主要是磁屏蔽。

近区场：

反射损耗为

$$SE_{RH} = 14.56 + 10\lg\left(\frac{\sigma_r}{\mu_r}r^2 f\right) = 14.56 + 34.84 = 49.4(dB)$$

吸收损耗为

$$SE_A = 0.131t\sqrt{f\mu_r\sigma_r} = 7.24(dB)$$
$$|Z_2| = 3.69 \times 10^{-7}\sqrt{\mu_r f/\sigma_r} = 6.68 \times 10^{-5}\,\Omega$$
$$Z_W = 2\pi\mu_0 fr = 0.08\Omega \gg Z_2$$

多次反射损耗为

$$SE_B = 10\lg[1 - 2 \times 10^{-0.1T}\cos(0.23T) + 10^{-0.2T}] = -1.81(dB)$$

屏蔽效能为

$$SE = SE_{RH} + SE_A + SE_B = 49.4 + 7.24 - 1.81 = 54.83(dB)$$

4.4.3 电磁屏蔽效能的作图法

作图法又称诺模图法，它的特点是不必进行烦琐的公式运算，只要在诺模图上作几条直线便可迅速求得屏蔽体的吸收损耗 SE_A、反射损耗 SE_R 和多次反射损耗 SE_B 等参数，工程上使用非常方便。屏蔽效能的作图计算必须在几个诺模图上分别求出 SE_A、SE_R、SE_B，然后相加。

1. 吸收损耗作图计算

图 4-19 是吸收损耗诺模图，它是根据 SE_A 计算公式中 SE_A、t、f、σ_r、μ_r 的关系设计而成。作图方法如下：

(1) 根据屏蔽材料的 σ_r、μ_r 值在图 4-19 中最右边的 $\sigma_r\mu_r$ 刻线上找到 a 点，如已知材料为冷轧钢。由于反射损耗的计算公式分成近区电场、近区磁场和远区平面波 3 种，因此作图法也需要分别在不同的诺模图上进行。

(2) 根据材料厚度 t（例如，设 $t=0.5mm$），在 t 刻度线上找到 b 点，连接 a、b 直线交辅助线于 P 点。

(3) 由电磁波频率在 f 刻线上确定 c 点（设 $f=1kHz$），用直线连接 P、c 在 SE_A 刻线上交于一点 d，此点的数值便是所求吸收损耗，图 4-19 中 d 点对应的 $SE_A \approx 12dB$。以此类推，如果已知 $\sigma_r\mu_r$、SE_A 和 f，欲求 t，则可由 f 刻线和 SE_A 刻线上的相应点 c 和 d 作直线交辅助线于 P，由 $\sigma_r\mu_r$ 刻线的相应点 a 与 P 的连线，延长到 t 刻线上，交点 b 所对应的 t 值即为所求。

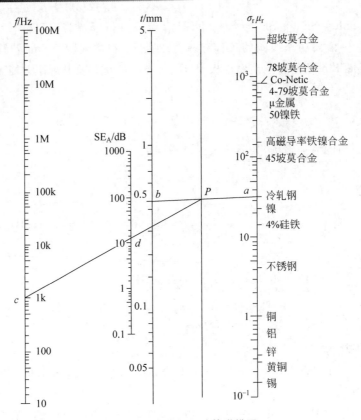

图 4-19 吸收损耗计算诺模图

2. 反射损耗作图计算

图 4-20 是近区电场反射损耗计算图,它是根据 SE_R 公式演化而成,其中共有 f 刻线、SE_R 刻线、r 刻线和 σ_r/μ_r 刻线及一条辅助线,反映了 4 个参数之间的关系。只要已知任意 3 个,便可求第四个参数。设已知电磁波 $f=1\text{MHz}$,屏蔽材料为铜,屏蔽体处于近区电场中,$r=0.9\text{m}$,作图求 SE_R。

(1) 由于铜材的 $\sigma_r=1$,$\mu_r=1$,故 $\sigma_r/\mu_r=1$,在右边材料刻线上找到 a 点。

(2) 在 r 刻线上找到 $r=900\text{mm}$ 对应的点 b。

(3) 连接 a、b 两点,交辅助线于 P 点。

(4) 在 f 刻线上找到 1MHz 点 c,用直线连接 c、P 两点,在 SE_R 刻线上交 d 点即为所求 SE_R 值。d 点对应 $SE_R=142\text{dB}$。

图 4-21 为近区磁场的反射损耗诺模图,它是根据 SE_R 公式设计而成,它反映了变量 SE_R、f、r、σ_r/μ_r 之间的复杂关系。现举例说明作图方法:

设电磁场频率 $f=100\text{kHz}$,屏蔽体为铝材,离场源距离 $r=20\text{cm}$,求 SE_R。

(1) 铝 $\sigma_r=0.61$,$\mu_r=1$,$\sigma_r/\mu_r=0.61$,在 σ_r/μ_r 刻线上找到 a 点。

(2) 根据 $r=20\text{cm}$,在 r 刻线上得相应点 b。

(3) 连接 a、b 两点,并与辅助线交于 P 点。

(4) 在 f 刻线上找到 100kHz 对应的点 c,连接 c、P 交 SE_R 刻线于 d,d 点对应的 $SE_R=50\text{dB}$。

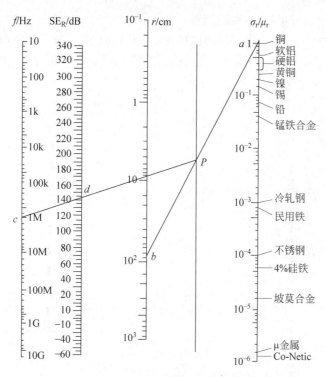

图 4-20 近区电场反射损耗计算诺模图

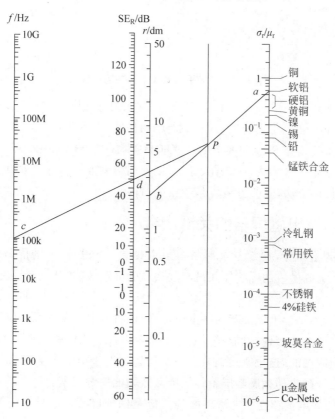

图 4-21 近区磁场反射损耗计算诺模图

3. 远区平面波的反射损耗作图计算

图 4-22 是远区平面波反射损耗的诺模图,它也是按 SE_R 公式设计而成。由于远区场中反射损耗与离场源距离无关,因此图中只有 3 条刻线,它们反映了 f、SE_R 和 σ_r/μ_r 之间的关系。在已知材料和频率时,作图步骤为:

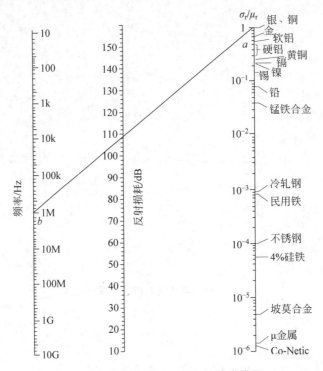

图 4-22 远区平面波反射损耗的诺模图

(1) 根据屏蔽材料计算 σ_r/μ_r 值,并在 σ_r/μ_r 刻线上找到相应点 a,如铜材 $\sigma_r/\mu_r=1$。

(2) 在 f 刻线上确定相应的频率点 b,如 $f=1MHz$。

(3) 连接 a、b 两点交 SE_R 刻线上的点值即为所求,$SE_R=107dB$。

屏蔽效能计算除了作图法,还有查表法——利用资料和设计手册提供的图表计算屏蔽效能也是一种简便的方法,具体方法可参考相关书籍。

4.4.4 影响电磁屏蔽的关键因素

一般除了低频磁场外,大部分金属材料可以提供 100dB 以上的屏蔽效能。但在实际中,常见的情况是金属做成的屏蔽体并没有这么高的屏蔽效能,甚至几乎没有屏蔽效能。这是什么原因呢?

许多设计人员不了解电磁屏蔽的基本原理,往往将静电屏蔽的原理应用到电磁屏蔽上。在静电中,只要将屏蔽体接地,就能够有效地屏蔽静电场。而电磁屏蔽与屏蔽体接地与否无关,这是我们必须明确的,这说明接地并不解决问题。对于电磁屏蔽而言,如果制造屏蔽体的材料屏蔽效能足够高,那么影响屏蔽体的屏蔽效能的关键因素有:

(1) 屏蔽体的导电连续性。电磁屏蔽的关键是保证屏蔽体的导电连续性,即整个屏蔽体必须是一个完整的、连续的导电体。这一点在实现起来十分困难。因为一个完全封闭的屏蔽体是没有任何实用价值的。实际应用中的屏蔽箱体上会有许多孔缝,如为满足热设计要求而开的通风孔,为操作设置的各种按钮安装孔,为观测等需要开的显示口,各种电缆连接孔,还有屏蔽体不同部分组合时形成的缝隙等。所以,一个实用的机箱上会有通风口、显示口、安装各种调节杆的开口、不同部分结合的缝隙等孔缝,如此一来,就破坏了屏蔽箱体的导电连续性,称为屏蔽体的完整性,从而造成电磁能量的泄漏,降低金属壳体的屏蔽效能。屏蔽设计的主要内容就是如何妥善处理这些孔缝,同时不会影响机箱的其他性能(如美观性、可维护性、可靠性等)。

(2)穿过屏蔽体的导体。实际机箱屏蔽效能低的另一个主要原因是穿过屏蔽机箱的导体,穿过屏蔽体的导体的危害比空洞和缝隙的危害更大。机箱上总是会有电缆穿出(入),至少会有一条电源电缆。这些电缆会极大地危害屏蔽体,使屏蔽体的屏蔽效能降低数十分贝。妥善处理这些电缆是屏蔽设计中的重要内容之一。

4.5 屏蔽体的不完整性对屏蔽效能的影响

前面对屏蔽体屏蔽效能的讨论,均是针对完整屏蔽体而言的。计算结果表明,除了对低频磁场以外,要达到90dB的屏蔽效能是很容易的。但事实并非如此,因为完整的屏蔽体是不存在的,屏蔽体上的门、盖、各种开孔、通风孔、开关、仪表和铰链等,均会破坏屏蔽的完整性,使实际屏蔽体的屏蔽效能降低。实践证明,屏蔽材料本身固有的屏蔽效能与由这些缝隙、开孔引起的实际屏蔽效能的下降相比,后者的影响常常更为严重。

图4-23是一个典型机箱壳体的不完整结构,它表示一般机箱常见的孔缝结构,可归纳为以下几种:

(1)接缝处的缝隙;

(2)通风散热孔;

(3)活动盖板或窗盖的连接构件;

(4)各种表头、数字显示或指针显示观察窗口;

(5)控制调节轴安装孔;

(6)指示灯座、保险丝座、电源开关和操作按键安装孔;

(7)电源线、信号线安装孔。

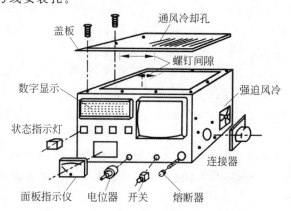

图 4-23 机箱壳体的不完整结构示意图

正是由于实际的电磁屏蔽体上有许多导致导电不连续的因素存在,所以实际的屏蔽体的屏蔽效能很难达到预期的程度。也正是这些因素使屏蔽体的设计成为了一个较难解决的问题。在进行电磁屏蔽设计时,要妥善解决这些开口和贯通导体造成的屏蔽性能下降问题。

4.5.1 缝隙的影响

屏蔽体上的接缝处由于结合表面不平、清洗不干净、有油污或焊接质量不好、紧固螺钉或铆钉之间存在空隙等原因会在接缝处造成缝隙,如图 4-24(a)所示。所以,一般情况下,屏蔽机箱上不同部分的结合处不可能完全接触,只能在某些点接触上,这构成了一个孔缝阵列,缝隙是造成屏蔽机箱屏蔽效能降级的主要原因之一。当金属屏蔽体缝隙的缝长大约等于 3 倍金属板的趋肤深度时,缝隙的吸收损耗和金属板的吸收损耗相等,缝隙基本上不降低屏蔽效能。若缝长大于 3 倍金属板的趋肤深度,则缝隙屏蔽效能就会减小。在实际工程中,常常用缝隙的阻抗来衡量缝隙的屏蔽效能。缝隙的阻抗越小,则电磁泄漏越少,屏蔽效能越高。

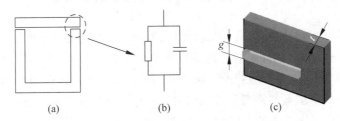

(a) (b) (c)

图 4-24 金属板缝隙模型及其等效阻抗

1. 缝隙处的阻抗

缝隙处的阻抗可以用电阻和电容并联来等效,因为接触上的点相当于一个电阻,没有接触的点相当于一个电容,整个缝隙就是许多电阻和电容的并联,如图 4-24(b)所示。低频时,电阻分量起主要作用;高频时,电容分量起主要作用。由于电容的容抗随着频率的升高而降低,因此,如果缝隙是主要泄漏源,则屏蔽机箱的屏蔽效能有时随着频率的升高而增加。但是,如果缝隙的尺寸较大,高频泄漏也是缝隙泄漏的主要现象。

影响电阻成分的因素:影响缝隙上电阻成分的主要因素有接触面积(接触点数)、接触面的材料(一般较软的材料接触电阻较小)、接触面的清洁程度、接触面上的压力(压力要足以使接触点穿透金属表层氧化层)、氧化腐蚀等。根据电容器的原理,很容易知道:影响电容成分的因素是两个表面之间的距离越近,相对的面积越大,则电容越大。

2. 磁场通过缝隙的衰减

为了分析缝隙的电磁泄漏,设图 4-24(c)所示的缝隙模型中,缝隙长度为无限长,缝隙宽度为 g,金属板的厚度为 t。在平面电磁波的作用下,在缝隙入口处产生波阻抗的突变,导致反射损耗。由于电磁波在缝隙内传输时也产生传输损耗,因此,缝隙的总损耗包括反射损耗和传输损耗。

屏蔽的不完整性对磁场泄漏的影响又常常比对电场泄漏的影响严重。在大多数情况下,采用减小磁场泄漏的方法也适用于减小电场的泄漏,因此,要着重研究减小磁场的泄漏。假如金属屏蔽体上缝隙的入射波磁场为 H_0,经缝隙泄漏到屏蔽体中的磁场为 H_t,当趋肤深度 $\delta > 0.3g$ 时,有 $H_t = H_0 e^{-\pi t/g}$。式中,H_0、H_t 分别表示金属板前、后侧面的磁场强度。由该式可见,当缝隙又窄又深时($t > g$),电磁泄漏就小。

与无缝隙的情况比较,如果要求经缝隙泄漏的电磁场与经金属板吸收衰减后的电磁场强度相同,并使 $H_t = H_0 e^{-t/\delta}$,这相当于无缝隙时的屏蔽效果,则 $g = \delta/\pi$。通过缝隙的传输损耗(也可看作缝隙的吸收损耗),即磁场通过该缝隙的衰减为

$$\text{SE} = 20\lg \left| \frac{H_0}{H_t} \right| = 20\lg e^{\pi t/g} = 20 \times 0.4343 \times \frac{\pi t}{g} = 27.27 \frac{t}{g} \tag{4-32}$$

可见,当 $g = t$ 时,通过缝隙的传输损耗为 27dB。实际上,缝隙引起的泄漏要比上述情况复杂得多。它不仅与缝隙的宽度、板的厚度有关,而且与其直线尺寸、缝隙的数目以及波长等有密切关系。频率越高,缝隙的泄漏越严重。而且在相同缝隙面积的情况,缝隙的泄漏比孔洞的泄漏严重。特别是当缝隙的直线尺寸接近波长时,由于缝隙的天线效应,屏蔽壳体本身可能成为一个有效的电磁波辐射器,从而严重地破坏屏蔽体的屏蔽效果。所以,在设计屏蔽体结构时,尽力减少和屏蔽缝隙是至关重要的。

解决缝隙泄漏问题可以采用下列措施:
(1) 增加接触面的重合面积,可以减小电阻、增加电容;
(2) 使用尽量多的紧固螺钉,也可以减小电阻、增加电容;
(3) 保持接触面清洁,可以减小接触电阻;
(4) 保持接触面较好的平整度,可以减小电阻、增加电容;
(5) 使用电磁密封衬垫,能够消除缝隙上的不接触点。

4.5.2 孔隙的影响

由于安装按钮、开关、电位器等元件的需要,常常必须在屏蔽板上开有圆形、正方形或矩形的孔隙,这时电磁波会通过这些孔隙产生泄漏。屏蔽体不连续性所导致的电磁泄漏量主要依赖于:孔隙的最大线性尺寸(不是孔隙的面积);波阻抗;干扰源的频率。

如图 4-25 所示,设金属屏蔽板上有尺寸相同的 n 个圆孔、方孔或矩形孔,每个圆孔的面积为 q,每个矩形孔的面积为 Q,屏蔽板的整体面积为 A。

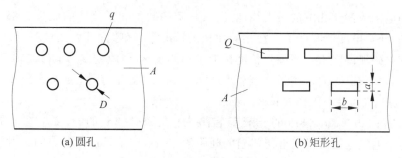

(a) 圆孔　　　　　　　　　　　(b) 矩形孔

图 4-25　金属屏蔽板上的孔隙

假定孔隙的面积与整个屏蔽板面积相比极小,即 $\sum q \ll A$ 或 $\sum Q \ll A$。假定孔隙的最大线性尺寸远小于干扰源的波长,即对于圆孔,其直径 $D \ll \lambda$;对于矩形孔,其长边 $b \ll \lambda$。设金属屏蔽板外侧表面的磁场为 H_0,通过孔隙泄漏到内部空间的磁场为 H_h,则孔隙的透射系数如下:

对于圆孔,

$$T_h = \frac{H_h}{H_0} = 4n \cdot \left(\frac{q}{A}\right)^{3/2} \tag{4-33}$$

对于矩形孔,

$$T'_h = \frac{H_h}{H_0} = 4n \cdot \left(\frac{kQ}{A}\right)^{3/2} \tag{4-34}$$

式中,矩形孔面积 $Q = a \times b$;系数 $k = \sqrt[3]{(b/a)\xi^2}$。当 $b/a = 1$ 时(即正方形孔),$\xi = 1$;当 $b/a \gg 5$ 时(狭长矩形孔),$\xi = b/[2a\ln(0.63b/a)]$。

当 $a \ll 1$ 时,则按缝隙的电磁泄漏计算透射系数,即

$$T_h = H_t/H_0 = \mathrm{e}^{-\pi t/a}$$

电磁场透过屏蔽体大体有两个途径,即透过屏蔽体的传输和透过屏蔽体上的孔隙的传输。这两个传输途径实际上是互不相关的,因此,在计算屏蔽效能时可以分成两部分进行。

(1)假定屏蔽壳体是理想封闭的导体金属板,即在无缝隙屏蔽壳体的情况下,计算金属板的透射系数 T_t。通过计算,选择屏蔽壳体的材料及其厚度。

(2)假定屏蔽壳体是理想的导体金属板,即在电磁场只能透过屏蔽壳体上孔隙的情况下,计算孔隙的透射系数 T_h。通过计算,确定屏蔽壳体的结构。

设透过屏蔽壳体和透过屏蔽壳体上的孔隙的电磁场矢量在空间同相且相位相同,则具有孔隙的金属板的总传输系数为

$$T = T_t + T_h$$

总的屏蔽效能为

$$\mathrm{SE} = 20\lg\frac{1}{T} = 20\lg\frac{1}{T_t + T_h} \tag{4-35}$$

由式(4-35)可见,对于有孔隙的金属板来说,即使选择的屏蔽材料具有良好的屏蔽性能,如果屏蔽结构处理不当,孔隙很大,孔隙的传输系数很大,则总的屏蔽效能仍然很低。因此,实际的屏蔽效果决定于缝隙和孔隙所引起的电磁泄漏,而不是决定于屏蔽材料本身的屏蔽性能。

孔隙的电磁泄漏与孔隙的最大线性尺寸、孔隙的数量和干扰源的波长有密切关系。随着频率增高,孔隙电磁泄漏严重。在相同面积的情况下,缝隙比孔隙的电磁泄漏严重,矩形孔比圆孔的电磁泄漏严重。当缝隙长度接近工作波长时,缝隙就成为电磁波辐射器,即缝隙天线。因此,对于孔隙,要求其最大线性尺寸小于 $\lambda/5$;对于缝隙,要求其最大线性尺寸小于 $\lambda/10$。这里,λ 为最小工作波长。

例 4-4 在 $3\mathrm{m} \times 3\mathrm{m} \times 3\mathrm{m}$ 的屏蔽室上有一个 $0.8\mathrm{m} \times 2\mathrm{m}$ 的门,要求在门的四周每隔 20mm 有一个电气连接。设门框与门扇的间距为 1mm,试求通过门缝隙的透射系数和屏蔽效能。

解: 求门缝隙的透射系数和屏蔽效能时,可以暂不考虑屏蔽室其他孔隙的作用。根据题意,可以求得门四周共有 280 个缝隙,其中门的侧边缝隙为 200 个。考虑最不利的情况,设感应电流横过门侧边缝隙,则 $n = 200$。另外,$a = 1\mathrm{mm}$,$b = 20\mathrm{mm}$,$b/a = 20$,$k = 6.78$,$Q = 1 \times 20\mathrm{mm}^2$,$A = 3 \times 3 \times 6 = 54\mathrm{m}^2$。将上述值代入矩形孔隙的透射系数表达式,即式(4-34),得

$$T'_h = 4 \times 200 \times \left(\frac{6.8 \times 20 \times 10^{-6}}{54}\right)^{3/2} \approx 3.1975 \times 10^{-6}$$

矩形孔隙的屏蔽效能为

$$SE = 20\lg \frac{1}{T'_h} = 20\lg \left(\frac{1}{3.1975} \times 10^6 \right) \approx 109.9 (\text{dB})$$

4.5.3 金属网的影响

金属屏蔽网是常见的非完整屏蔽体,它广泛用于需要自然通风或可向内窥视的屏蔽体。网的材料常为铜、铝或镀锌铁丝,而结构有两类:一是将每个网孔的金属交叉点均焊牢;二是将编织的细金属丝夹于两块玻璃或有机玻璃之间。金属网的屏蔽效果,主要是利用反射损耗,吸收损耗比较小。不同的资料上介绍了多种计算方法,下面介绍一种比较简单的。

设网眼的空隙宽度为 b,则由网眼构成的波导管的截止频率为 $2b$,金属屏蔽网的屏蔽效能可近似地用下式估算:

当 $b \gg \dfrac{\lambda}{2}$ 时,

$$SE = 0$$

当 $b \ll \dfrac{\lambda}{2}$ 时,

$$SE = 20\lg \frac{\lambda}{2b} = 20\lg \frac{1.5 \times 10^4}{bf}$$

式中,b 的单位为 mm;f 为电磁波频率,单位为 MHz。

实践证明,在最主要的电磁干扰频率范围($1 \sim 100\text{MHz}$)内,金属屏蔽网的屏蔽效能 SE 为 $60 \sim 100\text{dB}$($b = 1.27\text{mm}$)。玻璃夹层金属屏蔽网的屏蔽效能也可做到 $50 \sim 90\text{dB}$。

理论上,若网孔间距在每波长 60 根以上,孔隙率在 50% 以下,则金属网与金属板的反射损耗近似相等。

实际上,由于网线之间接触电阻的影响,实际的屏蔽效果要低得多,旧金属网,表面生锈,接触电阻很大,屏蔽效果下降很多。可采用拉制的金属网或双层金属网提高屏蔽效果。

4.5.4 薄膜的影响

若在某一屏蔽层内传播的电磁波的波长为 λ,屏蔽层的厚度为 d,若 $d < \lambda/4$,则称为薄膜屏蔽。一般是在一种衬底材料上喷涂一层金属薄膜。例如,$f = 100\text{MHz}$ 时,铜膜内 $\lambda = 0.0066\text{mm}$,$d < \lambda/4 = 1.65 \times 10^{-3}\text{mm}$。一些微电子器件外面利用真空沉积法形成一层金属薄膜,起屏蔽作用。另外,现代电子设备,尤其是计算机、通信与数控设备广泛地采用了工程塑料机箱,它的加工工艺性能好,通过注塑等工艺,机箱具有造型美观、成本低、重量轻等优点。为了具备电磁屏蔽的功能,通常也在机箱上采用喷导电漆、电弧喷涂、电离镀、化学镀、真空沉积、贴导电箔(铝箔或铜箔)及热喷涂工艺,在机箱上产生一层导电薄膜。

由于薄膜屏蔽的导电层很薄,吸收损耗几乎可以忽略,因此薄膜屏蔽的屏效主要取决于反射损耗,表 4-5 给出了铜薄膜在频率为 1MHz 和 1GHz 时,不同厚度的屏蔽效能计算值。

表 4-5 铜薄膜屏蔽层的屏蔽效能

屏蔽层厚度/nm	105		1250		2196		21 960	
频率 f/MHz	1	1000	1	1000	1	1000	1	1000
吸收损耗/dB	0.014	0.44	0.16	5.2	0.29	9.2	2.9	92
反射损耗/dB	109	79	109	79	109	79	109	79
多次反射修正次数/dB	−47	−17	−26	−0.6	−21	0.6	−3.5	0
屏蔽效能 SE/dB	62	62	83	84	88	90	108	171

表 4-5 中给出的是计算的理论值,实际的屏蔽效果要低一些,是由于薄膜的厚度不均匀,屏蔽体(如机箱)上有缝隙或孔洞。由于与趋肤深度相比很薄($t \ll \delta$)的屏蔽层,多次反射损耗为负,见表 4-5,在这种情况下,多次反射损耗会降低屏蔽层的屏蔽效能。

由于薄膜屏蔽层的吸收损耗可以忽略,对低频磁场的,屏蔽效果较差,薄膜屏蔽主要用于高频范围内。

4.5.5 截止波导管的影响

在处理屏蔽体上的通风口时,高频以下可用金属网屏蔽。但带孔隙的金属板、金属网,对超高频以上的频率基本上已经没有屏蔽效果。因此,对于超高频以上的频率,需要采用截止波导管来屏蔽。频率高的电磁波能通过波导管,频率低的电磁波损耗很大。这与电路中的高通滤波器十分相像,所以波导管实质上是高通滤波器。工作在截止区的波导管叫截止波导。波导管的频率特性如图 4-26 所示,它对在其截止频率以下的所有频率都具有衰减作用。作为截止波导管,其长度比其横截面直径或最大线性尺寸至少大 3 倍。波导的横截面有矩形、圆形和六角形,如图 4-27 所示。金属波导管的最低截止频率 f_c 只与波导管横截面的内尺寸有关。3 种不同截面波导的截止频率可用以下公式计算。

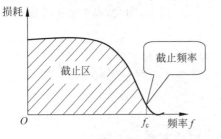

图 4-26 截止波导频率特性

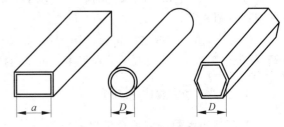

图 4-27 截止波导结构图

圆形波导管的最低截止频率为

$$f_c = \frac{17.5}{D}(\text{GHz})$$

式中,D 表示圆形波导管的横截面内直径,单位为 cm。

矩形波导管的最低截止频率为

$$f_c = \frac{15}{a}(\text{GHz})$$

式中,a 表示矩形波导管横截面的最大线性内尺寸,单位为 cm。

六角形波导管的最低截止频率为

$$f_c = \frac{15}{D} (\text{GHz})$$

式中，D 表示六角形内壁外接圆的直径，单位为 cm。

电磁场从波导管的一端传输至另一端的衰减与波导管的长度成正比，其关系式为

$$S = 1.823 \times 10^{-9} f_c \cdot \sqrt{1 - \left(\frac{f}{f_c}\right)^2} \cdot l (\text{dB})$$

其中，f 是信号的频率，l 是截止波导的长度(cm)。设计截止波导时，首先应根据欲屏蔽的干扰信号的最高频率 f 来确定 f_c。为了使截止波导有足够的衰减，一般地，$f_c = (5 \sim 10) f$。再根据所要求的屏蔽效能计算介质波导的长度，一般取 $l \geqslant 3a$，$l \geqslant 3D$。

如果 $f \ll f_c$，则将圆形波导管、矩形波导管和六角形波导管的截止频率代入上式，可得到圆形波导管的屏蔽效能为

$$\text{SE} = 32 \frac{l}{D} (\text{dB}) \tag{4-36a}$$

矩形波导管的屏蔽效能为

$$\text{SE} = 27.35 \frac{l}{a} (\text{dB}) \tag{4-36b}$$

六角形波导管的屏蔽效能为

$$\text{SE} = 27.35 \frac{l}{D} (\text{dB}) \tag{4-36c}$$

由式(4-36a)可见，当圆形波导管的长度为其直径的 3 倍时，其衰减可达 96dB。所以，伸出机壳的调整轴等用绝缘联轴器穿过截止波导管，就能很容易地抑制电磁泄漏。

六角形波导管组成的蜂窝状通风孔阵列如图 4-28 所示。由许多单个截止波导管紧挨着排列在一起组成通风孔阵列，形如蜂窝状，称为蜂窝状通风孔。它可以增大通风面积及通风流量，满足散热要求，提高屏蔽效能。

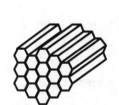 

图 4-28　蜂窝板结构图

4.6　屏蔽设计

在屏蔽体的设计中，主要考虑两点：

(1) 屏蔽材料本身的屏蔽效能；

(2) 由屏蔽体导电的不连续性、屏蔽体上的孔缝和穿过屏蔽体导体所造成的屏蔽效能。

4.6.1　强磁场的屏蔽设计

通常来说，低频磁场干扰是一种最难对付的干扰，这种干扰是由直流电流或交流电流产

生的。低频磁场往往随距离的增大衰减很快,因此在很多场合,将磁敏感器件远离磁场源是一个减小磁场干扰的十分有效的措施。但是当由于空间限制无法采取这个措施时,屏蔽是一个十分有效的措施。当需要屏蔽的磁场很强时,仅用单层屏蔽材料,不是达不到屏蔽要求,就是会发生饱和。这时,一种方法是增加材料的厚度。但更有效的方法是使用组合屏蔽,将一个屏蔽体放在另一个屏蔽体内,它们之间留有气隙。气隙内可以填充任何非磁导率材料做支撑,如铝。组合屏蔽的屏蔽效能比单个屏蔽体高得多,因此组合屏蔽能够将磁场衰减到很低的程度。

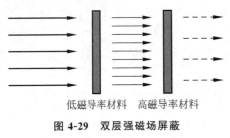

低磁导率材料　高磁导率材料

图 4-29　双层强磁场屏蔽

(多层屏蔽用于克服磁饱和现象)

当要屏蔽的磁场很强时,使用高磁导率材料,会在强磁场中饱和,丧失屏蔽效能;而使用低磁导率材料,由于吸收损耗不够,不能满足要求。遇到这种情况,可采用双层屏蔽,如图 4-29 所示。第一层屏蔽具有低磁导率(例如钢),但不易饱和,第二层屏蔽具有高磁导率(例如镍铁合金),但易饱和。第一层屏蔽先将磁场衰减到适当的强度,使第二层屏蔽不会饱和,这样第二层高磁导率材料就能充分发挥屏蔽效能。所以,为了克服磁饱和现象,可以使用多层磁屏蔽。

另外,需要注意的是,高磁导率材料的磁导率与频率有关。磁屏蔽材料手册上给出的磁导率数据大多是直流情况下的,随着频率增加,磁导率会下降,一般直流磁导率越高,其随着频率下降越快。在 100kHz 时,μ 金属的磁导率还不如冷轧钢高,高磁导率材料通常应用在 10kHz 以下。超过 100kHz 时,冷轧钢的磁导率也开始下降。高磁导率材料的这种特性是应用中必须注意的。如图 4-30 所示,一般只用于 1kHz 以下。

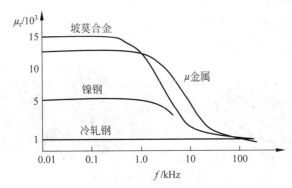

图 4-30　磁屏蔽材料的频率特性

4.6.2　电磁屏蔽设计要点

1. 确定屏蔽效能

可根据电磁兼容标准要求来确定。

2. 材料的选择

可根据电磁特性来选择材料:近区场电屏蔽采用高电导率金属,接地;近区场低频磁场屏蔽采用高磁导率材料,不接地;近区场高频磁场屏蔽采用高电导率金属,可不接地;远区场电磁屏蔽采用高电导率金属,良好接地。

3. 结构的完整性设计

（1）多层设计。

（2）缝隙屏蔽：增加深度，加装导电衬垫。

（3）通风孔：加装金属丝网罩，打孔金属板，蜂窝形通风板。

（4）电缆及接口屏蔽：硬管屏蔽，软管屏蔽，单层编织丝网，双层编织丝网，编织线与金属箔组合，接滤波连接器。

4. 校验屏蔽效能

通过测量校验屏蔽体的屏蔽效能是否符合要求。

4.6.3 屏蔽体的完整性设计

如前所述，除了低频磁场外，大部分金属材料可以提供 100dB 以上的屏蔽效能。但在实际工程中，要达到 80dB 以上的屏蔽效能是十分困难的。因为屏蔽体的屏蔽效能不仅取决于构成屏蔽体的材料，而且取决于屏蔽体的结构，屏蔽体应满足电磁屏蔽的两个基本原则：

（1）屏蔽体的导电连续性——要求整个屏蔽体必须是一个完整的、连续的导电体。这一点实现起来十分困难。因为一个完全封闭的屏蔽体是没有任何实用价值的。一个机箱上会有很多如显示窗、通风口、不同部分结合的缝隙等。由于这些导致导电不连续的因素存在，屏蔽体的屏蔽效能往往很低，甚至没有屏蔽效能。

（2）不能有直接穿过屏蔽体的导体——一个屏蔽效能再高的屏蔽机箱，一旦有导线直接穿过屏蔽机箱，其屏蔽效能就会损失 99.9%（60dB）以上。实际机箱上总是会有电缆穿出、穿入，至少会有一条电源电缆存在，如果没有对这些电缆进行妥善的处理（屏蔽和滤波），这些电缆会极大地损坏屏蔽体的效能。

由于实际的屏蔽壳体往往有缝隙、孔隙，引起导电不连续性，产生电磁泄漏，使其屏蔽效能远低于无孔缝的完整屏蔽壳体的理论计算值。另外，穿过屏蔽壳体上的导体（电缆），也会极大地降低屏蔽体的屏蔽效能。因此，屏蔽设计、屏蔽技术的关键是如何保证屏蔽壳体的完整性，使其屏蔽效能尽可能不要降低。所以，在进行电磁屏蔽设计时，要妥善解决屏蔽体上的缝孔等各种开口和贯通导体（电缆）造成的屏蔽性能下降问题，这就需要设计者根据实际情况制定机壳的屏蔽设计方案。

1. 缝隙的屏蔽

机箱上缝隙的长度应远小于干扰信号的波长，一般应小于 $\lambda/20$，当缝隙的长度大于 $\lambda/10$ 时，电磁泄漏就比较严重了。缝隙的最大线性尺寸接近干扰源电磁波的半波长的整数倍时，孔缝的电磁泄漏最大，所以，高频时特别应做好缝隙屏蔽，一般要求缝隙的最大线性尺寸小于 $\lambda/20 \sim \lambda/100$。屏蔽体的整个接合处必须维持导电连续性。最少要在每 $\lambda/6$ 处有配接表面的电接触。

1）缝隙的处理方法

减小缝隙电磁泄漏的基本思路是：减小缝隙的阻抗（增加导电接触点、加大两块金属板之间的重叠面积、减小缝隙的宽度）；屏蔽壳体上的永久性缝隙应采用焊接工艺密封。目前采用氩弧焊。氩弧焊还可以保证焊接面的平整。非永久性配合面形成的缝隙（接缝）通常采用螺钉紧固连接，但由于配合面不平整或变形，使屏蔽效能下降。导电衬垫（Conductive

Gasket)也称为 EMI 衬垫(EMI Gasket),是减小配合面不平整或变形的重要屏蔽材料,在屏蔽技术中被广泛应用。使用电磁密封衬垫的原理是:电磁密封衬垫是一种弹性的导电材料。如果在缝隙处安装上连续的电磁密封衬垫,那么,对电磁波来说,就如同在液体容器的盖子上使用了橡胶密封衬垫后不会发生液体泄漏一样,不会发生电磁波的泄漏。所以,减少机箱上缝隙电磁泄漏的方法有:

(1) 增加缝隙的深度,如图 4-31 所示。使用螺钉、铆钉紧固结合面是屏蔽箱接缝处常用的紧固方法,两个螺钉的间距决定了缝隙可能的最大长度。所以在保证机械强度的条件下,减小螺钉间距可以提高屏蔽效能。但活动面板(如维修面板、屏蔽门等)处使用过多螺钉会降低设备可维修性,在屏蔽门上使用过多的紧固机构也会增加门的复杂程度和成本。

(2) 提高结合面处的加工精度,减小缝隙的电磁泄漏。

(3) 加装导电衬垫:导电衬垫是一种夹在两层结合端面处的导电材料,具有弹性,易于变形,通过压紧变形能够填满缝隙,使两层结合端面有良好的电气接触和电密封,如图 4-32 所示。

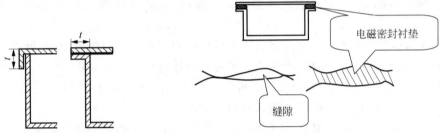

图 4-31 增加缝隙深度的缝隙屏蔽   图 4-32 加导电衬垫的缝隙处理

(4) 在缝隙处使用导电涂料。包括:

① 导电胶——由环氧树脂和银粉配制,在固化前呈液体状,流动性好,很容易渗透进入结合面填补缝隙,在常温下固化后成永久性连接。

② 导电填胶——一种不固化的导电胶,是黏稠糊状,可用专门的注射器或刮刀把它嵌入缝隙,用作非永久缝隙的密封屏蔽。

③ 导电脂——一种银-硅黏液,可以涂在屏蔽体的活动接触处(例如,在轴承中),用于改善电接触,提高屏蔽性能。

下面重点介绍导电衬垫的工作原理、技术指标、种类、安装方法等。

2) 电磁密封衬垫的工作原理

电磁密封衬垫是一种表面导电的弹性物质,即电磁密封衬垫必须具备弹性和导电性。将电磁密封衬垫安装在两块金属的结合处,可以将缝隙填充满,从而消除导电不连续点。使用电磁密封衬垫之后,缝隙中就没有较大的孔洞了,从而可以减少高频电磁波的泄漏。使用电磁密封衬垫的好处如下:

(1) 降低对加工的要求,允许接触面的平整度较低。

(2) 减少结合处的紧固螺钉,增加美观性和可维修性。

(3) 缝隙处不会产生高频泄漏。

虽然在许多场合电磁密封衬垫都能够极大地改善缝隙泄漏,但是如果两块金属之间的接触面是机械加工(例如,铣床加工),且紧固螺钉的间距小于 3cm,则使用电磁密封后屏蔽效能不会有所改善,因为这种结构的接触阻抗已经很低了。

从电磁密封衬垫的工作原理可知,使用了电磁密封衬垫的缝隙的电磁泄漏主要由衬垫材料的导电性和接触表面的接触电阻决定。因此,使用电磁密封衬垫的关键是:选用导电性好的衬垫材料、保持接触面的清洁、对衬垫施加足够的压力(以保证足够小的接触电阻)、衬垫的厚度要足以填充最大的缝隙。

3)电磁密封衬垫最主要的几个指标

(1)导电性:衬垫材料的导电性越好,电磁密封效果越好。需要注意的是,这里考虑的导电性不仅指直流电阻,而且包括射频阻抗。例如,金属丝的直流电阻虽然很小,但射频阻抗很大。因此,丝网密封垫的低频屏蔽效能高,而高频屏蔽效能低。

(2)回弹力:每单位长度(或面积)衬垫上施加压缩力所产生的衬垫压缩量。回弹力较大的衬垫要求面板的刚性较好,否则会在衬垫的回弹力作用下发生形变,产生更大的缝隙。因此,设计屏蔽机箱时,要注意盖板上的紧固螺钉的间距要适当,防止盖板在衬垫的弹力作用下发生变形,产生更大的缝隙。

(3)最小密封压力:EMI衬垫必须具有足够的形变量才能提供足够的屏蔽效能。因此,必须保证衬垫上有足够的压力。压力太小,屏蔽效能不仅低,而且对压力很敏感,造成机箱的屏蔽效能不稳定。压力过大会造成衬垫的损坏。使衬垫具有预期的屏蔽效能所需要的最小压力称为最小密封压力。对于实际使用中的衬垫,在最大缝隙处施加给衬垫的压力要大于最小密封压力。

(4)压缩永久形变:有些衬垫在外力消除后,并不能恢复到原来的形状,这成为压缩永久形变。如果缝隙是永久封闭的,即装好衬垫后不再打开,则压缩永久形变无关紧要;但如果缝隙是频繁打开/关闭的,则压缩永久形变的指标非常关键。

(5)衬垫的厚度:衬垫的厚度必须满足在最大缝隙处,能受到最小的密封压力。

(6)电化学相容性:不同金属的接触面上由于金属电位的差别,在存在电解液的环境下,会发生电化学反应,产生的盐化物是半导体,这会降低结合处的导电性,同时会引起额外的干扰。因此衬垫的材料与屏蔽基体的材料在电化学上要有一定的相容性,否则会很快发生腐蚀。有关细节可查阅相关书籍中关于搭接点电化学腐蚀的内容。

4)电磁密封衬垫的种类

金属丝网衬垫(带橡胶芯的和空心的)、导电橡胶(不同导电填充物的)、指形簧片(不同表面涂覆层的)、螺旋管衬垫(不锈钢的和镀锡铍铜的)、导电布。

任何导电的弹性材料都可以作为电磁密封衬垫用,但电磁密封衬垫必须具有较好的抗腐蚀性。

金属丝网衬垫如图4-33和图4-34所示,这是一种最常用的电磁密封材料。从结构上分,有全金属丝、空心和橡胶芯3种。常用的金属丝材料为蒙乃尔合金、铍铜、镀锡钢丝等。其屏蔽性能为:低频时的屏蔽效能较高,高频时屏蔽效能较低,一般用在1GHz以下的场合。其主要优点是价格低,过量压缩时不易损坏;缺点是高频屏蔽效能较低。

导电橡胶(如图4-35所示)通常用在有环境密封要求的场合。从结构上分,有条材和板材两种,条形材又分为空心和实心两种。板材则有不同的厚度。材料为硅橡胶中掺入铜粉、铝粉、银粉、镀铜银粉、镀铝铝粉、镀银玻璃粉等。其屏蔽性能为:低频时的屏蔽效能较低,而高频时屏蔽效能较高。其主要优点是可同时提供电磁密封和环境密封;缺点是较硬,价格高,有时不能刺透金属表面的氧化层,导致屏蔽效能很低。

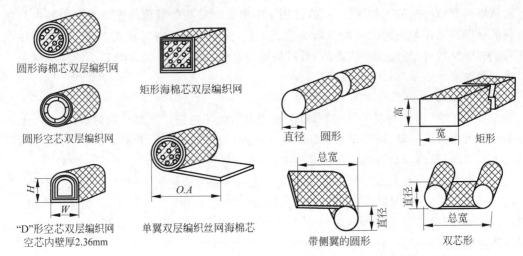

图 4-33　带橡胶芯的金属丝屏蔽衬垫截面图　　　　图 4-34　全金属丝屏蔽衬垫截面图

指形簧片如图 4-36 所示,通常用在接触面滑动接触的场合。其形状繁多,材料为铍铜,但表面可做不同的涂覆。其屏蔽性能为:高频、低频时的屏蔽效能都较高。其主要优点是形变量大、屏蔽效能高、允许滑动接触;主要缺点是价格高。

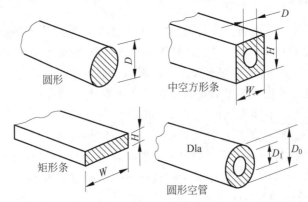

图 4-35　导电橡胶衬垫截面图

螺旋管衬垫如图 4-37 所示,由铍铜或不锈钢带材卷成的螺旋管,屏蔽效能高(所有电磁密封衬垫中屏蔽效能最高的)。其主要优点是价格低,屏蔽效能高;主要缺点是受到过量压缩时,容易损坏。

图 4-36　指形簧片

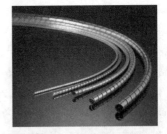

图 4-37　螺旋管衬垫

导电布衬垫如图 4-38 和图 4-39 所示,由导电布包裹上发泡橡胶芯构成,一般为矩形,带有背胶,安装非常方便。高低频的屏蔽效能均较高。其主要优点是价格低,过量压缩时不易损坏、柔软、具有一定的环境密封作用;主要缺点是频繁摩擦会损坏导电表层。

图 4-38　导电布胶带

图 4-39　导电布衬垫的常见外形

各种电磁密封衬垫特点参见表4-6。

表 4-6　不同屏蔽衬垫的特点

衬垫种类	优　点	缺　点	适 用 场 合
金属丝网条	成本低	高频屏蔽效能低	干扰频率 1GHz 以下的场合
导电橡胶	高频屏蔽效能高;同时具有环境密封和电磁屏蔽作用	需要的压力大;价格高	需要环境密封和较高屏蔽效能的场合
指形簧片	屏蔽效能高;允许滑动接触;形变范围大	价格高	有滑动接触的场合;屏蔽效能要求较高的场合
金属螺旋管	屏蔽效能高;价格低;复合型能同时提供环境密封和电磁屏蔽作用	过量压缩时容易引起损坏	有良好压缩限位,需要环境密封和高屏蔽能效的场合
导电布	柔软;价格低;需要的压力小	湿热环境中容易损坏	设备不能提供较大压力的场合

5)电磁密封衬垫的安装方法(如图 4-40 所示)

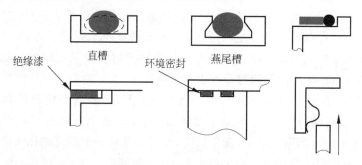

图 4-40　导电衬垫的安装

电磁密封衬垫的安装方法有正面压缩和滑动压缩两种。结构允许时,尽量使用正面压缩方式,这样可以使用价格较低的衬垫。安装电磁密封衬垫时需要注意以下几点。

(1)尽量采用槽安装。槽的作用是固定衬垫和限制过量压缩。使用槽安装方式时,屏蔽体的两部分之间接触不仅通过衬垫实现完全接触,而且还有金属之间的直接接触,因此,具有最高的屏蔽效能。

(2)槽的形状和尺寸。安装槽的形状有直槽和燕尾槽两种,直槽加工简单,但衬垫容易掉出,燕尾槽则没有这个问题。槽的高度一般为衬垫高度的75%左右(具体尺寸参考衬垫厂家要求的压缩量),宽度要保证有足够的空间允许衬垫受到压缩时伸展。

(3)法兰安装。将衬垫直接安装在法兰面之间是一种非常简单的安装方法。但是要注意设置压缩限位机构,使在安装时不会发生过量压缩导致衬垫永久性损坏。

(4)衬垫的固定。将衬垫安装在直槽内时,衬垫需要固定。一般设计材料上建议用导电胶黏接,但这样有两个缺点:一个是会增加成本,另一个是导电胶会发生老化而导致屏蔽效能下降。这里建议用非导电胶,在紧固螺钉穿过的地方滴一小滴。这样,粘胶的地方虽然不导电,但是金属螺钉起到了导电接触的作用,并且屏蔽效能比较稳定。

(5)防止电化学腐蚀的方法。在接触外部环境的一侧用非导电物质密封,防止电解液进入到导电衬垫与屏蔽体接触的结合面上。

(6)滑动接触。只有指形簧片才允许滑动接触。安装簧片时,要注意簧片的方向,使受到压缩力时,能够自由伸展。一般情况下,簧片可以靠背胶黏接,但要注意固化时间(参考簧片厂家说明)。较恶劣的环境下(温度过高或过低、机械力过大等),可用卡装结构。

(7)螺钉的位置。一般情况下,螺钉安装在衬垫内侧或外侧并不是十分重要,但是在屏蔽要求很高的场合,螺钉要安装在衬垫的外侧,防止螺钉穿透屏蔽箱,造成额外的泄漏。

(8)紧固螺钉的间距。间距要适当(与法兰的厚度有关),防止盖板在衬垫的弹力作用下发生变形,产生更大的缝隙。法兰尽量厚些,防止变形。

6) 电磁密封衬垫的选用

任何同时具有导电性和弹性的材料都可以作为电磁密封衬垫使用。因此,市场上可以见到很多种类的电磁密封衬垫。这些电磁密封衬垫各有特色,适用于不同的应用场合。设计者要熟悉各种电磁密封衬垫的特点,在设计中灵活选用,以达到产品性能要求、可靠性要求、降低产品成本的要求。选择电磁密封衬垫时需要考虑几个主要因素:屏蔽效能、使用环境、结构要求、压缩永久形变、电气稳定性、安装成本。

(1)屏蔽效能:根据需要抑制的干扰频谱,确定整体屏蔽效能,电磁密封衬垫要满足整体屏蔽的要求。不同种类的衬垫,在不同频率的屏蔽效能是不同的。

(2)使用环境:电磁密封衬垫之所以有这么多种类的一个主要原因是要满足不同环境的要求,使用环境对衬垫的性能和寿命有很大影响。

(3)结构要求:衬垫的主要作用是减少缝隙的泄漏,缝隙的结构设计对衬垫的效果有很大的影响。在进行结构设计时,需要考虑压缩变形:电磁密封衬垫只有受到一定压力时才能起作用。在压力的作用下,衬垫发生形变,形变量与衬垫上所受的压力成正比。

(4)压缩永久形变:当衬垫长时间受到压力时,即使压力去掉,它也不能完全恢复原来的形状,这就是压缩永久形变。在衬垫频繁被压缩、放开(例如,门和活动面板),过量压缩,产品质量差(弹性不好)的情况下,衬垫就会失效。

(5)电气稳定性:电磁密封衬垫是通过在金属之间提供低阻抗的导电通路来实现屏蔽目的的,因此,其电气稳定性对于保持屏蔽体的屏蔽效能是十分重要的。

(6)安装成本:电磁密封衬垫的安装方法是决定屏蔽成本的一个主要因素。衬垫的成本包括衬垫本身的成本、安装工时成本、加工成本等。在考虑衬垫成本时,要综合考虑这些因素。

7) 使用电磁密封衬垫的注意事项

电磁密封衬垫的使用方法对屏蔽体的屏蔽效能影响很大。在使用时,要注意以下几点:

(1) 所有种类的电磁密封衬垫中,只有指形簧片允许滑动接触,其他种类的衬垫绝不允许滑动接触,否则会造成衬垫的损坏。

(2) 所有种类的衬垫材料受到过量压缩都会发生不可恢复的损坏,因此在使用时要设置结构,保证一定的压缩量。

(3) 除了导电橡胶衬垫以外,当衬垫与屏蔽体基体之间的电气接触良好时,衬垫的屏蔽效能与压缩量没有正比关系,也就是说,增加压缩量并不能提高屏蔽效能。只有导电橡胶的屏蔽效能会随着压缩量的增加而增加,这与导电橡胶中的导电颗粒密度加大有关。

(4) 使用衬垫接触的金属板要有足够的刚度,否则在衬垫的弹力作用下会发生变形,产生新的不连续点,导致射频泄漏。对于正面压缩的结构,适当地紧固螺钉可以防止面板变形。

(5) 尺寸允许时,尽量使用较厚的衬垫,这样可以允许金属结构件具有更大的加工误差,从而降低加工成本。另外,较厚的衬垫一般较柔软,对金属板的刚性要求较小(从而避免了由于结构件刚性不够导致变形而造成的射频泄漏)。

(6) 衬垫材料要安装在不易被损坏的位置。例如,对于大型的屏蔽门,衬垫应安装在门框内,并提供一定的保护;对于可拆卸的面板,最好将衬垫安装在活动面板上,这样当拆下面板时,便于存放。

(7) 安装衬垫的金属表面一定要清洁、导电,以保证可靠的导电性。

(8) 尽量采用槽安装方式,槽的作用是固定衬垫和限制过量压缩具有最高的屏蔽效能。

(9) 铍铜指形簧片根据形状的不同,固定方法也不同,大体上有 6 种,如图 4-41 所示,分别是夹持、压敏胶粘接、钎焊、熔焊、插装和铆接。安装簧片时,要注意簧片的方向,使滑动所施加的压缩力能够使簧片自由伸展。一般情况下簧片可以靠背胶黏接,在较恶劣的环境下(温度过高或过低,机械力过大等),可用卡装、铆装、槽安装等结构。

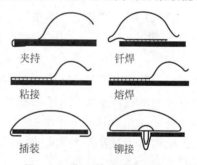

图 4-41 指形簧片的固定方法

(10) 根据屏蔽体的基体材料选择适当的衬垫材料,使接触面达到电化学兼容状态。如果空间允许,在安装衬垫的缝隙处同时使用环境密封衬垫,并且使环境密封衬垫面对外部环境,防止电解液进入到导电衬垫与屏蔽体接触的结合面上。

(11) 在选择螺钉的位置时,一般情况下,螺钉安装在衬垫内侧或外侧并不是十分重要,但是在屏蔽要求很高的场合,螺钉要安装在衬垫的外侧,以防止螺钉穿透屏蔽箱,造成额外的泄漏。

8) 电磁密封衬垫的灵活应用

使用电磁密封衬垫的场合一般有:

(1) 要求总的机箱屏蔽性能大于 40dB。

(2) 机箱结合面的缝隙长度超过 $\lambda/20$。

(3) 设备的敏感或发射频率超过 100MHz。

（4）无法采用机械加工来得到更好的导电连续性配合。

（5）结合面采用了不同材料,而且设备还在恶劣环境下工作。

（6）需要对环境（如水汽和粉尘等）采取密封措施。

除非对屏蔽的要求非常高的场合,否则并不需要在缝隙处连续使用电磁密封衬垫。在实践中,可以根据对屏蔽效能的要求间隔地安装衬垫,每段衬垫之间形成的小孔洞泄漏可以用前面的介绍的公式计算。在样机上精心地调整衬垫间隔,既能满足屏蔽的要求,又使成本最低。对于民用产品,衬垫之间的间隔可以为$\lambda/20\sim\lambda/100$。军用产品则一般要连续安装。

2. 显示窗的屏蔽

如图 4-42 所示,显示窗可以采用两种方法来防止电磁泄漏:

（1）在显示窗前面使用透明屏蔽材料。透明屏蔽材料有两种:一种是将金属网夹在两层玻璃之间,另一种是在玻璃或透明塑料膜上镀上一层很薄的导电层,如图 4-43 所示。前一种材料的优点是屏蔽效能较高,缺点是由于莫尔条纹造成的视觉不适;后一种材料则正好相反。

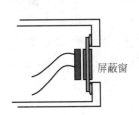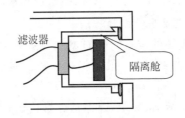

图 4-42　显示窗的屏蔽　　　　　　图 4-43　屏蔽透光材料——镀膜屏蔽玻璃

（2）用隔离舱将显示器件与设备的其他电路隔离开,使内部电路辐射的能量不会传出机箱,外部的干扰不会侵入到内部电路。

透明屏蔽材料屏蔽的方法最大的优点是简单,缺点是视觉效果差、设备内部有磁场辐射源或磁场敏感电路时不适合(透明屏蔽材料对磁场的屏蔽效能很低甚至没有),成本较高;适合于显示器件本身产生辐射或对外界干扰敏感的场合。隔离舱安装方法的最大优点是显示器件的视觉效果几乎不受影响、对磁场有较高的屏蔽效能;缺点是如果显示器件本身产生电磁辐射或对外界干扰敏感,则没有效果,适用于显示器件本身不产生干扰或对外界电磁干扰敏感的场合。如果显示器件会产生辐射,并且机箱内有磁场辐射源,那么可以将两种方法结合起来。

透明屏蔽材料安装的注意事项:透明屏蔽材料与屏蔽体基体之间必须实现良好搭接,减少缝隙的泄漏。使用导电涂覆层屏蔽材料时,导电层不能直接暴露在外面,防止擦伤。使用金属丝网夹层的屏蔽材料时,如果出现条纹导致视觉不适,可以将金属网旋转一定角度（10°～30°）,会有所改善。

隔离舱安装的注意事项:隔离舱与屏蔽体基体之间使用性能良好的电磁密封衬垫,导线经过馈通式低通滤波器穿出。

3. 面板上操作器件(调节轴)的屏蔽

如图 4-44 所示,面板上调节轴的屏蔽有两种方法:一种方法是在面板上直接开口,与常规方式一样安装操作器件;另一种方法是设置隔离舱,将设备中的主电路与操作器件(设备外部)隔离开。

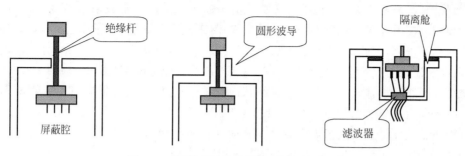

图 4-44　面板上操作器件(调节轴)的屏蔽

(1) 两种方法的比较。

直接安装的方法最大优点是简单,但会导致一定程度的电磁泄漏,这有两个原因,一个是开口的尺寸较大,导致机箱内电路产生的高频信号泄漏;另一个原因是操作器件距离小孔很近,有些甚至伸出小孔,操作器件上携带的电磁干扰会从小孔泄漏。因此,直接安装的方法仅适合对屏蔽效能要求较低,或者需要孔洞尺寸较小的场合。隔离舱安装的方法可以避免这些缺点,但是需要增加成本,包括隔离舱的成本、电磁密封衬垫的成本、滤波器的成本。

(2) 直接安装法的改进。

如果直接将操作器件安装在面板上会导致超标的泄漏,可以用一个调节杆间接地对操作器件进行控制。这样一来可以减小开口的尺寸,二来可以使操作器件远离开口,减少开口的泄漏。如果开一个小口还是不能满足屏蔽的要求,那么可以在开口上安装一个截止波导管。无论用哪种方法,都要注意,穿过小孔或截止波导管的杆不能是金属杆。

(3) 金属杆的处理。

如果使用了金属杆穿过小孔或波导管(没有可能换成非金属杆),那么可用铍铜簧片将金属杆的一周与屏蔽体搭接起来。

(4) 隔离舱。

这种方法与显示器件的隔离舱处理方法相似。使用上的注意事项也相同。这种方法同样要求操作器件本身必须是无辐射或不敏感的。

4. 通风口的屏蔽

孔洞的电磁泄漏与孔洞的最大尺寸有关,因此在屏蔽机箱的通风设计上,往往采用与一个大孔相同开口面积的多个小孔构成的孔阵代替一个大孔。这样做的好处有以下几个:

(1) 提高孔的截止频率,提高了单个孔的屏蔽效能。

(2) 增加辐射源到孔的相对距离(与孔的尺寸相比),减小孔的泄漏(孔的泄漏与辐射源到孔的距离有关)。

(3) 如果穿孔板有一定的厚度,则可以增加截止波导的衰减作用。

通风口的处理方法一般有下面 4 种:

(1) 孔阵金属板——在金属板或机箱上打出通风孔阵而制成。其优点是成本低,不占用安装空间;缺点是风阻大,高频屏蔽效能低。

(2) 屏蔽通风网——将屏蔽网加框制成通风板或直接将屏蔽网压装到通风口处。其优点是通风量大;缺点是高频性能差,对 500MHz 以上的电磁波几乎没有屏蔽作用。

(3) 截止波导通风窗——如果对屏蔽效能和通风量的要求都较高,可以使用截止波导板。这种通风板由许多六角形截止波导管构成,由于截止波导管的屏蔽效能较高,并且每个波导管的壁厚很薄,因此这种通风板兼有良好的通风特性和电磁屏蔽特性。使用截止波导板时,同样要注意与机箱基体之间的搭接,一般使用焊接或电磁密封衬垫连接。

截止波导通风板有截止波导板有铝箔和钢板两种。铝箔截止波导通风板是在铝箔蜂窝板上进行导电涂覆(化学镀)制成的,如图 4-45 所示,使用中不要使其受力过大,而造成断裂。钢板截止波导通风板是由成型的薄钢板焊接而成的,如图 4-46 所示,具有更高的屏蔽效能和强度。注意事项:没有经过导电涂覆的铝箔蜂窝板绝对不能用。

(4) 防尘屏蔽通风窗——经特殊工艺制作,由发泡金属与表面镀镍等高导电、高导磁材料构成,如图 4-47 所示。其优点是屏蔽效能高,通风量大,防尘性、抗电化学腐蚀性好;缺点是成本较高。发泡金属波导通风窗一方面利用电磁波在层叠界面处产生多次反射损耗。同时由于发泡金属中的微孔在 $200\sim500\mu m$ 内随机分布,其截止频率很高,因而在厚度很薄的情况下仍可达到很高的屏蔽效能。

图 4-45　铝箔波导通风板　　　图 4-46　钢板波导通风板　　　图 4-47　发泡金属波导通风窗外观

5. 贯通导体的屏蔽

穿过屏蔽体的导体对屏蔽体的破坏是十分严重的。现简单介绍一下穿出屏蔽体电缆的两种处理方法:

(1) 将导线屏蔽起来,这相当于将屏蔽体延伸到导线端部。

(2) 对导线进行滤波处理,滤除导线上的高频成分。在电缆端口上安装相应的电磁干扰滤波器(如电源线加电源滤波器、信号线加信号滤波器),可以有效地滤除电缆上的干扰,保持屏蔽体的完整性。但是,前提是电缆上传输的信号频率与要保护的干扰频率相差较远。采用滤波的方法时,滤波器的截止频率十分重要,不能影响正常信号的传输。同时滤波器的安装方法对效果的影响也很大。

后面将看到,防止射频干扰的电缆屏蔽对屏蔽层的端接要求是十分严格的,在有些场合,例如另一端没有屏蔽的场合,屏蔽几乎没有什么作用。一般仅当滤波无法实施时才使用屏蔽的方法。

下面介绍屏蔽电缆端接处理方法:

屏蔽电缆的屏蔽层必须将芯线完整地覆盖起来,两端也不例外。因此电缆两端的连接器外壳必须能够与电缆所安装的屏蔽机箱 360°电气搭接。矩形连接器护套中的床鞍夹紧方式能够满足大多数场合对搭接的要求。绝对要避免使用小辫连接,再短也不行。图 4-48 给出了典型 D 形连接器的屏蔽端接方式。

另外,屏蔽电缆穿过屏蔽机箱的方法可参考图 4-49。图 4-49 给出了把连接器搭接到屏蔽罩壳时的一些主要考虑。

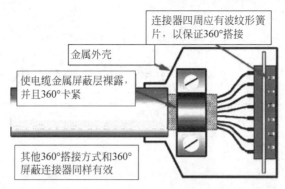

连接器四周应有波纹形簧片，以保证360°搭接

金属外壳

使电缆金属屏蔽层裸露，并且360°卡紧

其他360°搭接方式和360°屏蔽连接器同样有效

图 4-48   D 形连接器护套中的屏蔽电缆 360°端接

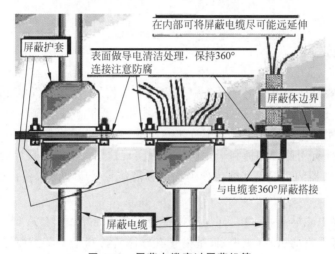

在内部可将屏蔽电缆尽可能远延伸

屏蔽护套

表面做导电清洁处理，保持360°连接注意防腐

屏蔽体边界

与电缆套360°屏蔽搭接

屏蔽电缆

图 4-49   屏蔽电缆穿过屏蔽机箱

习题

4-1 抑制电磁干扰应从哪几方面采取措施？

4-2 什么是屏蔽？屏蔽的目的是什么？

4-3 电磁屏蔽效能由哪几部分组成？

4-4 仅考虑吸收损耗，给出对 50Hz 的干扰场提供 30dB 衰减的屏蔽设计。

4-5 将单层金属板用于电磁屏蔽，试推导出总透射波场强公式。

4-6 讨论影响反射损耗的因素有哪些？

4-7 影响屏蔽体屏蔽效能的关键因素是什么？屏蔽为什么是不完整的？

4-8 简述屏蔽设计的要点。

4-9 如何进行屏蔽完整性设计？

滤 波 技 术

5.1 概述

滤波技术主要是抑制电气电子设备中的传导干扰信号,提高电气电子设备传导抗扰性水平的主要手段,也是保证设备整体或局部屏蔽效能的重要辅助措施。滤波的实质是将信号频谱划分成有用频率分量和干扰频率分量两个频段,剔除干扰频率分量部分。滤波技术的基本用途是选择有用信号和抑制干扰信号。为实现这两大功能而设计的电路或网络称为滤波器。EMI滤波器的用途是切断传导干扰信号沿信号线或电源线传播的路径,与屏蔽共同构成完善的干扰防护。

我们知道,在电磁屏蔽技术中,任何直接穿透屏蔽体的导线都会造成屏蔽体的失效。在实际中,很多屏蔽严密的机箱(机柜)就是由于有导体直接穿过屏蔽箱而导致电磁兼容试验失败。判断这种问题的方法是将设备上在试验中没有必要连接的电缆拔下,如果电磁兼容问题消失,则说明电缆是导致问题的因素。解决这个问题的有效方法之一是在电缆的端口处使用滤波器,滤除电缆上不必要的频率成分,减小电缆产生的电磁辐射,也防止电缆上感应到的环境噪声传进设备内的电路。概括地说,滤波器的作用是仅允许工作必需的信号频率通过,而对工作不必需的信号频率有很大的衰减作用,这样就使产生干扰的机会降到最低。从电磁兼容的角度考虑,电源线也是一个穿过机箱的导体,它对设备电磁兼容性的影响与信号线是相同的。因此电源线上必须安装滤波器。特别是近年来开关电源广泛应用,开关电源的特征除了体积小、效率高、稳压范围宽外,强烈的电磁干扰发射也是一大特征,电源线上如果不安装滤波器,则不可能满足电磁兼容的要求。安装在电源线上的滤波器称为电源线干扰滤波器,安装在信号线上的滤波器称为信号线干扰滤波器,如图 5-1 所示。之所以这样来划分,主要是因为两者除了都有对电磁干扰有尽量大的抑制作用外,分别还有一些特殊的考虑。信号滤波器还要考虑滤波器不能对工作信号有严重的影响,不能造成信号的失真。电源滤波器除了要保证满足安全方面的要求外,还要注意当负载电流较大时,电路中的电感不能发生饱和(导致滤波器性能下降)。

5.1.1 滤波器的分类

工程实际滤波器的种类很多,根据不同的分类标准有不同的分类方法。

根据滤波原理可分为反射式滤波器和吸收式滤波器。在滤波网络综合分析理论中,根据频率特性的动态响应差异可分为巴特沃斯滤波器、切比雪夫滤波器、贝塞尔滤波器、巴特沃斯-汤姆森滤波器和椭圆滤波器等类型(其中巴特沃斯滤波器应用最为广泛)。根据所用器件的特点可分为有源滤波器和无源滤波器。根据频率特性可分为低通、高通、带通、带阻滤波器。按处理信号形式可分为模拟滤波器和数字滤波器。根据使用场合可分为电源滤波器、信号滤波器、控制线滤波器、防电磁脉冲滤波器、防电磁信息泄露专用滤波器、印制电路板专用微型滤波器等。

根据用途可分为普通信号处理滤波器和电磁干扰滤波器两大类。

普通信号处理滤波器是指能有效去除不需要的信号分量,同时对被选择信号的幅度、相位影响最小的滤波器;电磁干扰滤波器是以能够有效抑制电磁干扰为目标的滤波器。EMI滤波器基本的工作原理与普通滤波器一样,都是允许有用信号的频率分量通过,同时阻止其他干扰频率分量通过。具体有两种:一种是不让无用信号通过,并把它们反射回信号源,叫作反射式滤波器,是由电容和电感构成的一种网络电路;另一种是把无用信号在滤波器里消耗掉,叫作吸收式滤波器(损耗滤波器),选用具有高损耗系数或高损耗角正切的材料制成。EMI滤波器也可以根据滤波器的处理对象分为电源滤波器和信号滤波器,如图5-1所示。

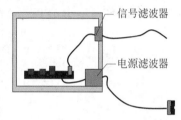

信号滤波器

电源滤波器

图 5-1　EMI 滤波器类型

电源滤波器是一种低通滤波器,能毫无衰减地将直流、50Hz、400Hz的电源功率传输到设备上去,对于其他高频信号则产生很大衰减,保护设备免受其害。同时,它又能抑制设备本身产生的EMI信号,防止它进入电网,污染电磁环境,危害其他设备。信号滤波器是用在各种信号线上的低通滤波器。它的作用就是滤除导线上各种不需要的高频干扰信号。

5.1.2　EMI 滤波器的特点和性能指标

1. EMI 滤波器的特点

由于电磁干扰滤波器的作用是抑制干扰信号的通过,所以它与常规滤波器有很大的不同,具有以下特点:

(1)电磁干扰滤波器有足够的机械强度、安装方便、工作可靠、重量轻、尺寸小及结构简单等优点。

(2)电磁干扰滤波器对电磁干扰抑制的同时,能在大电流和高电压下长期工作,对有用信号消耗小,从而保证最大传输效率。

(3)由于电磁干扰的频率是20Hz到几十吉赫兹,故难以用集中参数等效电路来模拟滤波电路。

(4)要求电磁干扰滤波器在工作频率范围内有比较高的衰减性能。

(5)干扰源的电平变化幅度大,有可能使电磁干扰滤波器出现饱和效应。

(6)电源系统的阻抗值与干扰源的阻抗值变化范围大,很难得到稳定的值,所以电磁干扰滤波器很难工作在阻抗匹配的条件下。

2. EMI 滤波器性能指标

描述滤波器特性的技术指标包括插入损耗、频率特性、阻抗特性、额定电压、额定电流、外形尺寸、工作环境、可靠性、体积和重量等。下面介绍其中几个主要特性。

1) 插入损耗(Insertion Loss)

插入损耗是衡量滤波器的主要性能指标,滤波器滤波性能的好坏主要是由插入损耗决定的。因此,在选购滤波器时,应根据干扰信号的频率特性和幅度特性进行选择。

滤波器的插入损耗由下式表示:

$$\text{IL} = 20\lg\frac{U_1}{U_2}(\text{dB}) \quad \text{或} \quad \text{IL} = 10\lg\frac{P_1}{P_2}(\text{dB}) \tag{5-1}$$

式中,IL 表示插入损耗;U_1 表示信号源(或者干扰源)与负载阻抗(或者干扰对象)之间没有接入滤波器时,干扰源在负载阻抗上产生的干扰电压;U_2 表示干扰源与负载阻抗间接入滤波器时,干扰源通过滤波器在同一负载阻抗上产生的干扰电压,如图 5-2 所示。P_1 表示信号源(或者干扰源)与负载阻抗(或者干扰对象)之间没有接入滤波器时,从干扰源传到负载阻抗上的功率;P_2 表示干扰源与负载阻抗间接入滤波器时,传到同一负载阻抗上的功率。

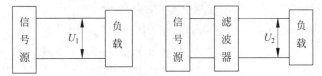

图 5-2 滤波器插入损耗示意图

滤波器的插入损耗值与信号源频率、源阻抗、负载阻抗、工作电流、工作环境温度、自身的体积和重量等因素有关。

2) 频率特性

滤波器的插入损耗随频率的变化即频率特性。信号无衰减地通过滤波器的频率范围称为通带,而受到很大衰减的频率范围称为阻带。根据频率特性,可把滤波器大体上分为 4 种:低通滤波器、高通滤波器、带通滤波器和带阻滤波器等。图 5-3 给出了这 4 种滤波器的频率

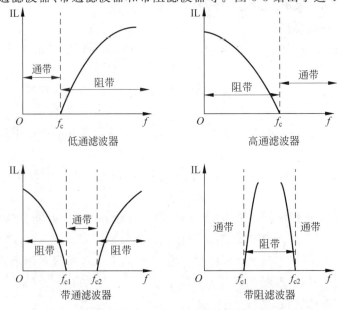

图 5-3 各种反射式滤波器的衰减特性

特性曲线。滤波器的频率特性又可用中心频率、截止频率、最低使用频率和最高使用频率等参数反映。必须注意,滤波器产品说明书给出的插入损耗曲线,都是按照有关标准的规定,在源阻抗等于负载阻抗且都等于 50Ω 时测得的。在实际应用中,EMI 滤波器输入端和输出端的阻抗不一定等于 50Ω,所以,这时 EMI 滤波器对干扰信号的实际衰减与产品说明书给出的插入损耗衰减不一定相同,有可能相差甚远。

3) 阻抗特性

滤波器的输入阻抗、输出阻抗直接影响滤波器的插入损耗特性。在许多使用场合,出现滤波器的实际滤波特性与生产厂家给出的技术指标不符,这主要是由滤波器的阻抗特性决定的。因此,在设计、选用、测试滤波器时,阻抗特性是一个重要技术指标。使用 EMI 滤波器时,遵循输入、输出端最大限度失配的原则,以求获得最佳抑制效果。如果负载是高阻抗,则滤波器的输出阻抗要低,反之相反;如果电源或干扰源是低阻抗,则滤波器的输入阻抗要高,反之相反;另外,信号选择滤波器需要考虑阻抗匹配,以防止信号衰减。

4) 额定电流

额定电流是滤波器工作时,不降低滤波器插入损耗性能的最大使用电流。一般情况下,额定电流越大,滤波器的体积、重量和成本越大;使用温度越高,工作频率越高,其允许的工作电流越小。

5) 额定电压

额定电压是指输入滤波器的最高允许电压值。若输入滤波器的电压过高,会使滤波器内部的元件损坏。

6) 电磁兼容性

EMI 滤波器一般是用于消除不希望有的电磁干扰,其本身不会存在干扰问题,但其抗干扰性能的高低,直接影响设备的整体抗干扰性能。抗干扰性能突出体现在滤波器对电快速脉冲群、浪涌、传导干扰的承受能力和抑制能力。

7) 安全性能

滤波器的安全性能,如耐压、漏电流、绝缘、温升等性能,应满足相应的国家标准要求。

8) 可靠性

可靠性也是选择滤波器的重要指标。一般说来,滤波器的可靠性不会影响其电路性能,但影响其电磁兼容性。因此,只有在电磁兼容性测试或者实际使用过程中,才会发现问题。

9) 体积与重量

滤波器的体积与重量取决于滤波器的插入损耗、额定电流等指标。一般情况下,额定电流越大,其体积与重量越大;插入损耗越高,要求滤波器的级数越多,同时使滤波器的体积与重量增加。

5.2 反射式滤波器

反射式滤波器由电感器和电容器组成,利用反射或旁路,使干扰信号不能通过。根据要滤除的干扰信号的频率与工作频率的相对关系,有低通滤波器、高通滤波器、带通滤波器、带阻滤波器等种类。各种反射式滤波器的衰减特性如图 5-3 所示。

在电磁兼容设计中,低通滤波器用得最多,因为电磁干扰大多是频率较高的信号,频率越高的信号越容易辐射和耦合；数字电路中许多高次谐波是电路工作所不需要的，必须滤除，以防止对其他电路产生干扰；电源线上的滤波器都是低通滤波器。

高通滤波器用在干扰频率比信号频率低的场合，如在一些靠近电源线的敏感信号线上滤除电源谐波造成的干扰。带通滤波器用在信号频率仅占较窄带宽的场合，如通信接收机的天线端口上要安装带通滤波器，仅允许通信信号通过。带阻滤波器用在干扰频率带宽较窄、信号频率较宽的场合，如距离大功率电台很近的电缆端口处要安装阻带频率等于电台发射频率的带阻滤波器。

5.2.1 低通滤波器

低通滤波器使低频信号通过，高频信号衰减。用于电源电路，使市电(50Hz)通过，高频干扰信号衰减。用于放大器电路或发射机输出电路，使基波通过，谐波和其他干扰信号衰减。由于在电磁干扰抑制中，低通滤波器用得最多。因此，下面对低通滤波器做较详尽的介绍。

1. 低通滤波器的分类及组成元件的特性

反射式低通滤波器是用电感和电容组合而成的，电容并联在要滤波的信号线与信号地线之间(滤除差模干扰电流)或信号线与大地之间、机壳地与大地之间(滤除共模干扰电流)，电感串联在要滤波的信号线上。按照电路结构的不同可划分为单电容型(C型)、单电感型(L型)、Γ型和反Γ型、T型、π型，如图5-4所示。不同结构的滤波电路主要有两点不同：

(1) 电路中的滤波元件越多，则滤波器阻带的衰减越大，滤波器通带与阻带之间的过渡带越短；

(2) 不同结构的滤波电路适合于不同的源阻抗和负载阻抗。

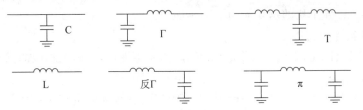

图 5-4　低通滤波器分类

实际的低通滤波器往往是在如图5-4所示的几种原型低通滤波电路的基础上，采用多级级联而成的，这种级联组成的多级滤波器可利用网络综合方法进行分析设计。

1) 电容

电容是基本的滤波元件，在低通滤波器中作为旁路元件使用。利用它的阻抗随频率升高而降低的特性，起到对高频干扰旁路的作用。但是，在实际使用中一定要注意电容的非理想性。实际电容的等效电路，如图5-5(b)所示，实际的电容除了电容量以外，还有电感和电阻分量。电感分量是由引线和电容结构所决定的，电阻是介质材料所固有的。电感分量是影响电容频率特性的主要指标，因此，在分析实际电容器的旁路作用时，用LC串联网络来等效。对滤波特性的影响：实际电容当角频率为$1/\sqrt{LC}$时，会发生串联谐振，这时电容的阻抗最小，旁路效果最好。超过谐振点后，电容的阻抗特性呈现电感阻抗的特性，即随频率的升高而增加,旁路效果开始变差。这时,作为旁路器件使用的电容就开始失去旁路作用。电磁兼容设计中使用的电容要求谐振频率尽量高,这样才能够在较宽的频率范围(10kHz~1GHz)内起到有效的滤波的作用。提高谐振频率的方法有两个:一个是尽量缩短引线的长度,另一个是选用电感较小的种类。从这个角度考虑,陶瓷电容是最理想的一种电容。

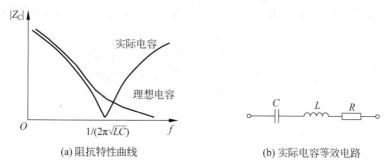

(a) 阻抗特性曲线　　　　　　　　　　(b) 实际电容等效电路

图 5-5　理想电容与实际电容阻抗特性

在 EMI 滤波器中,常用的电容元件有三端电容、馈通电容(穿心电容)、去耦电容、片状电容(也称贴片式电容,常用的有片状多层陶瓷电容、高频圆柱状电容、片状涤纶电容、片状电解电容、片状钽电解电容、片状微调电容等),如图 5-6 所示。

(a) 三端电容　　　　　(b) 馈通电容　　　　　(c) 贴片式电容

图 5-6　常用电容元件

克服电容非理想性的方法有以下 3 种:

(1) 简单的方案。大小电容并联,如图 5-7(a)所示。大电容和小电容并联起来使用是兼顾高频和低频滤波要求的一种解决方案。大电容的电容较大,对低频干扰具有很好的抑制,但大电容谐振频率低,对于高频干扰的抑制较差,而小电容的谐振频率较高,能较好地抑制高频干扰。

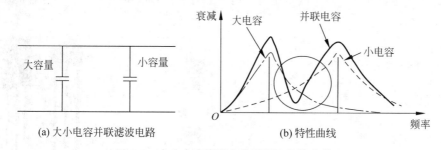

(a) 大小电容并联滤波电路　　　　　　(b) 特性曲线

图 5-7　大小电容并联电路及滤波特性曲线

大小电容并联滤波特性曲线如图 5-7 所示,可分为 3 个区段:在大电容的谐振频率以下是两个电容的并联网络;在大电容的谐振频率和小电容的谐振频率之间,大电容呈感性,小电容呈容性,等效于一个 LC 并联网络;在小电容的谐振频率以上,等效于两个电感的并联网络。

该方法美中不足的是:在大电容的谐振频率和小电容的谐振频率之间,大电容呈现电感特性(阻抗随频率升高增加),小电容呈现电容特性,实际是一个 LC 并联网络。这个 LC 并联网络只会在某个频率上发生并联谐振,导致其阻抗为无限大,这时电容并联网络实际已经失去旁路作用。如果刚好在这个频率上有较强的干扰,就会出现干扰问题。若将大、中、小 3 种容值的电容并联起来使用,会有更多的谐振点,滤波器在更多的频率上失效。

(2) 使用三端电容(比较流行的方法),如图 5-8 和图 5-9 所示。一个电极上的两根引线串联在需要滤波的导线中。导线电感与电容构成了一个 T 型滤波器,消除了一个电极上的串联电感。三端电容比普通电容具有更高的谐振频率和滤波效果。并可在三端电容两个相连的引线上套两个铁氧体磁珠,进一步提高 T 形滤波器的效果。

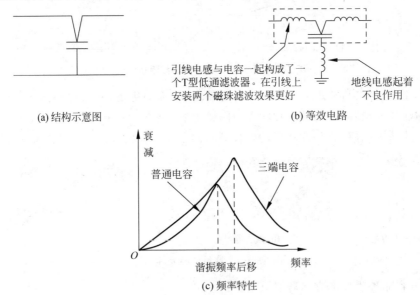

图 5-8　三端电容结构示意图、频率特性

三端电容的不足是:寄生电容造成输入端、输出端耦合,如图 5-9(a)所示。中间的接地线越短越好,避免两侧的引线的平行部分过长,否则高频滤波效果会打很大折扣,如图 5-9(b)所示。制约其高频效果的两个因素是寄生电容耦合和接地线的电感。三端电容的滤波效果一般在 300MHz 以下。

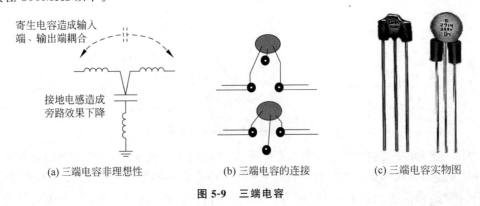

图 5-9　三端电容

（3）改用穿心电容更胜一筹，如图 5-10 和图 5-11 所示。穿心电容实质上是一种三端电容，一个电极与芯线相连，另一个电极与外壳相连，使用时，一个电极通过焊接或螺装的方式直接安装在金属面板上，需要滤波的信号线连接在芯线的两端。穿心电容的阻抗接近理想电容，只是在某个频率会出现一个凹陷，见图 5-12(a)。图 5-12(b)(c)分别为穿心电容和普通电容的等效电路。

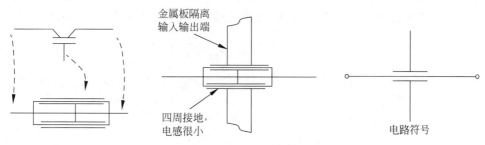

图 5-10　穿心电容结构示意图及电路符号

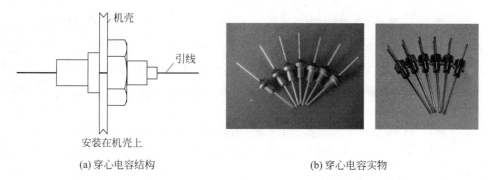

(a) 穿心电容结构　　　　　　　　　　(b) 穿心电容实物

图 5-11　穿心电容结构及实物图

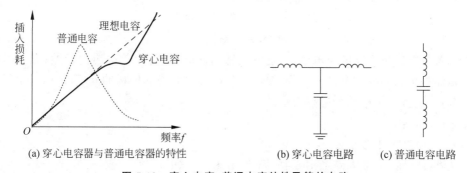

(a) 穿心电容器与普通电容器的特性　　(b) 穿心电容电路　(c) 普通电容电路

图 5-12　穿心电容、普通电容特性及等效电路

穿心电容具有以下优点：

① 接地电感小。当穿心电容的外壳与面板之间在 360°的范围内连接时，连接电感是很小的，因此，在高频时，能够提供很好的旁路作用。

② 输入输出没有耦合。用于安装穿心电容的金属板起到了隔离板的作用，使滤波器的输入端和输出端得到了有效的隔离，避免了高频时的电容耦合现象。

穿心电容的滤波范围可以达到数吉赫兹以上。

2）电感

电感也是基本的滤波器元件之一。在实际使用电感时，也一定要注意其电感的非理想性。电感的非理想性是指实际的电感除了电感参数以外,还有寄生电阻和电容。其中寄生电容的影响更大。理想电感的阻抗随着频率的升高成正比增加,这正是电感对高频干扰信号衰减较大的根本原因。但是,由于匝间寄生电容的存在,实际的电感等效电路是一个 LC 并联网络,如图 5-13 所示。当频率为 $f_0 = 1/2\pi\sqrt{LC}$ 时,会发生并联谐振,这时电感的阻抗最大,超过谐振点后,电感的阻抗特性呈现电容阻抗特性,即随频率增加而降低,如图 5-14 所示。电感的电感量越大,往往寄生电容也越大,电感的谐振频率越低。

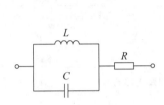

图 5-13　实际电感的特效电路

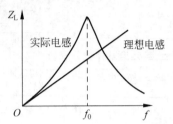

图 5-14　理想电感与实际电感特性

克服电感寄生电容的方法:要拓宽电感的工作频率范围,最关键的是减小寄生电容。电感的寄生电容与匝数、磁芯材料(介电常数)、线圈的绕法等因素有关。如果磁心是导体,那么在用介电常数低的材料增加绕组导体与磁心之间的距离的同时,用下面的方法可以减小寄生电容:

(1) 尽量单层绕制:当空间允许时,尽量使线圈为单层,并使输入、输出远离。

(2) 多层绕制的方法:当线圈的匝数较多,必须多层绕制时,要向一个方向绕,边绕边重叠,不要绕完一层后,再往回绕。

(3) 分段绕制:在一个磁心上将线圈分段绕制,这样每段的电容较小,并且总的寄生电容是两段上的寄生电容的串联,总容量比每段的寄生容量小。

(4) 多个电感串联起来:对于要求较高的滤波器,可以将一个大电感分解成一个较大的电感和若干电感量不同的小电感,将这些电感串联起来,可以使电感的带宽扩展,但付出的代价是体积增大和成本升高。另外,要注意与电容并联遭遇同样的问题,即引入了额外的串联谐振点,谐振点上电感的阻抗很小。

2. 插入损耗

1) 插入损耗的计算方法

滤波器接入前、后的电路如图 5-15 所示,由图 5-15(a)可以写出:

$$U_1 = \frac{R_L}{R_s + R_L} U_s$$

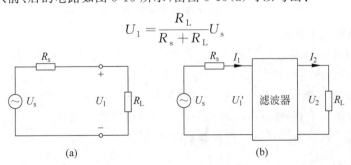

(a)　　　　　　　　　　　　(b)

图 5-15　插入损耗计算示意图

由图 5-15(b)可以写出网络的传输方程：
$$U_1' = a_{11}U_2 + a_{12}I_2$$
$$I_1 = a_{21}U_2 + a_{22}I_2$$

同时，$U_1' = U_s - I_1R_s$，$U_2 = I_2R_L$，联立解得：
$$U_2 = \frac{U_s}{a_{11} + a_{12}/R_L + a_{21}R_s + a_{22}R_s/R_L}$$

$$\mathrm{IL} = 20\lg\left|\frac{a_{11}R_L + a_{12} + a_{21}R_sR_L + a_{22}R_s}{R_s + R_L}\right| \tag{5-2}$$

例 5-1　计算并联电容低通滤波器的插入损耗。

解：根据图 5-16，可以写出网络传输方程为
$$U_1' = U_2 + 0 \cdot I_2$$
$$I_1 = \mathrm{j}\omega CU_2 + I_2$$

有：

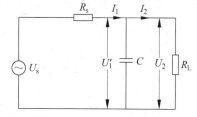

图 5-16　并联电容低通滤波器

$$a_{11} = 1, a_{12} = 0, a_{21} = \mathrm{j}\omega C, a_{22} = 1$$

$$\mathrm{IL} = 20\lg\left|\frac{R_L + \mathrm{j}\omega CR_sR_L + R_s}{R_s + R_L}\right| = 20\lg\left|1 + \frac{\mathrm{j}\omega CR_sR_L}{R_s + R_L}\right|$$

$$= 20\lg\left[1 + \frac{(2\pi f)^2 C^2 R_s^2 R_L^2}{(R_s + R_L)^2}\right]$$

$$\mathrm{IL} = 10\lg[1 + (\pi fRC)^2]\,(\mathrm{dB})$$

2）各低通滤波器的插入损耗

常见的低通滤波器电路，如图 5-17 所示。

（1）并联电容低通滤波器，如图 5-17(a)所示，插入损耗为
$$\mathrm{IL} = 10\lg[1 + (\pi fRC)^2]\,(\mathrm{dB}) \tag{5-3}$$
其中，f 是工作频率（Hz），源和负载阻抗 R 的单位是 Ω，滤波电容 C 的单位是 F。实际上，电容器包含串联电阻和电感。这些非理想影响是电容器极板电感、引线电感、极板电阻、引线与极板的接触电阻产生的结果。不同类型的电容器的电阻性、电感性影响是不同的。

（2）串联电感低通滤波器，如图 5-17(b)所示，插入损耗为
$$\mathrm{IL} = 10\lg\left[1 + \left(\frac{\pi fL}{R}\right)^2\right]\,(\mathrm{dB}) \tag{5-4}$$
其中，工作频率 f 的单位是 Hz，源和负载阻抗 R 的单位是 Ω，滤波电感 L 的单位是 H。实际上，电感器具有串联电阻和绕线间的电容。绕线电容产生自谐振。低于此谐振频率，电感器提供感抗；高于谐振频率，电感器作为容抗出现。因此，在高频段，普通电感器不是一个好的滤波器。

（3）Γ型低通滤波器，如图 5-17(c)所示，如果源阻抗与负载阻抗相等，Γ型滤波器的插入损耗与电容器插入线路的方向无关。当源阻抗不等于负载阻抗时，通常将获得最大插入损耗。电容器并联，阻抗更高。源阻抗与负载阻抗相等时的插入损耗为
$$\mathrm{IL} = 10\lg\left\{\frac{1}{4}\left[(2 - \omega^2 LC)^2 + \left(\omega CR + \frac{\omega L}{R}\right)^2\right]\right\}\,(\mathrm{dB}) \tag{5-5}$$

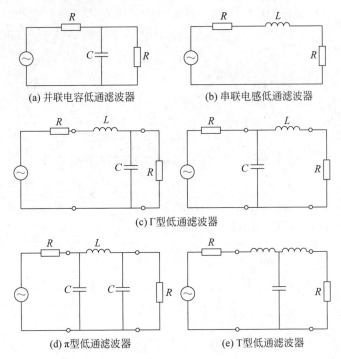

图 5-17　常见的低通滤波器

截止频率为

$$f_0 = \frac{1}{\pi\sqrt{2LC}}$$

（4）π 型低通滤波器，如图 5-17(d)所示，是实际中使用最普遍的形式。其优势包括容易制造、宽带高插入损耗和适中的空间需求。插入损耗为

$$IL = 10\lg\left[(1-\omega^2 LC)^2 + \left(\frac{\omega L}{2R} - \frac{\omega^2 LC^2 R}{2} + \omega CR\right)^2\right] \text{(dB)} \tag{5-6}$$

截止频率为

$$f_0 = \frac{1}{2\pi}\left(\frac{2}{RLC^2}\right)^{1/3}$$

π 型滤波器抑制瞬态干扰不是十分有效。采用金属壳体屏蔽滤波器能够改善 π 型滤波器的高频性能。对于非常低的频率，使用 π 型滤波器可提供高衰减，如屏蔽室的电源线滤波。

（5）T 型低通滤波器，如图 5-18(e)所示。T 型滤波器能够有效地抑制瞬态干扰，主要缺点是需要两个电感器，使滤波器的总尺寸增加。T 型滤波器的插入损耗为

$$IL = 10\lg\left[(1-\omega^2 LC)^2 + \left(\frac{\omega L}{R} - \frac{\omega^3 L^2 C}{2R} + \frac{\omega CR}{2}\right)^2\right] \text{(dB)} \tag{5-7}$$

截止频率为

$$f_0 = \frac{1}{2\pi}\left(\frac{2R}{L^2 C}\right)^{1/3}$$

3. 反射式滤波器的选用

反射式滤波器的应用选择，由滤波器类型、源阻抗和负载阻抗之间的组合关系确定。使

用电源干扰抑制滤波器时,遵循输入端、输出端最大限度失配的原则,以求获得最佳抑制效果,如表 5-1 所示。当源阻抗和负载阻抗都比较小时,应选用 T 型或者串联电感型滤波器;当源阻抗和负载阻抗都比较大时,应选用 π 型滤波器或者并联电容滤波器;当源阻抗和负载阻抗相差较大时,应选用 L 型滤波器。

表 5-1　根据阻抗选用滤波电路

源　阻　抗	电路结构	负　载　阻　抗
高	C 型、π 型、多级 π 型	高
高	Γ 型、多级 Γ 型	低
低	反 Γ、多级反 Γ 型	高
低	T、多级 L 型	低

综上所述,滤波器选用规律是:电容对高阻,电感对低阻。

需要注意的是,实际电路的阻抗很难估算,特别是在高频时(电磁干扰问题往往发生在高频),由于电路寄生参数的影响,电路的阻抗变化很大,而且电路的阻抗往往还与电路的工作状态有关,再加上电路阻抗不同的频率上也不一样。因此,在实际中,哪一种滤波器有效主要靠试验的结果确定。

4. 低通滤波器的设计方法

滤波器主要由基本元件电容、电感和电阻构成。当图 5-18 (a)的截止角频率为 1rad/s,阻抗 $R=1\Omega$ 时,定义为基本低通原型滤波器,图 5-18(b)为其对偶电路,对偶电路是串联电感替代并联电容。

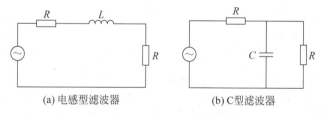

(a) 电感型滤波器　　　　(b) C型滤波器

图 5-18　基本低通原型滤波器

图 5-18 看似无实用价值,但是通过带宽和阻抗的换算,可使滤波器具有实用性。

1) 滤波器带宽和阻抗的换算

下面介绍带宽和阻抗换算公式:

(1) 带宽换算(由 1rad/s→f_c 设计的新截止频率)。

设换算前(原截止频率 1Hz)的电容为 C_b,电感为 L_b,则换算后(新截止频率 f_c)的电容 C_a 和电感 L_a 都为换算前电抗元件参数值除以预期的截止角频率 $\omega_c=2\pi f_c$,即:

$$C_a=\frac{C_b}{2\pi f_c}, \quad L_a=\frac{L_b}{2\pi f_c} \tag{5-8}$$

(2) 阻抗值的换算(由 1Ω→Z 设计的新阻抗)。

换算后(新预期源和负载阻抗 Z)的电容 C_a 电感 L_a,新电容值为原电容值除以阻抗,而新电感值为原电感值乘以阻抗,即:

$$C_a=\frac{C_b}{Z} \quad L_a=ZL_b \quad R_a=ZR_b \tag{5-9}$$

（3）带宽和阻抗的综合换算。

$$C_a = \frac{C_b}{Z \cdot 2\pi f_c}, \quad L_a = \frac{Z \cdot L_b}{2\pi f_c}, \quad R_a = ZR_b \tag{5-10}$$

例如，原型滤波器（$R = 1\Omega$ 时，截止角频率 1rad/s），电容为 2F，则 50Ω 滤波器系统（截止频率为 1MHz）的电容为

$$C_a = \frac{C_b}{Z \cdot 2\pi f_c} = \frac{2}{100\pi \times 10^6} = 6.4 \times 10^{-9} = 6400\text{pF}$$

上述滤波器十分简单，只有一个滤波元件，在阻带给出衰减量为 20dB/十倍频程（相当于频率每增加 10 倍，幅值衰减为原来的 1/10）。实际应用中希望通带插入损耗足够小，而阻带足够大的衰减量，因此，必须使用多级元件获得希望的值（各级滤波器衰减与频率的关系可见图 5-19）。低通滤波器的阶数（元件数）越高，其过渡带越短。图 5-20 为低通滤波器频率特性曲线。

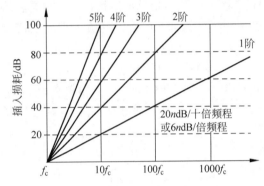

图 5-19　阻带区域电路阶数与插入损耗的关系

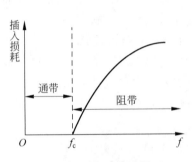

图 5-20　低通滤波器

过渡带与元件数量的关系如图 5-20 所示。当严格按照滤波器设计方法设计滤波电路时，每增加一个元件，过渡带的斜率增加 20dB/十倍频程，或 6dB/倍频程（lg2≈0.3）。因此，若滤波器由 n 个元件构成，则过渡带的斜率为 $20n$dB/十倍频程，或 $6n$dB/倍频程。怎样确定过渡带？两种情况下要求过渡带较短：一种情况是，干扰信号的频率与工作信号频率靠得较近时；例如，有用信号的频率为 10~50MHz，干扰的频率为 100MHz，需要将干扰抑制 20dB（这是较低的要求），则要求滤波器的阶数至少为 4 阶。另一种情况是，干扰的强度较强，需要抑制量较大；例如，有用信号的频率为 10MHz 以下，干扰的频率为 100MHz，需要将干扰抑制 60dB，则要求滤波器的阶数至少为 3 阶。增加滤波器的器件数仅增加了过渡带的斜率，而不能改变滤波器的截止频率。滤波器的截止频率与滤波器件的参数有关。例如，要增加滤波器对较低频率干扰的衰减，只能通过增加电感的电感量或电容的电容量。

提示：不要试图用有源滤波器来解决电磁干扰的问题，因为有源器件（运算放大器）本身又是一个干扰发生源，由于其非线性作用，会产生新的干扰频率成分。

目前普遍采用的是 Butterworth 滤波器。低通滤波器在截止频率以外的阻带中的输出与频率成反比，频率每提高一个数量级，每一级的阻带衰减增加 20dB，n 级滤波器的阻带衰减则为 $20 \times n$dB。多级滤波器的阻带衰减与相对频率之间的关系如图 5-21 所示。横坐标表示相对频率（阻带内的干扰频率与截止频率的比值）。如左侧相对频率为 1，即为截止频率时，其衰减为 0。如 2 级滤波器的衰减量（插入损耗）频率每增加 10 倍，阻带的衰减量为

40dB，相当于频率每增加 10 倍，幅值衰减为原来的 1/100 倍。

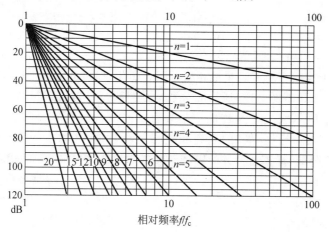

图 5-21 多级滤波器的阻带衰减与相对频率之间的关系

2）标准低通滤波器的设计

下面以原型电路查表法为例说明标准型低通滤波器的设计方法。

（1）巴特沃斯（Butterworth）低通滤波器原型电路。

图 5-22 是任意级 T 型低通滤波器的 3 种原型电路（也称标准电路），其中图 5-22(a) 为奇数级网络，图 5-22(b) 为偶数级网络，图 5-22(c) 为多级双重组合网络（图 5-22(a) 的对偶电路）。

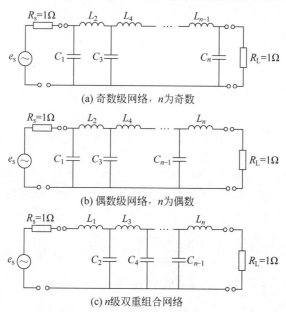

图 5-22 基本 n 级低通原型滤波器网络

表 5-2 给出了巴特沃斯低通滤波器 1～20 级的元件值。表中元件值是在信号源内阻 $R_s=1\Omega$，负载阻抗 $R_L=1\Omega$，截止角频率 $\omega_c=1\text{rad/s}$ 的条件下计算出来的。但是在实际应用中，频率、信号源内阻及负载阻抗都与此不同，必须按照实际应用条件利用下列公式进行换算。即根据实际的截止频率 f_c、信号源内阻 R 和负载阻抗 R 利用上述公式换算 C_a 和

L_a,其中的电容值 C_b 和电感值 L_b 从表 5-2 中查到。

$$C_a = \frac{C_b}{R \cdot 2\pi f_c}, \quad L_a = \frac{R \cdot L_b}{2\pi f_c} \tag{5-11}$$

(2) 按图表设计巴特沃斯滤波器的步骤。

① 根据最低干扰频率所需衰减量和相对频率变化倍数(即最低干扰频率与截止频率的比值),查衰减与频率关系图,计算所需的级数 n。例如,相对两倍截止频率并提供 50dB 的衰减量,如图 5-21 所示,级数 n 为 8.3,取整数为 $n=9$。

② 查表确定滤波器原型电路的电容和电感的参数值,并画出低通滤波器的原型电路图。利用下列换算公式,计算所设计的巴特沃斯低通滤波器的最终元件参数值。

$$C_a = \frac{C_b}{R \cdot 2\pi f_c}, \quad L_a = \frac{R \cdot L_b}{2\pi f_c}$$

(3) 低通滤波器的设计实例——短波接收机低通滤波器的设计。

例 5-2　一高频接收机工作频率范围为 2～30MHz 的频率范围,接收天线的阻抗是 72Ω,测得其附近有一个干扰频率为 66～80MHz 的高频电磁干扰信号。为了使该接收机的工作不受干扰信号影响,要求为接收机设计一个低通滤波器,使高于接收机工作频率的干扰信号至少衰减 30dB。

解：考虑低通滤波器的截止频率略大于 30MHz,选取 32MHz。而最低的干扰频率为 66MHz,相对的频率变化倍数为 66/32=2.06。由图 5-21 可知,为了在 66MHz 处获得 30dB 的衰减,应采用 5 级滤波器。经查表 5-2 可得 5 级滤波器的元件参数为：$C_1=C_5=0.618$F,$C_3=2.00$F,$L_2=L_4=1.618$H,5 级巴特沃斯低通滤波器原型电路如图 5-23(a)所示。

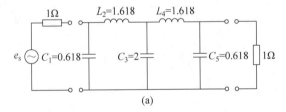

(a)

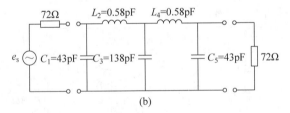

(b)

图 5-23　5 级低通巴特沃斯滤波器网络

根据截止频率 $f_c=32$MHz,接收机天线的阻抗为 72Ω,利用式(5-11)对元件参数进行转换计算：

$$C_{1a} = C_{5a} = \frac{C_b}{R \cdot 2\pi f_c} = 43 \times 10^{-12} \text{F}$$

$$C_{3a} = \frac{C_b}{R \cdot 2\pi f_c} = 138 \times 10^{-12} \text{F}$$

$$L_{2a} = L_{1a} = \frac{R \cdot L_b}{2\pi f_c} = 0.58 \times 10^{-6} \text{F}$$

最后设计完成的滤波器如图 5-23(b)所示,其频率特性如图 5-24 所示。在 66MHz 处的衰减为 31dB,满足了设计的要求,在 30MHz 以下的插入损耗小于 2dB。

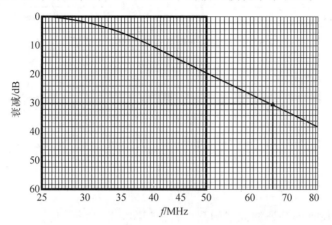

图 5-24　5 级低通巴特沃斯滤波器的频率特性

5.2.2　高通滤波器

高通滤波器抑制低频干扰信号。在电磁干扰抑制技术中,虽然高通滤波器不如低通滤波器的应用广泛,但当需要从信号信道上滤除某个特定的低频干扰信号或电源分量时,就需要使用它。例如,从信号通道上滤除交流声干扰。

由于高通滤波器与低通滤波器具有对偶性,所以设计高通滤波器时可采用倒转方法,凡满足倒转原则的低通滤波器都可以很方便地变成所需要的高通滤波器。倒转原则就是将低通滤波器的每一个电感器换成一个电容器,而每一个电容器换成一个电感器。各元件值则以各自的倒数代替,即把每个电感 L(H)转换成数值为 $1/L$(F)的电容,把每个电容 C(F)转换成数值为 $1/C$(H)的电感。这一过程可以表示为

$$C_{HP} = \frac{1}{L_{LP}}, \quad L_{HP} = \frac{1}{C_{LP}} \tag{5-12}$$

例 5-3　需要设计一个高通滤波器,截止频率 $f_c = 1$MHz,在 250kHz 处衰减 70dB,输入/输出阻抗均为 600Ω。

解:仍然选用巴特沃斯滤波器模型,相对频率 1MHz/250kHz=4,要求衰减 70dB,查图 5-21 可知,$n=6$,即应取 6 级滤波网络。由表 5-2 查得低通原型滤波器的元件参数为:$C_1 = 0.518$F,$C_3 = 1.932$F,$C_5 = 1.414$F,$L_2 = 1.414$H,$L_4 = 1.932$H,$L_6 = 0.518$H,如图 5-25(a)所示。

与其对偶的高通原型滤波器如图 5-25(b)所示,对应的元件参数为

$$L_1' = \frac{1}{C_1} = 1.931\text{H}, \quad L_3' = \frac{1}{C_3} = 0.518\text{H}, \quad L_5' = \frac{1}{C_5} = 0.707\text{H}$$

$$C_2' = \frac{1}{L_1} = 0.707\text{F}, \quad C_4' = \frac{1}{L_4} = 0.518\text{F}, \quad C_6' = \frac{1}{L_6} = 1.931\text{F}$$

再通过频率和阻抗的换算,可以得到 $f_c = 1$MHz,$R_L = 600Ω$ 的实际高频滤波器的元件参

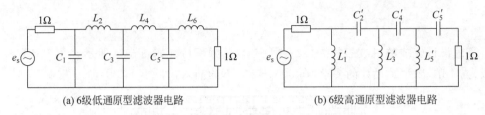

(a) 6级低通原型滤波器电路　　　　　　　　(b) 6级高通原型滤波器电路

图 5-25　6 级低通和高通巴特沃斯滤波器电路

数值：

$$C_{2a} = \frac{C_2'}{R \cdot 2\pi f_c} = 187.6\text{pF}, \quad L_{1a} = \frac{R \cdot L_1'}{2\pi f_c} = 184\mu\text{H}$$

$$C_{4a} = \frac{C_4'}{R \cdot 2\pi f_c} = 137.4\text{pF}, \quad L_{3a} = \frac{R \cdot L_3'}{2\pi f_c} = 49.3\mu\text{H}$$

$$C_{6a} = \frac{C_6'}{R \cdot 2\pi f_c} = 512.4\text{pF}, \quad L_{5a} = \frac{R \cdot L_5'}{2\pi f_c} = 67.3\mu\text{H}$$

按本例要求设计的高通滤波器的频率特性如图 5-26 所示。

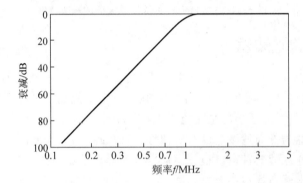

图 5-26　6 级低通和高通巴特沃斯滤波器的频率特性

5.2.3　带通滤波器

带通滤波器只允许某一频率范围内的信号通过。即带通滤波器是对通带之外的高频或者低频干扰能量进行衰减，允许通带内的信号无衰减地通过。

图 5-27(a)是一个带通滤波器电路，图中 LC 串联电路的 C 衰减低频端信号，L 衰减高频端信号；LC 并联电路的 C 旁路高频端信号，L 旁路低频端信号。图 5-27(b)是带通滤波器的幅频特性曲线，中心频率是 f_0，高于 f_0 具有低通滤波器的幅频特性，低于 f_0 具有高通滤波器的幅频特性。

定义 f_0 两侧幅度衰减 3dB 处为上、下截止频率 f_1、f_2，带通滤波器的带宽 $f_c = f_1 - f_2$，或

$$f_1 = f_0 + \frac{1}{2}f_c, \quad f_2 = f_0 - \frac{1}{2}f_c$$

带通滤波器的原型电路如图 5-28 所示，并联支路中的 C_{pi}、L_{pi} 和串联支路中的 C_{si}、L_{si} 均由带通滤波器的中心频率 f_0 决定。由中心频率 f_0 两侧 $\pm f$ 处要求衰减的 dB 数可以确定带通滤波器需要的级数。

设计带通滤波器的步骤如下：

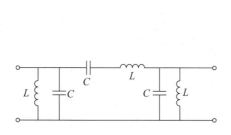 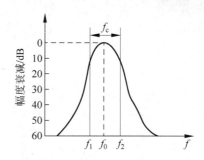

图 5-27　带通滤波器电路结构及频率特性

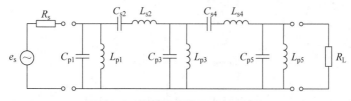

图 5-28　带通滤波器原型电路结构

先分析串联支路,带通滤波器的中心频率 f_0 相当于低通滤波器在 $f=0\mathrm{Hz}$ 处;而带通滤波器的上截止频率 f_1 相当于低通滤波器在截止频率 $f_c=1\mathrm{Hz}$ 处。

由设计要求查巴特沃斯原型电路元件值表可以得到串联电感 L_b 的值,由于实际的低通特性截止频率应为 f_c,因此作频率换算:

$$L_{sa}=\frac{RL_b}{2\pi f_c}=\frac{R\cdot L_b}{\omega_c}$$

由谐振条件 $\omega_0^2=\dfrac{1}{L_{sa}C_{sa}}$,可得

$$C_{sa}=\frac{1}{L_{sa}\omega_0^2}=\frac{\omega_c}{RL_b\omega_0^2}=\frac{1}{RL_b\omega_0 Q}$$

其中,$Q=\dfrac{\omega_0}{\omega_c}$,称为谐振因子。

同理,并联支路电容值可由巴特沃斯原型电路元件值表查得,经频率换算得

$$C_{pa}=\frac{C_b}{R\cdot 2\pi f_c}=\frac{C_b}{R\omega_c}$$

由谐振条件及谐振因子可得

$$L_{pa}=\frac{R}{C_b\omega_0 Q}$$

此外,还要进行阻抗换算。

例 5-4　设计一个带通滤波器,中心频率 $f_0=15\mathrm{MHz}$,3dB 带宽的 $f_c=3\mathrm{MHz}$,谐振因子 $Q=5$,距中心频率 f_0 两边 3MHz 处的衰减为 30dB,滤波器两端阻抗 $R_s=R_L=300\Omega$。

解：仍利用巴特沃斯原型电路。首先确定带通滤波器的级数,由中心频率 f_0 两侧 $f_c/2=1.5\mathrm{MHz}$ 处开始衰减,到达 3MHz 处衰减 30dB,相对频率为 3/1.5=2。从图 5-21 中查得 $n=5$,由表 5-2 查得：$C_1=0.618\mathrm{F}$,$C_3=2.000\mathrm{F}$,$C_5=0.618\mathrm{F}$,$L_2=1.618\mathrm{H}$,$L_4=1.618\mathrm{H}$,对于并联支路,由频率和阻抗换算得

表 5-2 巴特沃斯低通滤波器原型电路 1~20 级元件值

n	C_1	L_2	C_3	L_4	C_5	L_6	C_7	L_8	C_9	L_{10}	C_{11}	L_{12}	C_{13}	L_{14}	C_{15}	L_{16}	C_{17}	L_{18}	C_{19}	L_{20}
1	2.000																			
2	1.414	1.414																		
3	1.000	2.000	1.000																	
4	0.765	1.848	1.848	0.765																
5	0.618	1.618	2.000	1.618	0.618															
6	0.518	1.414	1.932	1.932	1.414	0.518														
7	0.445	1.247	1.802	2.000	1.802	1.247	0.445													
8	0.390	1.111	1.663	1.962	1.962	1.663	1.111	0.390												
9	0.347	1.000	1.532	1.879	2.000	1.879	1.532	1.000	0.347											
10	0.313	0.908	1.414	1.782	1.975	1.975	1.782	1.414	0.908	0.313										
11	0.285	0.832	1.319	1.683	1.920	2.000	1.920	1.683	1.319	0.832	0.285									
12	0.261	0.765	1.220	1.591	1.849	1.983	1.983	1.849	1.591	1.220	0.765	0.261								
13	0.240	0.707	1.133	1.493	1.768	1.943	2.000	1.943	1.768	1.493	1.133	0.707	0.240							
14	0.223	0.661	1.066	1.414	1.694	1.889	1.989	1.989	1.889	1.694	1.414	1.066	0.661	0.223						
15	0.209	0.618	1.000	1.338	1.618	1.827	1.956	2.000	1.956	1.827	1.618	1.338	1.000	0.618	0.209					
16	0.199	0.581	0.942	1.269	1.545	1.764	1.913	1.990	1.990	1.913	1.764	1.545	1.269	0.942	0.581	0.199				
17	0.185	0.548	0.892	1.206	1.479	1.699	1.866	1.966	2.000	1.966	1.866	1.699	1.479	1.206	0.892	0.548	0.185			
18	0.174	0.518	0.845	1.147	1.414	1.638	1.813	1.932	1.992	1.992	1.932	1.813	1.638	1.414	1.147	0.845	0.518	0.174		
19	0.164	0.491	0.804	1.095	1.354	1.578	1.759	1.891	1.973	2.000	1.973	1.891	1.759	1.578	1.354	1.095	0.804	0.491	0.164	
20	0.157	0.467	0.765	1.045	1.299	1.521	1.705	1.848	1.945	1.994	1.994	1.945	1.848	1.705	1.521	1.299	1.045	0.765	0.467	0.157

注：电容的单位为 F，电感的单位为 H。

$$C_{\mathrm{pa1}} = \frac{C_1}{R2\pi f_{\mathrm{c}}} = 110\mathrm{pF}, \quad L_{\mathrm{pa1}} = \frac{R}{C_1 2\pi f_0 Q} = 1.03\mu\mathrm{H}$$

$$C_{\mathrm{pa3}} = \frac{C_3}{R2\pi f_{\mathrm{c}}} = 354\mathrm{pF}, \quad L_{\mathrm{pa3}} = \frac{R}{C_3 2\pi f_0 Q} = 0.32\mu\mathrm{H}$$

$$C_{\mathrm{pa5}} = \frac{C_5}{R2\pi f_{\mathrm{c}}} = C_{\mathrm{pa1}} = 110\mathrm{pF}, \quad L_{\mathrm{pa5}} = \frac{R}{C_5 2\pi f_0 Q} = L_{\mathrm{pa1}} = 1.03\mu\mathrm{H}$$

对于串联支路,由频率和阻抗换算得

$$C_{\mathrm{sa2}} = \frac{1}{RL_2 \omega_0 Q} = 4.4\mathrm{pF}, \quad L_{\mathrm{sa2}} = \frac{RL_2}{2\pi f_{\mathrm{c}}} = 25.8\mu\mathrm{H}$$

$$C_{\mathrm{sa4}} = \frac{1}{RL_4 \omega_0 Q} = C_{\mathrm{sa2}} = 4.4\mathrm{pF}, \quad L_{\mathrm{sa4}} = \frac{RL_4}{2\pi f_{\mathrm{c}}} = L_{\mathrm{sa2}} = 25.8\mu\mathrm{H}$$

最后设计的 5 级带通滤波器仍如图 5-28 所示。

5.2.4　带阻滤波器

带阻滤波器的频率特性与带通滤波器的频率特性正好相反。带阻滤波器只抑制某一频率范围内的干扰信号通过,幅频特性曲线如图 5-29 所示。例如,在电视接收机中抑制塑料热合机的干扰等。带阻滤波器的基本电路如图 5-30 所示($n=5$,类似地,可以画出 $n=1,2,3,\cdots$ 的带阻滤波器电路),可以看出带阻滤波器和带通滤波器的结构具有对称性,LC 串联支路与 LC 并联支路正好调换了位置。因此带阻滤波的设计方法与带通滤波器相似:利用低通滤波器原型电路,按照频率和阻抗换算公式得到一个中心频率、带宽及衰减率完全一样的带通滤波器,然后按对称结构画出带阻滤波器的电路和参数值。

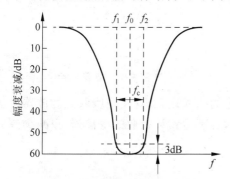

图 5-29　带阻滤波器的幅频特性曲线

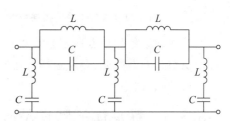

图 5-30　带阻滤波器的基本电路

5.3　吸收式滤波器

尽管一些反射式滤波器的输入阻抗、输出阻抗在理论上可在一个相当宽的频率范围内与指定的电源阻抗、负载阻抗相匹配,但在实际中这种匹配情况往往不存在。例如,电源滤波器几乎总不能实现与其连接的电源阻抗的匹配。另一个例子是发射机谐波滤波器的设计,一般是使其在基频上与发射机的输出阻抗相匹配,而不一定在其谐波频率上匹配。正因为存在这种失配,很多时候当把一个反射式滤波器插入携带干扰的传输线路时,实际上线路上的干扰会增加而不是减少。这个缺陷存在于所有低耗元件构成的滤波器中。这正是反射式滤波器的缺点——阻抗失配。滤波器的输入阻抗和源阻抗不匹配时,一部分有用信号的能量将被反射回源,这导致干扰电平增加而不是减少,在这种情况下,需要有另外一种滤波形式的滤波器来承担。由此出现了吸收式滤波器。

吸收式滤波器又叫损耗滤波器。它是由有耗元件构成,通过抑制不需要的频率分量,将不需要的频率成分的能量吸收,并转化为热能,而允许需要的频率分量通过,从而达到抑制干扰的目的。

吸收式滤波器通常做成具有介质填充或涂覆的传输线形式,介质材料可以是铁氧体材料或者其他有耗材料。因此,这种滤波器又称为有耗滤波器。例如,一段短的铁氧体管,在其内、外表面上,以紧密接沉积导电的银涂层形成同轴传输线的内、外导线。这样制成的一段同轴传输线,损耗很大,既有电损耗又有磁损耗,且损耗随着频率的增加而迅速增加,因此,可以作为低通滤波器,广泛用于对电源线的滤波。图 5-31 示出了两个铁氧体管制成的吸收式滤波器的插入损耗特性,图 5-32 为铁氧体管示意图。两个铁氧体管外径均为 4cm、内径均为 0.9cm,一个长度为 7.5cm,另一个长度为 15cm。由图 5-31 可见,此滤波器的截止频率与铁氧体管的长度成反比,插入损耗与铁氧体管的长度成正比。

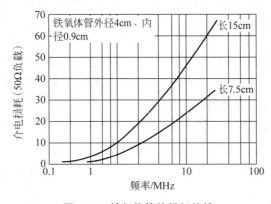

图 5-31　铁氧体管的损耗特性

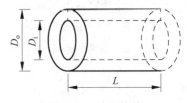

图 5-32　铁氧体管

吸收式滤波器的缺点在于滤波器通带内有一定的插入损耗,这是由吸收式滤波器中的有耗介质引起的。因此,必须选择合适的损耗材料,合理地设计吸收式滤波器,以减少滤波器通带内的损耗。

5.3.1　铁氧体的特性及应用

铁氧体材料就是一种广泛应用的有耗材料,可用来构成低通滤波器,例如,制成铁氧体管、铁氧体磁环、磁环扼流圈等,也可直接加入或填充到其他器件中,构成专用的吸收式滤波器。铁氧体是一种非金属磁性材料,由氧化铁与其他金属氧化物混合烧结而成,分子式为 $MO \cdot Fe_2O_3$,其中,M 表示二价金属分子,在微波波段通常指 Mg-Mn、Mg-Mn-Al、Ni-Zn、Ni-Co、Li 等。

1. 铁氧体的特性

图 5-33 为铁氧体元件的等效电路。导线穿过铁氧体磁心构成的电感的阻抗虽然在形式上是随着频率的升高而增

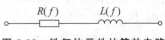

图 5-33　铁氧体元件的等效电路

加,但是在不同频率上,其机理是完全不同的,如图 5-34 所示。图 5-35 是各种铁氧体元件实物。

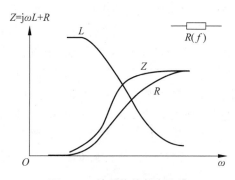

图 5-34 铁氧体的频率特性

图 5-35 各种铁氧体元件实物

低频时,阻抗由电感的感抗构成。磁心的磁导率较高,因此电感量较大。并且这时磁心的损耗较小,整个器件是一个低损耗、高 Q 特性的电感,这种电感容易造成谐振。因此在低频,有时会有干扰增强的现象。

高频时,阻抗由电阻成分构成。随着频率升高,磁心的磁导率降低,导致电感的电感量减小,感抗成分减小。但是,这时磁心的损耗增加,电阻成分增加,导致总的阻抗增加。当高频信号通过铁氧体时,电磁能量以热的形式耗散掉。

导线穿过铁氧体时的等效电路在低频和高频时是不同的。低频时是一个电感,高频时是随频率变化的电阻。电感与电阻有着本质的区别。电感本身并不消耗能量,而仅存储能量,因此,电感会与电路中的电容构成谐振电路,使某些频率上的干扰增强。电阻是要消耗能量的,从实质上减小干扰。

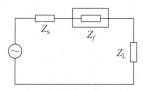

图 5-36 套在导线上的
铁氧体磁环等效电路

2. 铁氧体磁环的插入损耗

铁氧体磁环套在导线上,等效电路如图 5-36 所示。其中,Z_s:磁环电源边的阻抗,Z_L:磁环负载边的阻抗,Z_f:1 个磁环的阻抗,nZ_f:n 个磁环的阻抗。

$$U_1 = \frac{UZ_L}{Z_s + Z_L} \quad U_2 = \frac{UZ_L}{Z_s + nZ_f + Z_L}$$

$$IL = 20\lg \frac{U_1}{U_2} = 20\lg \frac{Z_s + nZ_f + Z_L}{Z_s + Z_L}$$

式中,U_1:不加磁环时在负载阻抗上 Z_L 产生的电压;U_2:加磁环时在负载阻抗上 Z_L 产生的电压。

3. 铁氧体 EMI 抑制元件的应用

铁氧体抑制元件广泛应用于 PCB、电源线和信号数据线上。

(1) 铁氧体 EMI 抑制元件在 PCB 上的应用。EMI 设计的首要方法是抑源法,即在 PCB 上的 EMI 源处将 EMI 抑制掉。这个设计思想是将噪声限制在小的区域,避免高频噪声耦合到其他电路,而这些电路通过连线可能产生更强的辐射。PCB 上的 EMI 源主要来自数字电路,其高频电流在电源线和地之间产生一个共模电压降,造成共模干扰。电源线或信号线上的去耦电容会将 IC 开关的高频噪声短路,但是去耦电容常常会引起高频谐振,造成新的干扰。在电路板的电源进口处加上铁氧体抑制磁珠会有效地将高频噪声衰减掉。

(2) 铁氧体 EMI 抑制元件在电源线上的应用。电源线会把外界电网的干扰、开关电源的噪声传到主机。在电源的出口和 PCB 电源线的入口设置铁氧体抑制元件,既可抑制电源与 PCB 之间的高频干扰的传输,又可抑制 PCB 之间高频噪声的相互干扰。值得注意的是,在电源线上应用铁氧体元件时有偏流存在。铁氧体的阻抗和插入损耗随着偏流的增加而减少。当偏流增加到一定值时,铁氧体抑制元件会出现饱和现象。在 EMC 设计时要考虑饱和时插入损耗降低的问题。铁氧体的磁导率越低,插入损耗受偏流的影响越小,越不易饱和。所以用在电源线上的铁氧体抑制元件,要选择磁导率低的材料和横截面积大的元件。当偏流较大时,可将电源的出线(AC 的火线,DC 的正线)与回线(AC 的中线,DC 的地线)同时穿入一个磁管。这样可避免饱和,但这种方法只抑制共模噪声。

(3) 铁氧体抑制元件在信号线上的应用。

铁氧体抑制元件最常用的地方就是信号线,例如,在计算机中,EMI 信号会通过主机到键盘的电缆传入到主机的驱动电路,而后耦合到 CPU,使其不能正常工作。主机的数据或噪声也可通过电缆线辐射出去。铁氧体磁珠可用在驱动电路与键盘之间,将高频噪声抑制。由于键盘的工作频率在 1MHz 左右,数据可以几乎无损耗地通过铁氧体磁珠。扁平电缆也可用专用的铁氧体抑制元件,将噪声抑制在其辐射之前。

5.3.2　几种常用的吸收式滤波器

1. 电缆滤波器

将铁氧体材料直接填充在电缆里可以制成电缆滤波器。例如,将铁氧体材料填充在同轴线内、外导体间,可以构成有耗同轴电缆。电缆滤波器的特点是体积小,具有理想的高频衰减特性,只需较短的一段有耗电缆就可以获得预期的滤波效果。如图 5-37(a)所示,在导线外包一层高频损耗材料(如铁氧体,或含铁粉的环氧树脂),相当于增加一个电感 L_i 和一个电阻 R_i,等效电路如图 5-37(b)所示,C_p 是导线与外壳(屏蔽层)之间的分布电容,R_p 是散热电阻。

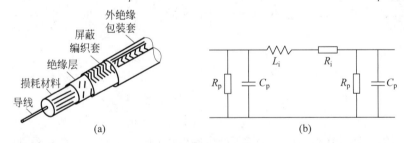

图 5-37　电缆滤波器及等效电路

2. 滤波连接器

将铁氧体直接组装到电缆连接器内可以构成滤波连接器,如图 5-38 所示。它在 100MHz~10GHz 的频率范围内可获得 60dB 以上的衰减。

3. 铁氧体磁环(见图 5-39)

管状铁氧体磁环提供了一种抑制通过导线中不需要的高频干扰的既简便又经济的方法。当导线穿过磁环时,在磁环附近的一段导线将具有单匝扼流圈的特性,低频时具有低阻

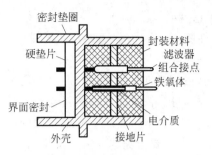

(a) 常用损耗滤波器的结构

(b) 圆形滤波连接器、矩形滤波连接器、单相电源滤波器

图 5-38　常用损耗滤波连接器结构

图 5-39　铁氧体磁环

抗。这个阻抗随着流过电流的频率的升高而增大,在一个宽的高频带内,具有适中的高阻抗,以抑制高频电流的通过。因此,用铁氧体磁环可以构成低通滤波器。加长磁环或者将几个磁环同时穿入导线,则这段导线的等效电感值和电阻值将随着磁环长度的增加而增大。如果将导线绕上几圈穿过磁环,则总电感值和总电阻值将随圈数的平方而增大。但是,圈数增加,匝间分布电容的存在和增加,会导致高频抑制作用随之下降,所以多匝线圈的应用,只在相对低的频率上最有效。铁氧体磁环最适合用来吸收由开关瞬态或者电路中的寄生响应所产生的高频振荡,也可以用来抑制输入、输出的高频干扰。当所抑制的信号频率超过1MHz时,抑制效果相当明显。当在有直流电流通过的电路上使用铁氧体磁环时,必须保证通过的电流不会使铁氧体材料达到磁饱和。

1) 磁环、磁珠的优点

电磁干扰抑制铁氧体磁环、磁珠等由于使用方便、价格低廉而备受设计人员的青睐,它的主要优点如下:

(1) 使用非常方便,直接套在需要滤波的电缆上即可。

(2) 不像其他滤波方式那样需要接地,因此对结构设计、线路板设计没有特殊的要求。

(3) 作为共模扼流圈使用时,不会造成信号失真,这对于传输高频信号的导线而言非常可贵。

电磁干扰抑制铁氧体与普通铁氧体的最大区别在于它具有很大的损耗,用这种铁氧体做磁心制作的电感,其特性更接近电阻。它是一个电阻值随着频率增加而增加的电阻,当高频信号通过铁氧体时,电磁能量以热的形式耗散掉。

2）应用铁氧体时的注意事项

要充分发挥铁氧体的性能,下面一些注意事项十分重要:

（1）铁氧体磁环(磁珠)的效果与电路阻抗有关。电路的阻抗越低,则铁氧体磁环(磁珠)的滤波效果越好。因此,在一般铁氧体材料的产品手册中,并不给出铁氧体材料的插入损耗,而是给出铁氧体材料的阻抗,铁氧体材料的阻抗越大,滤波效果也越好。

（2）电流的影响。当穿过铁氧体的导线中流过较大的电流时,滤波器的低频插入损耗会变小,高频插入损耗变化不大。要避免这种情况发生,在电源线上使用时,可以将电源线与电源回流线同时穿过铁氧体。

（3）铁氧体材料的选择。根据要抑制干扰的频率不同,选择不同磁导率的铁氧体材料。铁氧体材料的磁导率越高,低频的阻抗越大,高频的阻抗越小。

（4）铁氧体磁环尺寸的确定。磁环的内外径差越大,轴向越长,阻抗越大。但内径一定要包紧导线。因此,要获得大的衰减,在铁氧体磁环内径包紧导线的前提下,尽量使用体积较大的磁环。

（5）共模扼流圈的匝数。增加穿过磁环的匝数可以增加低频的阻抗,但是由于寄生电容增加,高频的阻抗会减小。盲目增加匝数来增加衰减量是一个常见的错误。当需要抑制的干扰频带较宽时,可在两个磁环上绕不同的匝数。

（6）电缆上铁氧体磁环的个数。增加电缆上铁氧体磁环的个数,可以增加低频的阻抗,但高频的阻抗会减小。这是因为寄生电容增加的缘故。

（7）铁氧体磁环的安装位置。一般尽量靠近干扰源。对于屏蔽机箱上的电缆,磁环应尽量靠近机箱电缆的进出口。

（8）与电容式滤波连接器一起使用效果更好。由于铁氧体磁环的效果取决于电路的阻抗,所以电路的阻抗越低,磁环的效果越明显。因此当原来的电缆两端安装了电容式滤波连接器时,其阻抗很低,磁环的效果更明显。铁氧体磁心的线圈在频率较低时,仍然是一个电感,对于这种单个电感构成的滤波电路而言,截止频率为 $f_{co}=1/(2\pi R_s L)$,R_s 是原电路阻抗与负载电路阻抗的串联值。

5.3.3 反射-吸收组合式滤波器

1. 穿心电容

穿心电容由金属薄膜卷绕而成,其中一个端片和中心导电杆焊在一起,另一端片与电容外壳焊在一起作为接地端。穿心电容是一种短引线电容,它的特殊结构使其自谐振频率可达 1GHz,因此可以用于高频滤波。穿心电容价格低廉,安装方便,在电磁兼容性工程中应用广泛。以穿心电容为基础组成的馈通滤波器,是解决电磁干扰的理想器件。图 5-40 为穿心电容的外形、电路符号和实物。

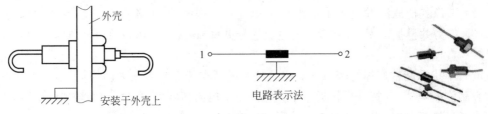

图 5-40   穿心电容

穿心电容实质上是一种三端电容,其内电极连接两根引线,外电极作为接地线。使用时,外电极通过焊接或螺纹的方式直接安装在用电设备的金属面板上,需要滤波的信号线或电源线连接在芯线的两端。使穿心电容对干扰信号起到旁路作用。穿心电容常作为电源中共模干扰的高频滤波。

穿心电容也有采用高介电常数的陶瓷作为介质制成的,在瓷管的内外表面涂以银层作为电极,外表石与安装螺钉焊在一起,内表石与穿过瓷管的导线相焊。这种瓷管式穿心电容的电容量一般在数千至数万皮法,常用于电源供电滤波。

实际中,常将穿心电容与铁氧体磁环结合起来使用,构成的高频滤波电路,常用于抑制电源线上的共模高频干扰。例如,在电动机的控制线路中,由电动机碳刷滑动接触发射的高频辐射和传导干扰,将向外辐射或者通过接线端传导至低电平电路。为防止辐射干扰,应采用金属屏蔽体将电动机屏蔽,然后将穿心电容和磁环连接于导线上以抑制电动机产生的传导干扰,如图 5-41 所示。

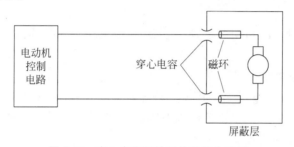

图 5-41　穿心电容与铁氧体的组合应用

2. 组合式滤波器

反射式滤波器均由低损耗的电抗元件组成,所以可能因寄生效应或阻抗失配而引起谐振。寄生谐振会造成滤波器响应的严重畸变,因此必须特别注意防止。防止寄生谐振最常用的方法是引入某些损耗机理,将反射式滤波器与吸收式滤波器串联起来组合使用,以达到更好的滤波效果。按此方法构成的滤波器,既有陡峭的频率特性,又有很高的阻带衰减。例如,图 5-42(a)表示的是一反射式低通滤波器的损耗特性曲线,可以看到,在 0.4MHz 附近滤波器的插入损耗急剧增大,很快达到高损耗区,一直延伸到 3MHz 频率附近。此后,损耗急剧减小。若在低通反射式滤波器前面接入一小段同轴线,在同轴线内、外导体之间填充6:1 的铁粉和环氧树脂组合介质材料。这一组合滤波器的频率特性变为如图 5-42(b)所

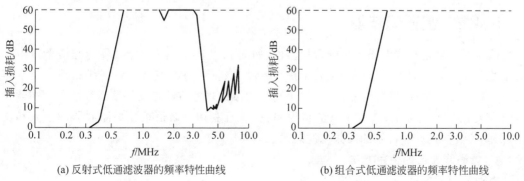

(a) 反射式低通滤波器的频率特性曲线　　　　(b) 组合式低通滤波器的频率特性曲线

图 5-42　接入有耗线后低通反射式滤波器的频率特性曲线

示。显然,新的损耗特性既保留了原有特性的陡峭上升特点,又大大改善了其阻带的衰减性能,使总的特性更趋理想。

5.4 信号滤波器

如前所述,EMI滤波器根据滤波器的处理对象又分为电源滤波器和信号滤波器。信号滤波器是用在各种信号线上的低通滤波器。它的作用就是滤除导线上各种不需要的高频干扰信号,即允许有用信号无衰减通过,同时大大衰减杂波干扰信号。

线路板上的导线是最有效的接收和辐射天线,由于导线的存在,往往会使线路板产生过强的电磁辐射。同时,这些导线又能接收外部的电磁干扰,使电路对干扰很敏感。在导线上使用信号滤波器是一个解决高频电磁干扰辐射和接收很有效的方法。

5.4.1 信号滤波器种类

按安装方式和外形分类,信号滤波器有线路板安装滤波器、馈通滤波器、滤波连接器3种。

1. 线路板安装滤波器

这种滤波器安装在线路板上。其优点是经济,安装方便;缺点是高频滤波效果欠佳。这主要是由于滤波器的输入、输出之间没有隔离,容易发生耦合;另外,滤波器的接地阻抗不是很低,削弱了高频旁路效果。

2. 馈通滤波器

这种滤波器直接安装在屏蔽机箱上的金属隔离板上,由于直接安装在金属隔离板上,滤波器的输入、输出之间完全隔离,接地良好,电缆上的干扰在机箱端口上被滤除,因此滤波效果十分理想,特别适合于单根导线穿过屏蔽体。缺点是安装需要一定的结构配合,这一点必须在设计初期进行考虑。

3. 滤波连接器

这是一种使用十分方便、性能十分优越的器件。外形与普通的连接器一样,可以直接替换。它的每根插针或孔上都有一个低通滤波器。低通滤波器可以是简单的单电容电路,也可以是较复杂的电路。适合于安装在屏蔽屏蔽机箱上,具有较好的高频滤波效果,用于多根导线(电缆)穿过屏蔽体。

5.4.2 馈通滤波器

馈通滤波器是解决电磁干扰的理想器件,如图5-43所示为馈通滤波器电路类型。由于电路的工作频率和周围环境中的电磁干扰频率越来越高,将滤波器安装在线路板上所暴露出的高频滤波不足的问题日益突出。解决高频滤波的根本方法是使用馈通滤波器。馈通滤波器安装在金属面板上,具有很低的接地阻抗,并且利用金属面板隔离滤波器的输入和输出,因此滤波器具有非常好的高频滤波效果。

1. 馈通滤波器的使用方法

馈通滤波器的使用方法有以下3种。

(1) 安装在屏蔽体(屏蔽箱和屏蔽机箱等)的面板上。这是最基本的使用方法,当有导

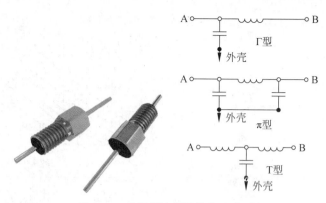

图 5-43　馈通滤波器及其电路类型

线穿过屏蔽体时就需要在屏蔽体面板上安装馈通滤波器,使导线通过馈通滤波器穿过屏蔽体。

（2）安装在线路板的地线层上。在多层线路板上,可以利用线路板的地线层作隔离层和接地层。

（3）安装在线路之间的隔离板上。当条件不具备,馈通滤波器不能安装在屏蔽体面板或地线面上时,安装在金属隔板上也具有普通电容(包括三端电容)不可比拟的高频滤波作用。

2. 馈通滤波器安装方法

馈通滤波器有焊接式安装和螺纹安装两种。

焊接式安装的优点是节省空间,滤波性能可靠。但在将滤波器焊接到面板上时,由于面板的热容量远大于滤波器的热容量,因此焊接的局部温度有可能达到很高,造成滤波器损坏。焊接时要注意控制焊接的时间和温度。

螺纹安装的方式简单易行。可以在面板上打通孔,用螺母将馈通滤波器拧紧;也可以在面板上打带螺纹的孔,将馈通滤波器直接拧上。无论是用哪一种方法,都要注意两点:一是扭矩不能太大,馈通滤波器虽然从外表上看与螺钉一样坚固,但由于内部是空心的,扭矩过大会造成损坏;二是在安装时要套上锯齿垫片,这样可以保持良好的接触。

3. 馈通滤波器的电路

如前所述,馈通滤波器的电路结构有 C 型(单个穿心电容)、L 型(一个穿心电容加一个电感)、T 型(两个电感加一个穿心电容)、π 型(两个穿心电容加一个电感)等,滤波器的电路器件越多,则滤波器的过渡带越短,阻带的插入损耗越大,如图 5-44 所示。

选用滤波电路时可从如下几个方面考虑:

（1）对干扰的衰减量——滤波器的器件数量越多,一般对干扰信号的衰减越大(但有例外,当不符合下面的第(3)项原则时,衰减量可能与器件数量较少的一样)。

（2）有用信号与干扰信号在频率上的差别——有用信号与干扰信号的频率相差越小,需要滤波器的器件数量越多。

（3）使用滤波器电路的阻抗——一个基本原则是,滤波器中的电容对应高阻抗电路,电感对应低阻抗电路。这里所谓的高低,可以以 50Ω 为参考。

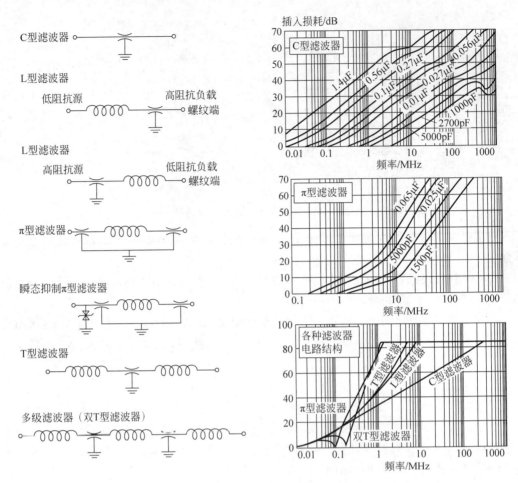

图 5-44　馈通滤波器的电路及滤波曲线图

5.4.3　滤波连接器与滤波阵列板

　　滤波连接器是在普通连接器的基础上,经过内部结构改进,增加滤波电路(网络),因此,它既具有普通连接器的所有功能,又具有抑制电磁干扰的特性。当穿过面板的导线很多时,往往使用滤波连接器或滤波阵列板。

　　滤波阵列板与滤波连接器是馈通滤波器的概念的两种延伸。当需要滤波的导线数量较多时逐个焊接和安装是十分烦琐的事,这时可以使用滤波阵列板与滤波连接器,如图 5-45 和图 5-46 所示。滤波阵列板上的滤波器已经由厂家使用特殊工艺焊接好,性能可靠,使用简便。滤波阵列板上的滤波器的间隔为 2.54mm,因此扁平电缆的接头可以直接插上,避免了逐根焊线的烦琐过程。滤波阵列板一般用在机箱的内部。对于机箱外部的电缆,进行滤波时必须使用滤波连接器,这样便于电缆的插拔。一般滤波连接器的外形尺寸与普通连接器是完全相同的,可直接取代普通连接器。不同的是,滤波连接器的每一个针(孔)上安装了一个低通滤波器,该滤波器用于滤除信号线上的高频干扰。由于连接器安装在电缆进入机箱的端口处,因此滤波后的导线不会再感应干扰信号。

图 5-45　滤波阵列板

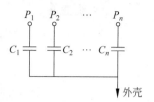

图 5-46　滤波连接器及其电路

使用屏蔽电缆虽然有时也能解决电缆辐射问题,但使用滤波连接器的方案在许多方面都优于屏蔽电缆,例如,滤波连接器能够将电缆中的干扰电流滤除掉,从而彻底消除电缆的辐射因素。而屏蔽电缆仅仅是防止干扰通过电缆辐射,实际这些干扰电流还在电缆中。因此当主机通过屏蔽电缆与打印机连接时,干扰电流会进入打印机,并通过打印机的天线效应辐射。

滤波连接器的主要优点是:

(1)体积小。将滤波电路(网络)设计在连接器内部,为使用设备节省了空间。

(2)功能多。将滤波器同连接器金属外壳连接,可同时实现滤波、屏蔽、接地;可根据用户要求在同一连接器内混装不同的滤波频段。

(3)使用方便。由于研制、生产的滤波连接器是在普通连接器的基础上,经过内部结构改进增加滤波电路而成,可不改变原有的安装尺寸及方式,因此可以与同型别的连接器互换使用。

(4)低成本。采用滤波连接器可以省去大部分设备抑制电磁干扰的设计成本,而且与特制滤波器具有同等功效,适用于各种信号输入、输出和转接端口的电磁兼容设计。

滤波连接器必须良好接地才能起到预期的滤波作用。

使用滤波阵列板时,要注意的问题是:一定要在滤波阵列板与安装面板之间安装电磁密封衬垫,否则在缝隙处会有很强的电磁泄漏。

如图 5-46 为滤波连接器,用于计算机串联通信口、打印口、微处理器应用产品和外围终端设备,以及仪器等电子设备的对外连接,可消除传输线缆的共模干扰。

5.4.4　信号滤波器在电子设备中的用途

1. 屏蔽壳体上的穿线

屏蔽壳体上不允许有任何导线穿过,屏蔽效能再高的屏蔽体一旦有导线穿过屏蔽体,屏蔽体的屏蔽效能就会大幅度下降。这是因为导线充当了接收干扰和辐射干扰的天线。当有导线需要穿过屏蔽体时,必须使用滤波连接器或馈通滤波器。这样可以将导线接收到的干扰在屏蔽体上滤除,从而避免干扰穿过屏蔽体。

2. 设备内部的隔离

现代电子设备的体积越来越小,器件的安装密度越来越大。由此带来的问题之一是电路间的相互干扰。特别是数字电路与模拟电路之间的干扰、强信号电路与弱信号电路之间的干扰等,已成为影响电子设备指标的重要因素。解决这个问题的唯一途径是对不同类型的电路进行隔离。当不同电路之间没有任何连线时,这种隔离是很容易的,只要按照一般的屏蔽设计技术做就可以了。但当电路之间有互联线时,必须对互联线进行滤波,才能达到真正的隔离。这时要在互联线上使用信号滤波器,如使用滤波连接器、馈通滤波器或滤波器阵列。

3. 电缆滤波

设备中的电缆是接收干扰和辐射干扰最有效的天线。干扰主要通过电缆进出设备。解决电缆接收和辐射干扰的主要手段有屏蔽和滤波。虽然使用屏蔽电缆能够有效地减小电缆的电磁干扰辐射和接收电磁干扰的能力,但屏蔽电缆的屏蔽效能对屏蔽层的端接方式依赖很大,并且由于屏蔽电缆的屏蔽层是金属编织网构成的,在高频时屏蔽效能较差。为了改善这种状况,在屏蔽电缆的两端使用滤波器(滤波连接器或馈通滤波器)是有效的方法。

5.4.5 信号滤波器的选用

选择信号滤波器的步骤分为滤波器形式的选择、滤波器电路性能的选择、滤波器截止频率的选择3步。

1. 滤波器形式的选择

根据使用的场合,确定是线路板安装滤波器、馈通滤波器还是滤波连接器。当需要穿过屏蔽体的导线较多时,应选用滤波器阵列板或滤波连接器,可以提高可靠性、降低成本。当选用滤波连接器时,与选用普通连接器时考虑的内容相同,如芯数、针或孔、安装方式、锁紧方式等。

2. 滤波器电路性能的选择

根据设备超标的情况或要求的隔离度确定选用何种电路性能的滤波器,滤波器电路性能越高,价格越高。π型滤波电路具有理想的干扰抑制效果,但价格很高。一般当信号是高速脉冲信号或对电磁兼容特性要求很严(如满足军标或 TEMPEST)时,应选用 π 型滤波电路。π 型滤波器既能有效地滤除高频干扰,又能保证波形的形状。

3. 滤波器截止频率的选择

根据信号的频率选择滤波器的截止频率,必须保证电路工作所必需的信号频率顺利通过滤波器,一般对有用频率的衰减要小于3dB。信号滤波器的截止频率必须高于电缆上要传输的信号频率;滤波器 3dB 插入损耗所对应的频率为截止频率。订购产品时用滤波代码来表征滤波特性。根据具体情况,可以用下列方法确定截止频率:

(1) 模拟信号——信号的频率要低于截止频率。

(2) 脉冲信号——若上升/下降时间为 t_r,则 $1/\pi t_r$ 小于截止频率。若脉冲信号的重复频率是 f,则 $15f$ 小于截止频率。

4. 其他

根据实际的环境条件,正确选择滤波器的工作电压、电流、温度范围等。

5.4.6 信号滤波器的安装位置、方法和注意事项

1. 信号滤波器的安装位置

无屏蔽的场合:滤波器靠近被滤波器件或线路板一端。

有屏蔽的场合:滤波器安装在屏蔽界面上。如图 5-47 所示,这种滤波器直接安装在屏蔽机箱的金属面板上,如馈通滤波器、滤波阵列板、滤波连接器等。由于直接安装在金属面板上,滤波器的输入、输出之间完全隔离,接地良好,电缆上的干扰在机箱端口上被滤除,因此滤波效果十分理想。缺点是安装需要一定的结构配合,这一点必须在设计初期进行考虑。

2. 线路板安装滤波器的注意事项

顾名思义,线路板安装滤波器安装在线路板上,如 PLB、JLB 系列滤波器。这种滤波器

图 5-47　滤波器安装

的优点是经济,缺点是高频滤波效果欠佳。这主要是由 3 个原因造成的:第一个原因是滤波器的输入、输出之间没有隔离,容易发生耦合;第二个原因是滤波器的接地阻抗不是很低,削弱了高频旁路效果;第三个原因是滤波器与机箱之间的一段连线会产生两种不良作用:

① 机箱内部空间的电磁干扰会直接感应到这段线上,沿着电缆传出机箱,借助电缆辐射,使滤波器失效。

② 外界干扰在被线路板安装滤波器滤波之前,借助这段线产生辐射,或直接与线路板上的电路发生耦合,造成敏感度问题。

线路板安装滤波器虽然高频的滤波效果不尽如人意,但是如果应用得当,就可以满足大部分民用产品电磁兼容的要求,如图 5-48 所示。在使用时要注意以下事项:

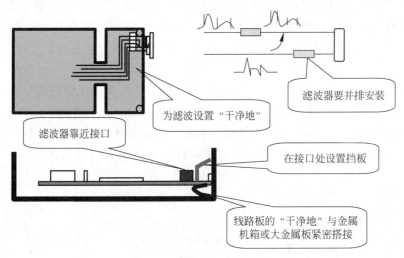

图 5-48　滤波器安装注意事项

（1）设置"干净地"。在决定使用线路板安装滤波器后,在布线时要注意在电缆端口处留出一个"干净地",滤波器和连接器都安装于此。一般信号地线上的干扰是十分严重的,我们说这种地线是很不干净的。如果直接将电缆的滤波电容连接到这种地线上,不仅起不到较好的滤波作用,还可能造成地线上的干扰传到电缆线上,造成更严重的共模辐射问题。因此为了取得较好的滤波效果,必须准备一个"干净地"。"干净地"与信号地只能在一点连接起来,这个点称为"桥",所有信号线都应该从桥上通过,以减小信号环路面积。

（2）滤波器要并排设置。保证导线组内所有导线的未滤波部分在一起,已滤波部分在一起。否则,一根导线的未滤波部分会将另一根导线的已滤波部分重新污染,使电缆整体的滤波失效。

（3）滤波器要尽量靠近电缆的端口。使滤波器与面板之间的导线尽量短。必要时,使用金属遮挡板,其近区场的隔离效果较好。

(4) 滤波器与机箱的搭接。安装滤波器的"干净地"要与金属机箱可靠地搭接起来,如果机箱不是金属的,那么应该在线路板下方设置一块较大的金属板,作为滤波地。"干净地"与金属机箱之间的搭接要保证很低的射频阻抗。必要时,可以考虑使用电磁密封衬垫搭接,增加搭接面积,减小射频阻抗。

(5) 滤波器接地线要短。在滤波器的局部布线和设计线路板与机箱(金属板)的连接结构时要特别注意这一点。

(6) 滤波线与未滤波线分组。在端口滤波的电缆和未滤波的电缆尽量远离,防止发生上述耦合问题。

3. 电缆滤波的方法

目前广泛使用的方法是滤波连接器。这种器件在每个触点上都会安装一个低通滤波器,由于具有馈通式安装的结构,因此具有非常好的高频滤波特性。但是,如果限于条件(成本、供货、产品种类等),不能使用滤波连接器,则可以在现有连接器后面加一个屏蔽罩,在屏蔽罩上安装馈通滤波器,如图 5-49 所示。

4. 在面板安装滤波器的注意事项

滤波器与面板之间必须使用电磁密封衬垫,如图 5-50 所示。在面板上安装滤波器,特别是滤波阵列板或连接器时,最重要的一点是要使滤波器与屏蔽机箱之间实现低阻抗搭接;否则,搭接点处会产生严重的电磁泄漏。因为当射频电流流过较大的阻抗时,会在阻抗部位产生辐射。而滤波器中的主要滤波器件是旁路电容,旁路电容将信号线上的干扰旁路到滤波器外壳,然后泄放到机壳上。这些射频电流必然会流过滤波器与屏蔽箱的结合处。如果结合处的阻抗较大,则会产生泄漏。在结构设计中,要避免电缆、导线等辐射源靠近缝隙就是这个道理。当屏蔽电缆的屏蔽层直接与滤波器连接器连接时,被滤波器中的旁路电容旁路下来的干扰还会传到屏蔽层,借助屏蔽层辐射,产生比没有滤波器时更大的辐射发射。

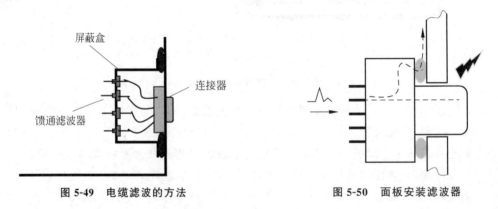

图 5-49　电缆滤波的方法　　　　图 5-50　面板安装滤波器

5.5　电源 EMI 滤波器

强制性的传导发射标准主要体现在电源线上,因此,许多制造商将用于设备电源输入端的滤波器作为一个独立的器件,开发了各种尺寸、各种电路结构的产品,如图 5-51 所示。在电子设备供电电源上,存在各种形式的电磁干扰,如:由于线路上的电动机的开启和闭合,线路中出现感应电动势,形成干扰;线路上的大负荷变动(闸流管、触发管、开关电源,继电器控制的大功率设备等大负荷变动)和数字电路引起电流的突变产生感应电动势,形成干扰;公共电源线路上连接可产生火花放电的设备,火花放电在电源线上将产生宽带的高频干扰。另外,由于电源线路的天线效应,空间各种辐射干扰都可能通过电源线进入设备。我们把这类信号称为来自电子设备外部的传导干扰信号。另一方面,许多电子设备在完成其功能的同时,也会产生传导干扰信号。电源 EMI 滤波器(或电源线滤波器)是一种低通 LC 结构的滤波器,能毫无衰减地把直流、50 Hz 或 400 Hz 的电源功率传输到设备上去,对于其他高频信号则产生很大衰减,保护设备免受其害,同时,它又能抑制设备本身产生的 EMI 信号,防止它进入电网,污染电磁环境,危害其他设备。

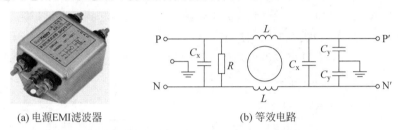

(a) 电源EMI滤波器　　　　　　(b) 等效电路

图 5-51　电源 EMI 滤波器及其等效电路

5.5.1　电源 EMI 滤波器的结构和工作原理

1. 电源线中的共模干扰和差模干扰

1) 共模干扰

电源线的相线、中线和地线出现幅度和相位都相同的干扰信号,即相线与地线、中线与地线之间存在的 EMI 信号称为共模干扰信号。空间电磁场对电源线的耦合均为共模干扰,如图 5-52 所示。

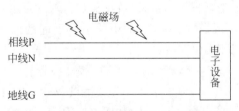

图 5-52　空间电磁场对电源线的共模干扰

2) 差模干扰

电源线的相线、中线出现的幅度相等(或近似相等)、相位相差 180° 的干扰信号,即相线与中线之间存在的 EMI 信号称为差模干扰信号。差模干扰主要来源于公共电源线路上其他设备产生的干扰(例如,从相线来、从中线走的干扰信号)。

对任何电源线上传导的干扰信号,都可用共模和差模信号来表示,并且可以将相线与地线、中线与地线间上的共模干扰信号、相线与中线间上的差模干扰信号看作独立的干扰源,将相线与地线、中线与地线(共模干扰)以及相线与中线(差模干扰)看作独立网络端口,以便分析干扰信号和相关的滤波网络。

2. 共模滤波器和差模滤波器

由于分析电源线上的干扰源时,可以独立将其分为共模干扰信号源和差模干扰信号源,所以抑制其干扰的滤波器可相应分为共模滤波器和差模滤波器。

1) 共模滤波器

由共模扼流圈和相线-地线、中线-地线间的电容器 C_y 组成,如图 5-53 所示。

通常,采用电容器位于负载端、电感器位于源端的 LC 滤波网络构造共模滤波器。为了增加衰减,实现理想的频率特性,可以级联几个 LC 滤波网络。图 5-54 中的电容器 C_y 旁路对地的共模电流。需要低源阻抗时,可以采用一个 T 型低通滤波器。由于高源阻抗的存在,所以在滤除共模干扰的过程中,采用大的相线-地线电容很有必要。然而这样的大电容会导致地线中的高漏电电流,从而产生电位冲击危害。因此,电气安全机构对相线与地线间电容器的最大值,取决于线电压的最大允许漏电电流值进行了限值,详见后续讨论。为了避免放电电流引起的冲击危害,相线与中线间的电容器 C_x 必须小于 $0.5\mu F$。另外,应增加一个泄流电阻,如图 5-51(b)所示,在冲击危害出现后,以使交流插头两端的电压小于一定的允许值。

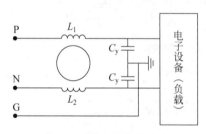

图 5-53　基本共模滤波器

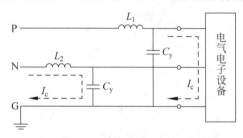

图 5-54　共模滤波器

共模滤波器的衰减在低频主要由电感器产生,而在高频大部分由电容器 C_y 旁路实现,由于电容 C_y 大小受到限制,高频噪声也可以由扼流圈中的铁氧体磁心抑制,铁氧体在高频时是一个依赖频率的电阻 $R(f)$,该电阻在高频时起主要作用,这样,扼流圈不仅抑制了共模电流,而且还在 $R(f)$ 上消耗掉了。因此,在 C_y 太小或不采用 C_y 时,扼流圈应采用铁氧体作为磁心。注意,在高频时,电容器 C_y 的引线电感引起的谐振效应具有十分重要的意义,应用陶瓷电容器可以降低引线电感。

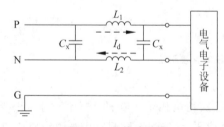

图 5-55　差模滤波器

2) 差模滤波器

差模滤波器由电感器 L_1、L_2 和电容器 C_x 构成,如图 5-55 所示。电感器对差模干扰产生衰减,并联电容器 C_x 旁路差模干扰电流并防止它们到达负载。差模电容 C_x 不与地连接,其值不受泄漏要求的限制,一般取 $0.1\sim2\mu F$。出于安全的原因,有时可以增加一个与电容并联的电阻(通常为 $1M\Omega$),如图 5-51(b)中的并联电阻 R,当电源断开时,这个电阻用于电容器放电。

3. 共模扼流圈

1) 共模扼流圈的组成与作用

由于共模电流产生的辐射发射的潜能要比差模电流大得多,所以,对于存在于实际系统中的共模噪声电流必须予以减小。减少共模电流最有效的方法之一就是采用共模扼流圈。

共模扼流圈是在一个闭合磁环上对称绕制方向相反、匝数相同的线圈。共模扼流圈的磁心一般由高磁导率材料组成。如图 5-56 所示的共模扼流圈(又称电流补偿扼流圈)是由串接于相线 P 的线圈 L_1 和串接于中线 N 的线圈 L_2 绕在同一磁心上组成,两线圈的匝数和相位都相同(绕制反向)。这样,当差模电流流过时,L_1 和 L_2 产生的磁通反向在磁心中相减(抵消),电感减小,扼流圈呈现低阻抗。而当共模干扰电流流过时,L_1 和 L_2 产生的磁通同向在磁心中相加,电感增大,扼流圈呈现高阻抗,从而起到抑制共模噪声的作用。共模扼流圈的目的是用来抑制共模电流,理想情况下,共模扼流圈不影响差模电流。

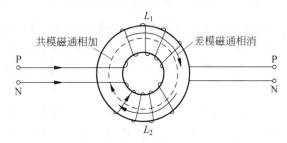

图 5-56　共模扼流圈

2) 扼流圈的泄漏电感

扼流圈的泄漏电感在电源滤波器中是很重要的,因为泄漏电感决定着扼流圈差模电感的大小。在理想的共模扼流圈中,由于两线圈可以看作是完全耦合的,每个线圈中差模电流的方向相反,在磁心中的磁通量相互抵消,所以,不提供差模电感。当扼流圈中的两线圈不完全耦合时,一个线圈产生的磁通量不会全部耦合到另一线圈中。当差模电流流过线圈时,会有一些不能抵消的泄漏磁通,使扼流圈有一个小的差模电感。

泄漏电感对共模扼流圈既有好处也有坏处。当存在泄漏电感时,扼流圈的每个线圈都相当于串联了一个小的差模电感,这个差模电感可以与差模电容 C_x 组成一个差模滤波器。而过多的泄漏电感又会导致共模扼流圈在低值的交流电源下饱和,产生不利的特性。为使扼流圈在载有额定电源线电流时不饱和,设计和制造共模扼流圈时,其具有的泄漏电感通常是其共模电感的 0.5%~5%。

4. 电源滤波器的基本电路

实际上,电源线上往往同时存在共模干扰和差模干扰,因此,实用的电源线滤波器是由共模滤波电路和差模滤波电路组合构成的滤波器。在如图 5-51(b)给出的电源滤波器等效电路结构中,两个线对地电容 C_y 和共模扼流圈 L 构成滤波器的共模部分、两个线对线电容 C_x 和共模扼流圈的泄漏电感产生的差模电感(注意:理想的扼流圈不提供差模电感)构成滤波器的差模部分。

如图 5-57 所示为电源线滤波器的基本电路。在图 5-57(a)中,共模电容 C_{y1}、C_{y2} 和共模扼流圈 L_c 组成共模滤波器。差模电容 C_{x1}、C_{x2} 和共模扼流圈的泄漏电感组成差模滤波器,至于电容 C_{y1}、C_{y2},它们对于差模噪声是串联连接,电容值极小,只提供很少的差模滤波,差模滤波时通常将它们忽略。读者可自行分析如图 5-57(b)所示电路。

电路中各个器件的作用如下:

差模滤波电容 C_x——跨接在火线和零线之间,对差模电流起旁路作用,电容值为 0.1~2μF。

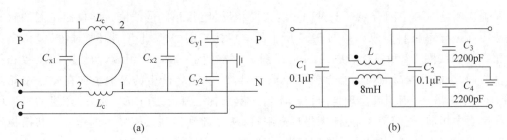

图 5-57　电源滤波器基本电路

共模滤波电容 C_y——跨接在火线或零线与机壳地之间,对共模电流起旁路作用。共模滤波电容受到漏电流的限制,电容值不能过大,否则会超过安全标准中对漏电电流(3.5mA)的限制要求,一般在 10 000pF 以下。医疗设备中对漏电流的要求更严,在医疗设备中,这个电容的容量更小,甚至不用。

共模扼流圈——在普通的滤波器中,往往仅安装一个共模扼流圈,利用共模扼流圈的泄漏电感产生适量的差模电感,起到对差模电流的抑制作用。有时,人为地增加共模扼流圈的漏电感,提高差模电感量。共模扼流圈的电感量范围为 1mH 至数十毫亨,取决于要滤除的干扰的频率,频率越低,需要的电感量越大。在一般的滤波器中,共模扼流圈的作用主要是滤除低频共模干扰,在高频时,由于寄生电容的存在,对干扰的抑制作用已经较小,主要依靠共模滤波电容。医疗设备由于受到漏电流的限制,有时不使用共模滤波电容,这时,要提高扼流圈的高频特性,可采用铁氧体磁心的共模扼流圈。

基本电路对干扰的滤波效果很有限,仅用在要求最低的场合。要提高滤波器的效果,可在基本电路的基础上增加一些器件,下面列举一些常用方法。

（1）强化差模滤波:

① 与共模扼流圈串联两只差模线圈,增大差模电感;

② 在共模滤波电容的右边增加两只差模扼流圈,同时在差模电感的右边增加一个差模滤波电容,如图 5-59(b)所示。

（2）强化共模滤波:在共模滤波电容右边增加一个共模扼流圈,对共模干扰构成 T 型滤波。

（3）强化共模和差模滤波:在共模扼流圈右边增加一个共模扼流圈、再加一个差模电容。

说明:一般情况下不使用增加共模滤波电容的方法增强共模滤波效果,以防止接地不良时出现滤波效果更差的问题。

在设计电源滤波器时,通常是首先设计共模滤波器,然后由共模扼流圈的泄漏电感设计差模滤波器,并选择差模电容 C_x 的值以提供需要的衰减。如果需要增大差模衰减,可以在滤波器中增加离散差模电感,如图 5-60 所示。差模电感要绕在低磁导率磁心上,以使大的工频电流流过时也不会饱和,差模电感值通常是几百微亨。

5.5.2　电源 EMI 滤波器允许最大串联电感和最大共模电容的计算

在大多数情况下,电源 EMI 滤波器接主电源线,这种 EMI 滤波器除了要考虑源阻抗和负载阻抗的不匹配因素之外,还必须考虑另一个特殊要求:它对滤波器所采用的串联电感器的电感量以及并联电容器的电容量有严格的限制。这就给这种滤波器的设计带来了更大的困难。这是因为,滤波器中所采用的串联电感受到电源频率下电压降的限制,不能选得太大;而接地的滤波电容器的容量则因安全及防止触电的原因,受到允许接地漏电流的限制,也不能选得太大。由于这些限制,往往使得它们很难同时满足对插入损耗的要求。

1. 电源 EMI 滤波器允许的最大串联电感

设 EMI 滤波器中串联电感为 L,等效电阻为 R,电网频率为 f,角频率为 ω,电网额定工作电流为 I,则电感器上的电压为

$$U_L = I \mid Z \mid = I \sqrt{R^2 + (\omega L)^2}$$

考虑到电网中可能产生的浪涌电流的影响,通常 U_L 只允许限制在额定工作电压的百分之几。如果忽略电感器内电阻 R 上的电压降,假设允许电感器上的电压降等于 U_{Lmax},则允许串接电感 L_{max} 的数值为

$$L_{max} = \frac{U_{Lmax}}{2\pi f I_m} \tag{5-13}$$

2. 电源 EMI 滤波器允许的最大滤波电容

电源 EMI 滤波器中接在相线与大地之间的滤波电容器 C_y 通常称为 y 电容器,如图 5-58 所示,该电容器容量过大将造成漏电流过大,从而危及人身安全。许多电气设备,如便携式电动工具、家用电器等,有时不接地线,如果人体接触外壳,则该漏电流将会流过人体。由于人体电阻为 $1\sim2\mathrm{k}\Omega$,所以这时

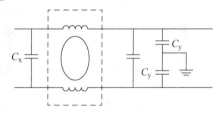

图 5-58　电源滤波器电路

的漏电流与通过电容器 C_y 的电流 I_y 近似相等。I_y 过大则会造成人体伤害。

在电源 EMI 滤波器中,允许采用的 C_y 的最大值可以由下式计算:

$$C_y = \frac{I_g}{2\pi f U} \times 10^6 \,(\mathrm{nF}) \tag{5-14}$$

式中,U 为电网电压,单位为 V,f 为电网频率,单位为 Hz;I_g 为电子设备允许的接地漏电电流,单位为 mA。

$$L_{max} C_{max} = \frac{U_{Lmax} I_g}{IU} \times \frac{1}{\omega^2} \tag{5-15}$$

对于小功率的电子设备而言,$L_{max} C_{max}$ 的值通常为 $100\mu\mathrm{H}\mu\mathrm{F}$,这是一个非常小的数值。以单级 LC 滤波电路为例,为简化分析,用电压衰减来代替插入损耗,可得这时的插入损耗近似为 $K(\omega) = \omega^2 LC$ 若 LC 取值为 $100\mu\mathrm{H}\mu\mathrm{F}$,频率为 $150\mathrm{kHz}$,则可计算的插入损耗为 40dB 左右。显然,这与实际要求值 $60\sim80\mathrm{dB}$ 相比是太低了。因此,通常电源 EMI 滤波器必须采用多级滤波器,如图 5-59 所示。图 5-60 为 EMI 滤波器典型应用图解。

5.5.3　改善电源 EMI 滤波器的高频特性

尽管各种电磁兼容标准中关于传导发射的限制仅为 30MHz(旧军标为 50MHz,新军标为 10MHz),但是对传导发射的抑制绝不能不考虑高频。因为电源线上高频传导电流会导致辐射,使设备的辐射发射超标。另外,瞬态脉冲敏感度试验中的试验波形往往包含了很高的频率成分,如果不滤除这些高频干扰,则会导致设备的敏感度试验失败。图 5-61 为电源线滤波器的高频特性。

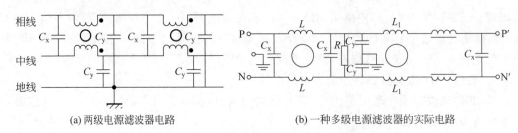

(a) 两级电源滤波器电路　　　　　　　　(b) 一种多级电源滤波器的实际电路

图 5-59　实用的多级电源 EMI 滤波器电路图

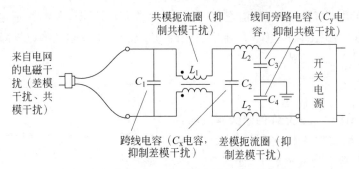

图 5-60　电源 EMI 滤波器典型应用电路图解

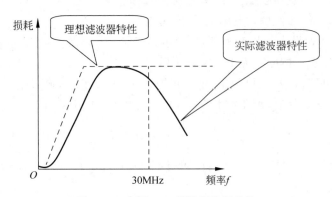

图 5-61　电源 EMI 滤波器高频特性

电源线滤波器的高频特性差的主要原因有两个:一个是内部寄生参数造成的空间耦合,另一个是滤波器件的不理想性。因此,改善高频特性的方法也是从这两个方面着手。

1. 改善内部结构

滤波器的连线要按照电路结构向一个方向布置,在空间允许的条件下,电感与电容之间保持一定的距离,必要时,可设置一些隔离板,减小空间耦合。

2. 改善滤波元件的非理想性

1) 电感

按照前面所介绍的方法控制电感的寄生电容。必要时,使用多个电感串联的方式。

2) 差模滤波电容

电容的引线要尽量短。这个要求的含义是:电容与需要滤波的导线(火线和零线)之间的连线尽量短。如果滤波器安装在线路板上,那么线路板上的走线也会等效成电容的引线。这时,要注意保证实际的电容引线最短。

3）共模电容

共模电容的引线也要尽量短,其注意事项同差模电容相同。但是,滤波器的共模高频滤波特性主要靠共模电容保证,并且共模干扰的频率一般较高,因此共模滤波电容的高频特性更加重要。使用三端电容可以明显改善高频滤波效果。但是要注意三端电容的正确使用方法。即要使接地线尽量短,而其他两根线的长短对效果几乎没有影响。必要时可以使用穿心电容,这时,滤波器本身的性能可以到1GHz以上。

特别提示:当设备的辐射发射在某个频率上不满足标准的要求时,不要忘记检查电源线在这个频率上的共模传导发射,辐射发射很可能是由这个共模发射电流引起的。

5.5.4 电源 EMI 滤波器阻抗失配的插入增益问题

设计用于电力电子装置的 EMI 滤波器时,必须面对的一个重要问题是滤波器输入端干扰源的阻抗和输出端负载阻抗是任意的,且不确定。所以,必须在不匹配的情况下分析 EMI 滤波器的特性。

在有些情况下,许多人会遇到这样的问题,即在使用电源 EMI 滤波器后,电磁干扰问题反而严重了。这是因为滤波器由于谐振,产生了插入增益。插入增益不仅不会使干扰减小,还会使干扰增强。滤波器在源阻抗和负载阻抗相差很大时容易发生插入增益,如图 5-62 所示。插入增益的频率在滤波器的截止频率附近。解决插入增益的方法有两个:一个是将谐振

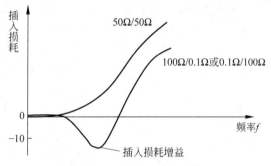

图 5-62 阻抗失配插入损耗增益

频率移动到没有干扰的频率上;另一个是增加滤波器的电阻性损耗(降低 Q 值)。具体操作是在差模电感上并联电阻,或在差模电容上串联电阻。

5.5.5 电源 EMI 滤波器的选择

任何一个电子设备要满足电磁兼容的要求,都要在电源线上使用电源 EMI 滤波器。现在市场上电源 EMI 滤波器种类繁多,那么如何选择滤波器呢?下面介绍一些选择滤波器时应考虑的参数。

1）插入损耗

对于干扰滤波器而言,这是最重要的指标,由于电源线上既有共模干扰也有差模干扰,因此滤波器的插入损耗也分为共模插入损耗和差模插入损耗。插入损耗越大越好。

2）高频特性

理想的电源 EMI 滤波器应该对交流电频率以外所有频率的信号有较大的衰减,即插入损耗的有效频率范围应覆盖可能存在干扰的整个频率范围。但几乎所有的电源 EMI 滤波器手册都仅给出了 30MHz 以下频率范围内的衰减特性。这是因为电磁兼容标准中对传导发射的限制仅到 30MHz(军标仅到 10MHz),并且大部分滤波器的性能在超过 30MHz 时开始变差。但在实际中,滤波器的高频特性是十分重要的。

3) 额定工作电流

这是一个模糊的概念。因为在厂商的产品说明书上并没有标明电流的定义,是峰值还是有效值。额定工作电流不仅关系到滤波器的发热问题,还影响电感的特性,滤波器中的电感在峰值条件下不应发生饱和。

4) 滤波器的体积

电子产品的小型化要求器件小型化。因此设计人员无一例外地希望滤波器的体积越小越好。滤波器的体积主要由滤波器中的电感决定,而电感的体积取决于额定电流、滤波器的低频滤波特性。体积小的滤波器一定牺牲了电流容量或低频特性。

5.5.6 电源 EMI 滤波器的安装

电源 EMI 滤波器从外观上看是一个两端口网络,许多人认为只要按照接线图将滤波器串在设备和电源之间就可以了。这是一个十分错误的认识。滤波器对电磁干扰的抑制作用不仅取决于滤波器本身的设计和它的实际工作条件,在很大程度上还取决于滤波器的安装。滤波器的安装正确与否对其插入损耗特性影响很大,只有正确安装,才能达到预期的效果,图 5-63 为正确的安装方法。安装滤波器时应考虑如下几个问题:

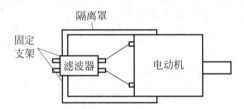

图 5-63 推荐的电源滤波器安装方法

(1) 电源输入线不应过长。滤波器的电源输入端导线过长,如图 5-64 所示,其后果是电网上的干扰进入设备后,还没有经过滤波器,就通过空间耦合到线路板上,对电路造成干扰。而设备内部的干扰会直接感应到电源线上,传出设备。一定要记住,这里涉及的电磁干扰都是频率较高的,它们极易辐射和通过空间耦合。

图 5-64 电源 EMI 滤波器的错误安装方法

(2) 安装位置。大部分设备的电源输入口安装在设备的后面板,而电源开关、指示灯等元器件安装在设备的前面板,这样电源线进入设备后面板后,先连接到前面板,然后再连接到滤波器上。这时,尽管滤波器距电源线入口很近,但会使滤波器旁路掉。

图 6-65 显示了电源 EMI 滤波器的 3 种安装方法,请读者自行分析它们的好坏。

例如,安装在线路板的问题,如图 5-66 所示为一种不正确的电源滤波器的安装方式,这种方式存在严重的电磁泄漏。

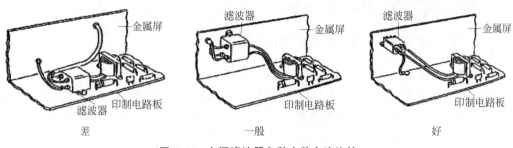

图 5-65　电源滤波器各种安装方法比较

差　　　　　　　一般　　　　　　　好

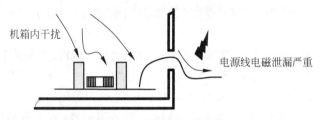

图 5-66　线路板电磁泄漏

将图 5-66 电源滤波器安装改进为如图 5-67 所示的安装,则起到了抑制干扰噪声的作用,是正确的安装方法。

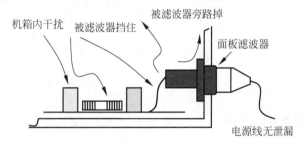

图 5-67　线路板滤波器的安装

5.6　去耦滤波器

电源分配系统(Power Distribution Network,PDN)在现代电路设计中占有越来越重要的作用。与低速时代相比,现代电路对 PDN 系统要求更加苛刻,PDN 系统的设计越来越困难。一方面,芯片的开关速度不断提高,高频瞬态电流的需求越来越大。另一方面,芯片功能不断增加,性能越来越强大,芯片的功耗随之增加。在大的高频瞬态电流需求的情况下满足 PDN 系统的噪声要求,对设计提出了很大的挑战,硬件工程师不得不小心处理 PDN 系统的设计。PDN 系统的作用主要包括两个方面:一是为负载提供干净稳定的供电电压;二是为信号提供低噪声的参考路径(返回路径)。如何保证 PDN 满足负载芯片对电源的要求,就是电源完整性(Power Integrity,PI)所要解决的问题。所以,在电子电路中,一个理想的直流配电系统的特性如下:

(1) 给负载提供一个稳定的直流电压。

(2) 不传播由负载产生的任何交流噪声。

(3) 在源与地之间具有 0Ω 的交流阻抗(交流地)。

5.6.1　直流电源的公共阻抗及去耦

在大多数电子系统中,直流电源及其配电系统为许多电路所公用,它们不允许成为这些电路相互耦合的通道。一个电源配电系统的主要功能,应当是在负载电流变化的条件下,给所有负载提供一个近于恒定不变的直流电压,因此,由负载产生的任何交流噪声信号不允许在直流电源母线上产生交流电压降。

一个理想的直流电源应当是一个内阻抗为零的恒压源,显然,实际上这是不可能的,不仅电源本身具有一定的内阻抗,而且通过电源连接各电路的导线(电源母线)也具有一定的阻抗。

图 5-68 是一个典型直流配电系统的原理图,直流源(如电池、电源或转换器),其输出端通过保险丝 F 以及电源母线连到可变电阻 R_L,C 为负载端的局部去耦电容。

为了进行详细分析,图 5-68 可扩展成如图 5-69 所示的等效电路,其中,R_S 为电源的内阻抗,R_F 为保险丝的等效电阻,元件 R_T、L_T、C_T 为电源母线(视为传输线)的等效分布电阻、分布电感和分布电容,U_N 是从其他电路耦合到电源线回路的集总等效噪声电压,R_C、L_C 为去耦电容 C 的等效串联损耗电阻和等效引线电感,R_L 表示负载。

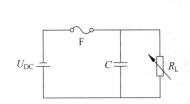

图 5-68　直流配电系统的原理图

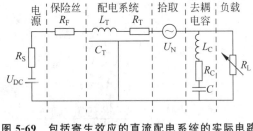

图 5-69　包括寄生效应的直流配电系统的实际电路

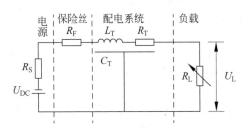

图 5-70　没有去耦电容和噪声拾取电压的电路图

噪声电压 U_N 的大小可以通过合理的屏蔽及接地减到最低限度,去耦电容 C 应选取低电感的电容。将去耦电容 C 和拾取噪声 U_N 从图 5-69 中去掉后,就得到了如图 5-70 所示的电路,该电路可用于确定配电系统的性能。

下面参考图 5-70 来重点讨论与电源供电系统性能直接相关的问题:系统的静态或直流特性和系统的瞬态或噪声特性。

1. 直流电源系统的静态特性

静态压降由最大负载电流和电阻 R_S、R_F、R_T 确定。可以通过改进电源的调控特性来减小。配电线路的电阻由下式确定:

$$R_T = \rho \frac{l}{A}$$

式中,A、l 为导线的横截面积和长度,ρ 为导线材料电阻率。

最小直流负载电压为:

$$U_{L(min)} = U_{DC(min)} - I_{L(max)} (R_S + R_F + R_T)_{max}$$

2. 直流电源系统的瞬态特性

配电线路中的瞬态噪声电压是由负载电流的突变 ΔI 产生的。如果该电流变化是瞬时的,则产生的电压变化的大小是传输线特性阻抗 Z_0 的函数。对于无损耗传输线(在实际情形中,传输线的损耗是很小的,可以忽略),其特征阻抗为

$$Z_0 = \sqrt{\frac{L_T}{C_T}} \tag{5-16}$$

式中,L_T、C_T 分别表示传输线(母线)的串联分布电感、并联分布电容。

负载两端的瞬态电压变化 ΔU_L 为

$$\Delta U_L = \Delta I Z_0$$

电流瞬态变化的假设对于数字电路而言是现实的,但对于模拟电路却未必。为了减小 ΔU_L,要求直流供电传输线的特性阻抗 Z_0 尽量低(通常为 1Ω 或更小)。式(5-16)表明,这种线应具有高电容及低电感。为了减小 L_T 和增大 C_T,供电母线应用矩形截面的导线,并使两条母线尽量靠近。

下面以如图 5-71 所示的导线结构为例来讨论供电母线特征阻抗的概念。

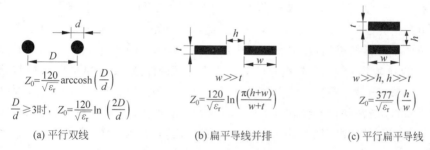

图 5-71　不同导线结构的特性(特征)阻抗

(1) 供电母线采用如图 5-71(a)所示的结构,用两根圆形导线,线间距为导线直径的 1.5 倍,介质为聚四氟乙烯,求特征阻抗。

$$Z_0 = \frac{120}{\sqrt{2.1}} \mathrm{arccosh}\left(\frac{D}{d}\right) = 80(\Omega)$$

如果介质为空气,则 Z_0 增大到 115Ω。

(2) 供电母线采用如图 5-71(b)所示的结构,两条扁平导线两侧平行布置在环氧印制版上,设导线厚度为 $0.069\mathrm{mm}$,宽度和线间距为 $1.27\mathrm{mm}$,求特征阻抗。

$$Z_0 = \frac{120}{\sqrt{4.5}} \ln \frac{0.1\pi}{0.0527} = 113(\Omega)$$

如果介质为空气,则 Z_0 增大到 131Ω。

由于这种母线之间的介质,实际上一部分是空气,另一部分是环氧材料,所以这种母线的实际特征阻抗介于 $113 \sim 131\Omega$。

上述两种供电母线结构是常见的母线形式,上述两例说明,无论哪一种结构都不可能得到非常低的特征阻抗,但是,如果采用如图 5-71(c)所示的结构:用两条宽 $6.36\mathrm{mm}$ 的扁平导线平行交叠,当中用厚度 $0.127\mathrm{mm}$ 的聚酯薄膜绝缘,则正在结构的供电母线的特征阻抗 Z_0 大大降低。

$$Z_0 = \frac{377}{\sqrt{5}}\left(\frac{0.127}{6.35}\right) = 3.4(\Omega)$$

对于空气电介质,阻抗降为7.6Ω。因为一部分场在聚酯薄膜中,一部分场在空气中,所以实际阻抗为$3.4 \sim 7.6\Omega$。这是一个比前面的例子有更低阻抗的传输线结构,但阻抗仍不是非常低。

值得指出的是,配电系统导线具有低的特征阻抗和良好的动态特性,对于高速数字脉冲电路、高速开关电路特别重要,而对于处理连续信号的模拟电路虽然并不是十分必要,但在比较供电母线噪声特征时,母线特征阻抗仍是一个十分重要的指标。从上面的例子可以看出,要获得具有1Ω或者更小特征阻抗的配电系统比较困难。这个结果说明,为了获得理想的低阻抗,需要在负载端电源总(母)线上设置去耦电容。

5.6.2 低频模拟电路去耦滤波器

如前所述,直流电源及配电系统不是理想的电压源,所以常常必须对由它供电的每个电路或每组电路加接去耦滤波器,使由电源内阻抗耦合引起的噪声电平降到最低。常用的去耦滤波器有RC滤波器和LC滤波器两种形式,如图5-72所示。考虑到干扰,图5-72(a)所示的RC电路消耗滤波器优于图5-72(b)所示的LC电路电抗式滤波器。对于图5-72(a),欲滤除的噪声电压转变成热量,为滤波器中的R所消耗,而对于图5-72(b),则必须保证滤波器的固有谐振频率远低于后接电路的信号频率。必须注意,在这种滤波器中,噪声实际上并未真正被消除,而是存储在电感中,它有可能成为新的辐射噪声源,所以必要时需对电感进行屏蔽,以减小或消除新的辐射。图5-72中虚线所示的第二种电容,可被加到每个支路以增强对从电路反馈回电源的干扰的滤波,这将滤波器转化为一个π型网络。

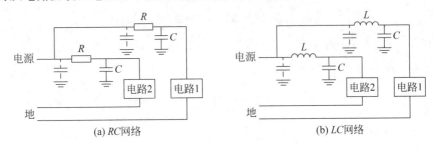

(a) RC网络 (b) LC网络

图 5-72 电路去耦

5.6.3 放大器的去耦滤波器

图5-73为一个典型的两级晶体管放电电路图,在分析这一电路时,通常假设直流电源端与地之间的交流阻抗为零,但是,实际上电源及供电线存在着引线电感L和电阻R。由图5-73可知,由电源供给的各级交流电流将在公共电源阻抗元件L、R上产生的干扰电压,它将经过R_{b1}在晶体管Q_1的b端造成寄生反馈,可能引起的寄生振荡。为了解决这一问题,在电源端与地之间应加接一个去耦电容C_d,要求C_d对放大电路交流信号频率的阻抗趋近于零,从而得到极低的电源等效内阻抗。换句话说,在放电电路能够产生增益的频率范围内,电容C_d应作为一个短路线。这个频率范围可能比放电信号的频带要宽得多。

输出端接一电容性负载(如传输线)的射极跟随器对由不充分电源去耦所导致的高频振

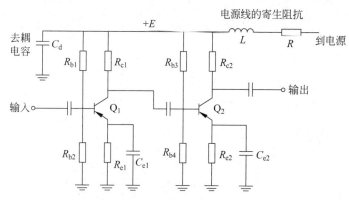

图 5-73　一个两级放电电路的电源去耦

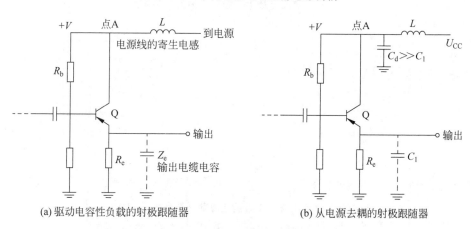

(a) 驱动电容性负载的射极跟随器　　　　　(b) 从电源去耦的射极跟随器

图 5-74　驱动电容性负载的射极跟随器的电源去耦滤波

荡特别敏感,如图 5-74(a)所示。若该电路不接电源去耦电容 C_d,如图 5-74(a)所示,则集电极阻抗 Z_c 主要由电源线寄生电感 L 的感抗组成,随频率的增大而增大,而射极阻抗 Z_e 则主要由电缆线的等效电容 C_1 的容抗组成,随频率的增大而减小。因此,在高频时,该射极输出器变成了一个集电极具有高增益的放大电路,它的电压增益为

$$电压增益 = \frac{Z_c}{Z_e}$$

与上例类似,在电源线的寄生电感上产生的高频干扰电压,可以通过 R_b 形成反馈。由于电路中存在 L、C 元件,因此可能产生高频寄生振荡。

为了消除电源线寄生电感的影响,可在集电极 A 点对地之间,接一个去耦滤波电容 C_d,而且要求 $C_d \gg C_1$,如图 5-74(b)所示,以保证高频时晶体管集电极的电压增益总是小于 1。

实际上,仅仅在电源接入放大器的电源终端接一电容还不能保证电源与地之间的等效交流阻抗为零。因为,仍有一些信号会通过电源公共阻抗反馈到放大器的输入电路。在增益小于 60dB 的放大器内,这种反馈通常不足以产生振荡。然而,在具有更高增益的放大器内,这种反馈通常会产生振荡。通常在电源与第一级放大器间增加一个 RC 去耦滤波器,会使反馈减小许多,如图 5-75 所示。

附带提示一下,当运算放大器(差分或单端)驱动一大电容性负载时,也会出现相似的振荡问题,如图 5-76(a)所示。当运算放大器驱动一长的屏蔽电缆时,由于这种情况下负载电

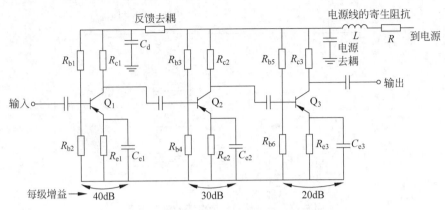

图 5-75 高增益放大器级间反馈的去耦滤波

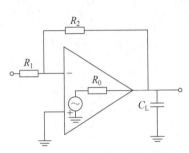 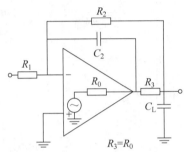

(a) 驱动电容性负载的运算放大器　　(b) 用于稳定(a)中放大器的C_2、R_3补偿网络

图 5-76 驱动电容性负载的运算放大器级的稳定措施

容是屏蔽电缆电容,所以往往会出现这种问题。该电容可从几毫微法到几微法,如果放大器具有零输出阻抗,则不会出现这种问题。放大器输出电阻 R_0 和负载电容 C_L 形成了一低通滤波器,增加了输出信号的相移。当频率增大时,该滤波器的相移增大。这个滤波器的极点或拐点频率 $f=1/(2\pi R_0 C_L)$,在这个频率点,相移等于 45°。如果由内部补偿电容加上输出滤波器所产生的相移达到 180°,那么通过 R_2 的负反馈将变成正反馈,如果出现在放大器的增益大于 1 的频率处,则电路将振荡。这个输出滤波器的拐点频率越高,放大器就越稳定。

解决上述放大器振荡问题有多种方法,但主要有以下两种:一是采用输出阻抗非常低的放大器;另一种是在电路中增加一额外的电容 C_2 和电阻 R_3,如图 5-76(b)所示。电阻 R_3(通常设置等于 R_0)将负载电容与放大器隔离,而小反馈电容 C_2(10~100pF)产生一相位超前(零点)去补偿电容 C_L 的相位滞后(极点),将减小净相移,并恢复电路稳定性。

5.6.4 高速数字脉冲电路中的电源去耦

电源去耦是从电路的电源总线上消除某种电路功能的一种方法,即去除在元件切换时从高频元件进入到电源分配系统中的射频能量。通常的做法是在芯片周围用很多电容连接到电源平面上,这些电容称为去耦电容。它提供如下两种有益的效果:

(1) 减小了一个集成电路(IC)对另一个集成电路的影响(IC 间的耦合)。

(2) 提供了电源和地之间的低阻抗,使 IC 工作在设计者期望的状态(无论模拟电路还是数字电路,电子电路和 IC 的正常运行,依赖于电源和地之间低的交流阻抗,理想值是 0。

假定电源和地处于相同的交流电位)。

当逻辑门转换时,配电系统中出现瞬态电流 ΔI,这个瞬态电流流经接地和电源线。流过电源和接地电感的瞬态电流在电源 V_{CC} 和逻辑门的接地终端之间产生一个噪声电压。另外,流过一个大环路的瞬态电流使其成为一个等效环形天线。

电源电压瞬态的幅值可通过减小电源线和接地线的电感、通过减小流过这些电感的电流变化率(dI/dt)得以减小。如第 6 章所讨论的,通过使用电源和接地平面或网格,电感可以减小,但不能消除。通过从其他的源,例如,位于逻辑门附近的一个电容或一组电容提供瞬态电流,可以减小环路面积和电感。因此,去耦电容具有两个作用。第一,它们提供了一个邻近 IC 的电荷源以使当 IC 切换时,去耦电容可以通过一个低阻抗通路提供所需的瞬态电流。如果电容不能提供所需电流,总线电压的幅度将下降,IC 可能不能正常工作。去耦电容的第二个作用是在电源和接地线间提供一个低交流阻抗,这将有效地短路(或者至少最小化)由 IC 回注入电源/接地系统的噪声。

1. 数字电路电源线与地线上的噪声电流 ΔI

图 5-77 中是一个典型的逻辑门电路。当输出为高时,Q_3 导通,Q_4 截止;当输出为低时,Q_3 截止,Q_4 导通,这两种状态都在电源与地之间形成了高阻抗,限制了电源的电流。但是,当状态发生变化时,会有一段时间 Q_3 和 Q_4 同时导通,这时在电源和地之间形成了短暂的低阻抗,产生 30～100mA 的尖峰电流。具体来说,在输出电压由低电平突然转变为高电平的过渡过程中,由于 Q_4 原来工作在深度饱和状态,所以 Q_3 的导通必然先于 Q_4 的截止,这样就出现了短时间内 Q_3 和 Q_4 同时导通的状态,有很大的瞬时电流流经 Q_3 和 Q_4,使电源电流出现尖峰脉冲,如图 5-78 中的 I_{CC}。当门输出从低变为高时,电源不仅要提供这个短路电流,还要提供给寄生电容充电的电流,使这个电流的峰值更大。而在输出电压由高电平变为低电平的过程中,也有一个不大的电源尖峰电流产生,但由于 Q_3 导通时一般并非工作在饱和状态,能够较快截止,所以 Q_3 和 Q_4 同时导通时间极短,不可能产生很大的瞬态电源电流,如图 5-78 中 I_{CC} 的小脉冲。当电子系统中有许多门电路同时转换工作状态时,电源的瞬时尖峰电流数值很大,这个尖峰电流将通过电源线和地线以及电源内阻形成一个系统内部的噪声源。

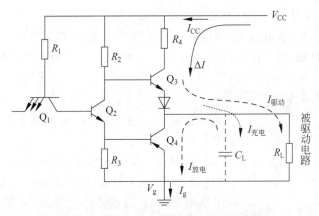

图 5-77　逻辑门电路开关时产生的瞬态电流 ΔI

由于电源线总是有不同程度的电感,因此当发生电流突变时,会产生感应电压,这就是在电源线上观察到的噪声,如图 5-78 所示。由于电源线阻抗的存在,也会造成电压的暂时跌落。

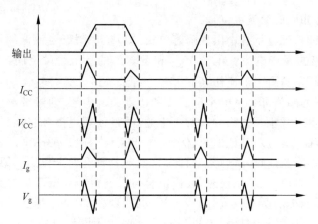

图 5-78 电源线与地线的噪声电压波形

1) 地线上的噪声

在当电源线上产生上述尖峰电流的同时,地线上必然也流过这个电流,特别是当输出从高变为低时,寄生电容要放电,地线上的峰值电流更大(这与电源线上的情况正好相反,电源线上的峰值电流在输出从低变为高时更大)。由于地线总是有不同程度的电感,因此会感应出电压。这就是地线噪声,如图 5-78 所示。地线和电源线上的噪声电压不仅会造成电路工作不正常,而且会产生较强的电磁辐射。

2) 电源线上的电流 I_{CC}

在输出状态不同时,幅值是不同的。输出稳定时,电流也是稳定的。当输出从低变为高时,由于瞬间短路,电流增加,同时需要给电路中的寄生电容充电,电流更大。当输出从高变为低时,由于瞬间短路,电流增加,但不需要给电路中的寄生电容充电,另外,Q_3 和 Q_4 同时导通时间更短,因此电流较输出从低变为高时为小。

3) 电源线上的电压 V_{CC}

当电流 I_{CC} 发生突变时,由于电源线的电感 L,会有感应电压 $L\,\mathrm{d}i/\mathrm{d}t$ 产生。

4) 地线上的电流 I_g

地线上的电流是电源线上的电流与电路中寄生电容放电电流之和。在输出稳定时,电流也是稳定的。当输出从低变为高时,由于瞬间短路,电流增加。当输出从高变为低时,由于瞬间短路,电流增加,同时由于电路中的寄生电容放电,因此电流峰值较输出从低变为高时更大。

5) 地线上的电压 V_g

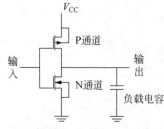

图 5-79 有极性输出电路的 CMOS 逻辑门的示意图

当电流 I_g 发生突变时,由于地线的电感 L,会有感应电压 $L\,\mathrm{d}i/\mathrm{d}t$ 产生。

图 5-79 为一有极性输出电路(即在下拉晶体管顶端有一上拉晶体管)的 CMOS 逆变器逻辑门的典型示意图。当输出高电平时,P 通道晶体管导通,N 通道晶体管断开;当输出低电平时,N 通道晶体管导通,P 通道晶体管断开。然而,在开关过程中有一很短的时间内两个晶体管同时导通的,这短时内将导致在电源与地之间存在一低阻抗连接,在

每个逻辑门上将产生 $50\sim100\text{mA}$ 的很大的瞬态电源电流尖峰,大的集成电路,例如微处理器可以产生大于 10A 的瞬态电源电流。这种电流可以称为叠加电流、竞争电流或直流电流等。TTL 和其他大多数逻辑电路也产生类似的电流,如图 5-77 所示,然而它们的瞬态电流的峰值会低一些,因为 TTL 有一个限流电阻与有极性输出电路串联。虽然 CMOS 与 TTL 相比具有较小的稳态或平均电流,但它有较大的瞬态电流。

因此,不论何种开关数字逻辑门,电源都会产生很大的瞬态电流(电流突变),这个电流流经电源和接地导体的电感,使电源电压产生很大的瞬态电压降。在 CMOS 逻辑电路中,这种大的瞬态电源电流是主要的噪声源。对其他共用电源的电路产生干扰,并且导致电路产生辐射发射。解决这种问题的方法可以是在线路板上设置电源线网格来减小电源线的电感,但这要占用宝贵的布线空间。一般用下面的方法:在每一个集成电路(IC)附近提供一电荷源,如接去耦电容,供瞬态电流通过,使其不流经电源和接地导体的所有电感。去耦(储能)电容的作用是为芯片提供了电路输出状态发生变化时所需的大电流,这样就避免了电源线上的电流发生突变,减小了感应出的噪声电压。即使在线路板上使用了电源线网格或电源线面(电源系统具有很小的电感),去耦电容也是必要的。这是由于去耦电容将电流变化局限在较小的范围内,减小了辐射(辐射量与电流环路的面积成正比)。

2. 电容去耦的原因解释

为了使负载芯片的供电满足要求,通常会在芯片周围用很多电容连接到电源平面上,这些电容称为去耦电容。采用去耦电容是目前工程中解决电源噪声问题的主要方法。去耦电容之所以能减小电源噪声,可以从多个角度进行解释,下面主要从储能和阻抗两个角度说明去耦电容减小电源噪声的原理。

1) 从储能的角度理解

带有去耦电容的供电系统可以等效为图 5-80(a)所示的简化结构,将电源系统分成电源模块和去耦电容两部分。图 5-80(a)中电容代表了所有外加去耦电容的组合,电源模块和去耦电容联合起来共同为负载芯片供电。

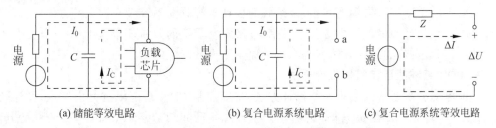

(a) 储能等效电路　　　　(b) 复合电源系统电路　　　　(c) 复合电源系统等效电路

图 5-80　与负载芯片连接的去耦电容电路

当负载电流保持不变,稳态情况下,负载芯片输出电压是恒定的,因而电容两端电压也是恒定的,与负载两端电压一致,流经电容的电流 I_C 为 0,负载电流由电源模块提供,即图 5-80(a)中的 I_0。此时电容两端存在电压,因此电容上存储了相当数量的电荷,其电荷数量和电容 C 大小有关。当负载电流发生瞬间变化时,由于负载芯片内部晶体管电平转换速度极快,必须在极短的时间内为负载芯片提供足够的电流。但是稳压电源模块无法很快响应负载电流的变化,电流 I_0 不会马上变化满足负载瞬态电流要求,因此负载芯片感受到的电压会降低。去耦电容也同时感受到电压变化,对于电容来说,电压变化必然产生电流,此时电容对负载放电,电流 I_C 不再为 0,为负载芯片提供电流。根据电容上电压和电流之间

的关系:

$$i = C \frac{\mathrm{d}u}{\mathrm{d}t}$$

理想情况下,只要电容 C 足够大,放电并为负载提供瞬态电流只会引起电容两端很小的电压变化,这样就保证了负载芯片电压的变化在容许的范围内。这里,相当于电容预先存储了一部分电能,在负载需要的时候释放出来,即电容是储能元件。储能电容的存在使负载消耗的能量得到快速补充,因此保证了负载两端电压不至于有太大变化,这里的电容担负的是局部电源的角色。

从储能的角度来理解去耦电容的作用,非常直观易懂,对于理解电路元件的作用有帮助,但是对电路设计帮助不大。

2) 从阻抗的角度理解

从阻抗的角度理解去耦电容的作用,能够得到设计去耦电容网络的实用方法,让我们在配置去耦电容时有章可循。实际上,在确定电源分配系统的去耦电容网络的时候,就是从阻抗的角度着手进行的。

在图 5-80(a)中去掉负载芯片,仅观察供电系统本身,如图 5-80(b)所示。从 ab 两点向左看去,稳压电源和去耦电容组合在一起,可以看成是一个复合的电源系统。对这个复合电源系统的要求是:无论 ab 两点间负载的瞬态电流如何变化,都能保证 ab 两点间的电压稳定,即 ab 两点间电压变化很小。我们可以用一个等效电源模型表示这个复合的电源系统,如图 5-80(c)所示。对于这个电路可以写成如下公式: $\Delta U = Z \Delta I$。

我们的最终设计目标是:不论 ab 两点间负载瞬态电流如何变化,都要保持 ab 两点间电压变化范围很小,根据公式 $\Delta U = Z \Delta I$,这要求电源系统的阻抗 Z 足够小。在图 5-80(b)中,去耦电容和电源模块是并联关系,对于变化的瞬态电流,由于其具有交流特性,去耦电容表现出低阻抗的特性。从端口看进去对交流成分表现出的阻抗很低。因此从等效的角度出发,可以说去耦电容降低了复合电源系统的阻抗。

从阻抗的角度理解去耦电容,可以给我们设计电源分配系统带来极大的方便。实际上,电源分配系统设计的最根本的原则就是使电源分配系统的阻抗不能超过某一个要求的值(目标阻抗),最有效的设计方法就是在这个原则指导下产生的。

3. PDN 系统的目标阻抗设计方法

目前电源分配系统的去耦网络设计方法,是以控制 PDN 系统阻抗为出发点,设计及优化都针对 PDN 系统的阻抗进行,这种方法称为目标阻抗(Target Impedance)的设计方法。该方法的思想就是利用电流变化、阻抗、电压变化之间的线性约束关系,即 $\Delta U = \Delta I Z$,在给定电流变化的情况下,只要能控制 PDN 系统的阻抗的最大值,就可以控制住电压变化的最大值。

为了保证每个芯片始终能得到正常的电源供电,需要对 PDN 的阻抗进行合理控制,尽可能降低其阻抗,使其在整个频率范围内的阻抗低于目标阻抗。大部分芯片对电源电压波动的要求在正常电压的 $\pm 5\%$ 或 $\pm 3\%$ 范围内。由于 PDN 存在阻抗,当在 ΔI 瞬态电流通过 PDN 的时候,PDN 就会产生 ΔI 噪声电压,造成电源电压波动。为了满足芯片对电源电压波动范围的要求,目标阻抗 Z_t 可以通过下列公式计算得到:

$$Z_t = \frac{\text{正常电源电压} \times \text{允许的波动范围}}{\Delta I_{\max}} = \frac{\Delta V_{CC}}{\Delta I_{\max}} \tag{5-17}$$

式中,$\Delta I_{\max}$ 为负载芯片的最大瞬态电流变化量,典型的正常电源电压有 5V、3.3V、1.8V、1.2V、0.9V 等。目标阻抗在一定的频率范围内都有效,下限取直流,上限一般取数字信号的截止频率:$f = 1/\pi t_r$。(t_r 为数字信号的上升时间),见图 3-85。目标阻抗设计方法由于其简单、可操作性强、稳定性强,因而在工程中得到广泛的运用。目标阻抗设计方法是一种保守的设计方法,冗余度非常大。

4. 去耦电容的等效电路

时钟频率的增加以及更短的上升时间都将导致有效的电源去耦变得更加困难。无效的去耦可以导致过多的电源总线噪声以及过多的辐射发射。

常规的去耦是通过在靠近 IC 处放一个 $0.1\mu F$ 或 $0.01\mu F$ 的电容来对数字逻辑电路 IC 进行去耦。这种方法被用于数字逻辑 IC 已有 50 多年历史,下面我们来认识这种去耦方法的实质。这种去耦不是如图 5-81(a)所示放一个电容以提供瞬态开关电流的过程,而是靠近 IC 放一个 LC 网络以提供瞬态开关电流的过程,如图 5-81(b)所示。所有的去耦电容都有与其串联的电感,因此,去耦网络是一个串联谐振电路。如图 5-82 所示,电感来自如下的 3 种源,即电容本身、PCB 迹线和导通孔的互联连接、IC 内部的导线结构。

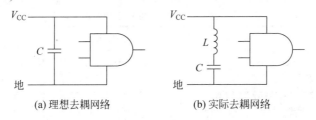

(a) 理想去耦网络 (b) 实际去耦网络

图 5-81 去耦电容

图 5-82 假设去耦电容放在 DIP 的一端,靠近一个引脚(电源或地),且离其他引脚 1in 以外。如图 5-82 所示虽为双列直插式封装(DIP)IC 去耦电容等效电路,但其总电感值对于其他 IC 封装也具有参考价值。表面贴装技术(SMT)电容自身的内部电感通常为 $1\sim2nH$。根据布线,PCB 迹线和导通孔的相互连接约增加 $5\sim20nH$ 或更多。根据 IC 封装的类型,IC 的内部导线结构具有 $3\sim5nH$ 的电感。对于系统设计者来说,通常相互连接的 PCB 迹线的电感是可以控制的唯一参数,因此,重要的是使 IC 和去耦电容间的迹线电

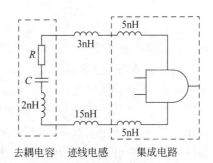

去耦电容　迹线电感　集成电路

图 5-82 与一集成电路连接的
去耦电容的等效电路

感最小化,即印制电路板迹线应该尽量短,且应该设置得尽可能靠近在一起以使环路面积最小。

通常,总电感的变化范围是 $15\sim30nH$。正是这个电感限值了去耦网络的有效性。因为电容与电感的组合,去耦网络在一些频率点将发生谐振。在谐振频率,网络具有非常低的阻抗且是一个有效的旁路;高于谐振频率时,电路成为电感性的,阻抗随频率的增大而增大。

LC 串联谐振频率计算公式:

$$f_0 = \frac{1}{2\pi\sqrt{LC}} \qquad (5\text{-}18)$$

5. 有效的去耦策略

无效去耦产生的时钟谐波所带来的 V_{CC} 总线污染可能导致信号完整性问题,且可产生大量的辐射发射。对于高速去耦问题,有如下的解决办法:

(1) 减慢上升时间。

(2) 减小瞬态电流。

(3) 减小与电容串联的电感。

(4) 应用多个电容。

前两种方法与技术进步相违背,对于问题的解决不是一个长远的方法。无论可能性有多大,减小与去耦电容串联的电感方法是可行的,并且总是这样做。然而,用这种方法不能解决高速去耦问题。即使将与电容串联的电感减小到 1nH(这是不太可能的),$0.01\mu F$ 电容的去耦网络的谐振频率也只有 50MHz。因此,通过减小电感,不可能将把单一电容去耦网络的谐振频率提高到几百兆赫兹。

表 5-3 列出了当不同值电容与 5nH、10nH、15nH、20nH 和 30nH 的电感串联时的谐振频率。

表 5-3 *LC* 串联谐振频率 单位:MHz

电容/μF	电感/nH				
	5	**10**	**15**	**20**	**30**
1	2.3	1.6	1.3	1	0.9
0.1	7.1	5	4.1	3.6	3
0.01	22.5	16	13	11	9
0.01	71.2	50	41	36	30

从表 5-3 可以看出,大部分情况下,不可能把 *LC* 去耦网络的谐振频率提高到目前大部分数字电路中通常使用的时钟频率之上,或谐波频率之上。

在去耦网络的谐振频率之下,采取两种措施:一是具有足够大的电容,以提供 IC 切换时所需的瞬态电流,满足这一要求的最小电容是 $C \geqslant dI\,dt/dV$(dV 是发生在时间 dt 内,由电流瞬态值 dI 所产生的电源电压的瞬态电压降。例如,如果一个 IC 在 2ns 内需要 500mA 的瞬态电流,且希望限制电源电压的瞬态电源降小于 0.1V,则电容至少为 $0.01\mu F$);二是提供一个足够低的阻抗,以短路 IC 所产生的噪声电流。

在去耦网络的谐振频率之上,最重要的考虑是具有一个足够低的电感,这样去耦网络仍然是低阻抗,而且短路噪声电流。因此,如果可以找到一个方法去降低电感,则去耦网络可能仍然有效。

目前采取的有效去耦策略有如下几种。

1) 多个去耦电容

单一去耦电容网络不能提供一个足够低的电感,因此,高频去耦问题的实际解决办法是依赖使用多个电容,主要有:使用相同值的多个电容;使用两种不等值的多个电容;使用不同值的多个电容,通常电容值间隔 10 倍,例如,$1\mu F$、$0.1\mu F$、$0.01\mu F$、$0.001\mu F$、100pF 等。

（1）相同值的多个电容解耦情况。

当多个相同 LC 串联网络并联连接时，如图 5-83 所示，总电容为

$$C_t = nC \qquad (5\text{-}19a)$$

总电感为

$$L_t = L/n \qquad (5\text{-}19b)$$

其中，C、L 分别为单个网络的电容、电感，n 为并列网络的个数。

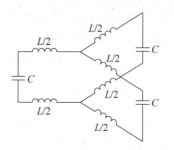

图 5-83　3 个相同 LC 串联网络的并联连接

式(5-19b)在单一网络电感间的互感相比于其自感可以忽略不计时是正确的。因此，各个 LC 串联网络必须物理分开。

分析去耦网络有效性的方法是将 IC 看成一个噪声发生器，如图 5-84 所示。去耦网络在工作频带内可以被设计成低阻抗以短路噪声电流，并且阻止它污染电源总线。去耦网络阻抗的最大允许值，称为目标阻抗，也可以由下式确定：

$$Z_t = \frac{k\,\mathrm{d}V}{\mathrm{d}I} \qquad (5\text{-}20)$$

式中，$\mathrm{d}V$ 是允许的电源瞬态电压变化量，$\mathrm{d}I$ 是 IC 产生的瞬态电源电流的幅度，k 为校正因子，通常取 $k=2$。

作为一个有效的去耦网络，网络的阻抗必须低于关注频率范围内的目标阻抗。如果做到这一点，则谐振频率的位置就无所谓了。例如，如果目标阻抗是 $200\mathrm{m\Omega}$，则对于 64 个电容结构的情况而言，如图 5-85 所示，阻抗低于 $200\mathrm{m\Omega}$ 的频率范围是 $8\sim130\mathrm{MHz}$。对于数字电路，当频率高于 $1/\pi t_r$ 时，谐波幅值以 $40\mathrm{dB/dec}$ 的速度下降。因此，当高于这个频率时，目标阻抗可能会增加，而不增加噪声电压，如果高于这个拐点频率时，目标阻抗允许以 $20\mathrm{dB/dec}$ 的比例增加（如图 5-85 所示），则超过这个频率的噪声仍将以 $20\mathrm{dB/dec}$ 的速率减小。并联电容的最小数量可由下式确定：

$$n = \frac{2L}{Z_t t_r}$$

式中，L 是每个电容的串联电感，Z_t 是低频目标阻抗，t_r 是逻辑器件的上升/下降（开关）时间。

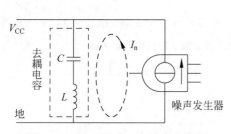

图 5-84　将 IC 看成一个噪声发生器

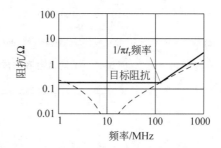

图 5-85　目标阻抗（实线）与去耦网络阻抗（虚线）

图 5-86 是不同数量的相同 LC 网络并联时，阻抗随频率变化图。其中图 5-86(a)为总电容等于 $0.1\mu\mathrm{F}$，并且与每个电容串联的电感都是 $15\mathrm{nH}$ 的曲线图。可以看出，使用多个电容网络，高频阻抗显著减小，但低频阻抗没有减小，只是谐振频率点处下降漂移。这是由于

在低频时,总电容为 $0.1\mu F$ 的情况下,总电容不足够大到使去耦网络呈现低阻抗。图 5-86(b)为总电容等于 $1\mu F$,并且与每个电容串联的电感都是 15nH 的曲线图。可以看出,低频阻抗显著减小。对于 512 个电容,去耦网络在 1MHz～1000MHz 频率范围内都低于 0.2Ω,对于 64 个电容,去耦网络在 1～350MHz 频率范围内都低于 0.5Ω。比较两个图可以看出,图 5-86(b)中的去耦网络的谐振频率低于图 5-86(a)中的谐振频率,但去耦的有效性提高了,低阻抗分布的频率范围更宽了。因此,使用大量的等值电容是一个去耦网络在宽频带范围内实现低阻抗去耦的一个有效方法。这个方法对大的 IC 去耦时非常有效。

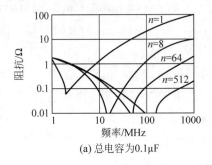 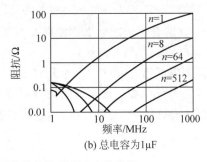

(a) 总电容为0.1μF (b) 总电容为1μF

图 5-86 相同值电容组成的去耦网络的阻抗随频率变化曲线

（2）两种不同值的多个电容去耦情况。

基于"大电容将提供有效低频去耦,而小电容将提供有效高频去耦"的理论,有时候建议用两种不同值的去耦电容。如果用两个不同值的电容,将会出现两个谐振阻抗不同下降,这对去耦是有利的,但是当不同值并联放置时存在一个潜在的问题是出现两个网络间的并联谐振。图 5-87(a)给出了 $0.1\mu F$ 和 $0.01\mu F$ 的电容并联阻抗图,其中两个电容都与 15nH 的电感串联,图 5-87(b)中出现了两个谐振下降,一个是在 4.1MHz,一个在 13MHz。一个阻抗尖锋出现在约 9MHz,这是不利的。这个结果是由两个网络间并联所致的,如图 5-88 所示。

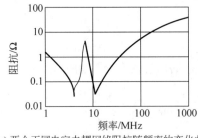 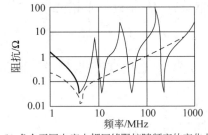

(a) 两个不同电容去耦网络阻抗随频率的变化曲线 (b) 多个不同电容去耦网络阻抗随频率的变化曲线

图 5-87 不同值电容组成的去耦网络的阻抗随频率变化曲线

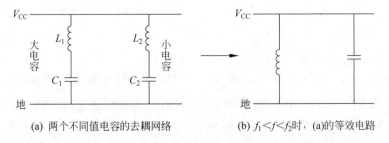

(a) 两个不同值电容的去耦网络 (b) $f_1 < f < f_2$时，(a)的等效电路

图 5-88 两个不同值电容组成的去耦网络及其等效电路

设 $C_1 \gg C_2$，f_1 是大电容的谐振频率，f_2 是小电容的谐振频率。则当工作频率 $f < f_1$ 时，两个网络呈容性，总电容等于两个电容之和，实际上约等于大电容，小电容对于去耦网络的性能只有较小的影响或者没有影响；当工作频率 $f > f_2$ 时，两个网络呈感性，总电感等于两个电感并联，或一个电感值的一半，当频率高于 f_2 时有助于去耦；当工作频率 $f_1 < f < f_2$ 时，大电容呈感性，小电容仍然呈容性，因此两个网络等效于一个电感与一个电容并联，如图 5-88 所示，其阻抗在谐振时很大，即产生了如图 5-87(a)所示的尖峰。

因此，当两个不同值的电容分别被用于两个去耦网络时，有以下结论：

- 当频率低于大电容网络的谐振频率时，小电容网络将对去耦网络性能没有影响。
- 当频率高于两个网络的谐振频率时，因为电感减小，去耦性能将提高。
- 当频率在两者频率之间时，由于并联谐振网络所导致的阻抗尖峰，去耦性能实际变差，这是不利的。

（3）多种不同值的多个电容去耦情况。

基于"由不同值电容的谐振所产生的多个阻抗下降，因其在许多频率点能提供低阻抗，所以是有利的"这一理论，多种不同值的电容有时候也被推荐。使用多种电容值组合起来，共同构建去耦网络，通常有两种方式：一种是各电容值间隔为 10 倍，即每十倍容值范围内选择一种电容值，如 $10\mu F$、$1\mu F$、$0.1\mu F$、$0.01\mu F$ 等，也就是说，在 $10 \sim 1\mu F$ 内只选择 $10\mu F$ 一种电容值；另一种是在每十倍电容值范围内选择 3 种电容值，如 $10\mu F$、$4.4\mu F$、$2.2\mu F$、$1\mu F$、$0.47\mu F$、$0.22\mu F$、$0.1\mu F$ 等，也就是说，在 $10 \sim 1\mu F$ 内选择了 $10\mu F$、$4.7\mu F$、$2.2\mu F$ 三种电容值。可以看出，这两种方式的唯一区别在于电容值的间距大小。但这种去耦网络的不足之处也是显而易见的，即额外的阻抗尖峰也会发生。如图 5-87(b)给出了 4 个不同值的去耦电容，且每个电容均与 $15nH$ 的电感串联时的阻抗图，实线表示电容分别为 $0.1\mu F$、$0.01\mu F$、$0.001\mu F$、$100pF$ 这 4 个电容并联的情况，图 5-87(b)中有 4 个谐振下降，每个电容值对应一个，但图 5-87(b)中并联谐振也产生了三个谐振尖峰，如果一些时钟谐波落在这些尖峰频率上或其附近，那么电源对地噪声实际将增加。从图 5-87(b)中，也可以看到谐振尖峰的幅度随频率增加，而谐振下降的阻抗保持不变。

如果用 4 个都是 $0.1\mu F$ 的相同电容代替 4 个不同值的电容，阻抗如图 5-87(b)中的虚线所示，可以看出低频时阻抗较低，这是由于由 4 个 $0.1\mu F$ 的电容并联所产生较大电容的结果；没有谐振尖峰是由于所有电容值相同的结果；当频率高于 $200MHz$ 时，它们是相同的，这是由于在这些频率上只是与电容串联的电感起作用，而这两种情况中 4 个电感都是并联的。当低于 $200MHz$ 时，除了在多值电容的情况下对应有几个谐振下降频率外，4 个相同电容的情况对应的结果会更好些。

因此要有效地进行高频去耦，应倾向于使用相同值的电容，与使用不同值多个电容的方法相比，其缺陷更少。

2）嵌入式 PCB 电容

考虑用大量相同值的电容达到电容数量极限的概念，可以推断出理想的去耦结构是无穷多个无限小的电容，例如，用分布式电容取代离散电容。利用 PCB 电源和接地面间的层间电容可以获得这样的结果。为了在频率高于 $50MHz$ 时有效，需要一个约 $1000pF/in^2$ 的电源对地平面电容，然而，标准的 $0.005 \sim 0.01in(1in = 2.54cm)$ 的层间距离提供的电容是这个值的 $1/5 \sim 1/10$，因此要利用分布式电容的去耦有利条件，需要开发一种新的具有额外电容的 PCB 结构,称之为嵌入式 PCB 电容,其有效方法是使电源和接地平面相互靠得更近些,减小层间距以达到分布电容的增加,或使用多个电源和接地面,如图 5-89 所示。例如,一种 ZBC-2000 的层压板能提供 $500\mathrm{pF/in^2}$ 的层间电容,它是利用 FR-4 环氧玻璃作为电介质,开发具有 $2\mathrm{mil}(1\mathrm{mil}=0.001\mathrm{in})$ 层间距的特殊 PCB 层压板。在一个 PCB 中用两组由这种层压板制成的电源与地平面,可以获得所希望的 $1000\mathrm{pF/in^2}$ 的电容,见图 5-89。

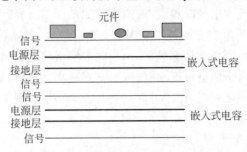

图 5-89　一个典型嵌入式电容印制电路板的叠层

综上所述,对于数字逻辑电路的电源去耦,可以得到以下结论:

(1) 去耦不是靠近 IC 接一个电容以提供瞬态开关电流的过程,而是靠近 IC 接一个 LC 网络以提供瞬态开关电流的过程;

(2) 去耦电容的值对于低频去耦的有效性重要,在高频时不重要;

(3) 在高频,最重要的就是减小与去耦电容串联的电感;

(4) 有效的高频去耦需要大量的电容;

(5) 在大部分情况下,单一值去耦电容的应用性能优于多值电容的应用;

(6) 对于最佳高频去耦,根本不应使用离散电容,应当使用分布式电容 PCB 结构;

(7) 去耦的第一原则就是使电流流经尽可能最小的环路,以减少辐射发射。

6. 增强去耦效果的方法

根据去耦电容的工作原理,如果能增加芯片从电源线吸收能量的难度,就能够使芯片尽量从储能(去耦)电容吸收能量,减少从电源线吸收的能量。从而充分发挥储能电容的作用,减小电源线上的噪声(dI/dt)。根据这个思路,可以人为地增加去耦电容电源一侧电源线的阻抗。

方法一:在去耦电容电源侧安装一只铁氧体磁珠,由于磁珠对高频电流呈现较大的阻抗,因此增强了电源去耦电容的效果,如图 5-90 所示。

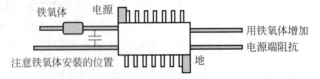

图 5-90　增强去耦效果的方法一示意图

方法二:布线时,使去耦电容电源一侧的电源线尽量细(但要满足供电的要求),增加走线的电感,相当于增加了阻抗,可以起到一定的效果,如图 5-91 所示。

说明 1:这个方法不仅在芯片级的储能电容上应用,在二级储能电容和线路板上的电源入口处都可使用,减小较长电源线上的电流波动,减小辐射。

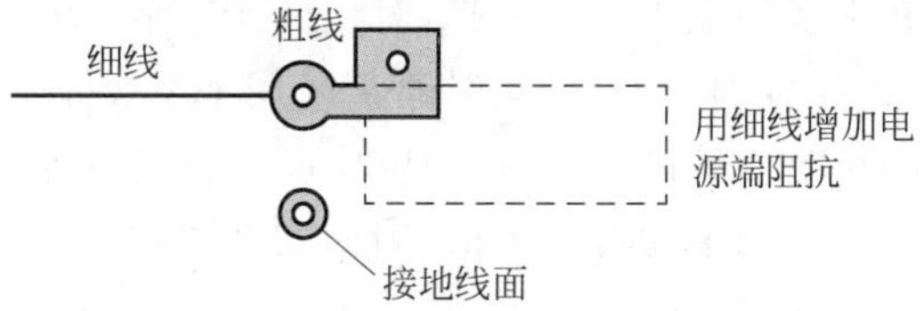

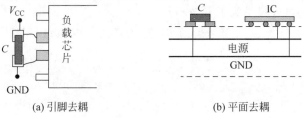

图 5-91 增强去耦效果的方法二示意图

说明2：铁氧体必须安装在靠近电源的一端，而不能是芯片的一端。这样相当于增加了从电源线吸取电流的困难，尽量使用储能电容中的能量。如果将铁氧体安装在芯片一端时，等于增加了电容放电回路的电感，会起到相反的作用。

说明3：铁氧体在直流电流的作用下，磁导率会下降，甚至由于磁饱和而完全消失，因此，其实际电感量是很小的。但是对于高频电流，其阻抗仍然较大。所以，铁氧体主要在高频发挥作用。

7. 去耦电容的正确布置

去耦电容的作用是为芯片提供瞬态高能量，因此在布线时，要尽量使它靠近芯片。这种提法有时不够确切，更确切的要求是：使去耦（储能）电容的供电回路面积尽量小。也可以这样说：使去耦电容与芯片电源端和地线端之间的连线尽量短。另外，还要根据电容的电容值不同区别对待，小电容距离芯片供电引脚近些，大电容可以适当放远些。

储能电容与芯片之间的连线长度是线路板走线的长度加上芯片自身引脚的长度。因此，要减小这个两部分的总长度。因此要选用电源引脚与地引脚靠得近的芯片、不使用芯片安装座、使用表面安装形式的芯片等。

根据二级储能电容的定义，每片芯片的储能电容在放电完毕后，需要及时补充电荷，做好下次放电的准备。为了减小对电源系统的干扰，通常也通过电容来提供电荷。为了描述方便，称起这个作用的电容为二级储能电容。当线路板上的芯片较少时，一个二级储能电容就可以了，一般安装在电源线的入口处，容量为芯片储能电容总容量的10倍以上。如果线路板上芯片较多，每10～15片设置一个二级储能电容。这个电容同样要求串联电感尽量小，应该使用钽电容，而不要使用铝电解电容，后者具有较大的内部电感。

去耦电容和芯片之间的连接可以使用如图5-92所示的两种方法。图5-92(a)中去耦电容通过引线直接连接到芯片的电源和地引脚上，这是一种引脚去耦方式。引脚去耦适用于芯片引脚较少，电源和地引脚距离较近，且芯片工作速率不高的场合，引线通常会引入很大的寄生电感，影响去耦效果。图5-92(b)中的去耦电容并不直接和芯片的电源引脚相连，去耦电容和芯片都通过过孔连接到内部的电源平面和地平面，通过两个平面把二者连接起来，这是一种平面去耦方式，平面去耦方式适用于电源和地引脚数量较多，且布局分散的场合。

图 5-92 引脚去耦和平面去耦示意图

目前较复杂的芯片通常有很多的电源和地引脚,而且瞬态电流需求较大,需要的去耦电容数量较多,不可能每个电容都连接到引脚上,此时通常采用平面去耦方式。平面去耦方式中,去耦电容分布在芯片周围一定区域内,该区域内电压波动引发电容的充放电,所有去耦电容一起维持这个区域内的电压波动不超过规定值,因而同样可以满足负载芯片对电压波动的要求。

在去耦网络设计过程中,一些必备的信息必须由芯片厂商提供,比如去耦频段、最大瞬态电流大小等,了解去耦滤波器的一些基础知识,才知道需要收集哪些信息。PDN 系统分析设计是非常复杂的,本节只对 PDN 系统设计中最基本的也是常用的一些知识进行了介绍。

习题

5-1 什么是滤波?电磁干扰滤波器与普通滤波器相比有什么特殊性?

5-2 试求出串联电感低通滤波器的插入损耗。

5-3 简述几种滤波器的插入损耗的频率特性。

5-4 干扰信号的频率是 1MHz,设计一个低通滤波器,其截止频率是 200kHz,若要得到 40dB 的衰减,需要几级滤波电路?

5-5 简述高通滤波器的设计方法。

5-6 交流电源线滤波器的共模扼流圈中泄漏电感的作用是什么?

5-7 与一集成电路连接的去耦电容串联的 3 种电感来自哪里?

5-8 决定在较高频率去耦有效的两个因素是什么?

5-9 决定去耦在最低频率有效的因素是什么?

5-10 有效并联多个电容的两个要求是什么?

5-11 使用多个等值电容去耦的 3 个好处是什么?

5-12 当使用不等值电容去耦时会产生什么问题?

5-13 在 3.3V 电源激励下,一个大微处理器产生 10A 的总瞬态电流。逻辑器件具有 1ns 的上升/下降时间。希望限制 V_{CC} 对地噪声电压峰值为 250mV,且每个去耦电容有 5nH 的电感与之串联。去耦将在多个等值电容条件下进行,且要求高于 20MHz 的所有频率都有效。

(1)画出目标阻抗随频率变化图;

(2)所需去耦电容的最小数量是多少?

(3)对于每个单独去耦电容的最小值是多少?

(4)用较大值的电容只是为了有效吗?

5-14 1ns 内 IC 产生 1A 的瞬态电源电流,为了防止电源减小量小于 0.1V,所需去耦电容的最小值是多少?

第 6 章

接 地 技 术

接地技术是任何电子电气设备或系统正常工作时必须采取的重要技术,它不仅是保护设施和人身安全的必要手段,也是抑制电磁干扰、保障设备或系统电磁兼容性、提高设备或系统可靠性的重要技术措施。正确的接地既能抑制干扰的影响,又能抑制设备向外发射干扰;反之,错误的接地反而会引入严重的干扰,甚至使设备无法正常工作。

6.1 接地概念与分类

接地可能意味着一根插入大地的杆以防雷,可能意味着交流配电系统中的安全导线,可能意味着一个数字逻辑印制电路板上的一个接地面,也可能是 PCB 上的一根窄迹线,在不同的情况中,接地的要求是不同的。所谓"地"(Ground),一般定义为电路或系统的零电位参考点,直流电压的零电位点或者零电位面,它不一定为实际的大地(建筑地面),也可以是设备的外壳或其他金属板或金属线。接地原意指与真正的大地连接以提供雷击放电的通路(例如,避雷针一端埋入大地),后来成为为用电设备提供漏电保护(提供放电通路)的技术措施。现在接地的含义已经延伸,"接地"(Grounding)一般指为了使电路、设备或系统与"地"之间建立低阻抗通路,而将电路、设备或系统连接到一个作为参考电位点或参考电位面的良导体的技术行为。其中一点通常是系统的一个电气或电子元(组)件,而另一点则是称之为"地"的参考点。例如,当所说的系统组件是设备中的一个电路时,则参考点就是设备的外壳或接地平面。

家用电器因为有绝缘外壳,所以较难发生漏电。接地线作为一条保护线,可以在电器金属外壳带电时将绝大部分漏电电流引入大地,人体并联分流极小,如图 6-1 所示。接有漏电保护开关的话会瞬间跳闸,切断电源,从而保护人身安全。这种接地叫作安全接地。另外,在电磁兼容技术领域,为防止电磁干扰,也要接地,这种接地叫防止电磁干扰(EMI)接地,或者叫信号接地。所以接地一般可分为安全接地和信号接地。其中,安全接地就有设备安全接地和防雷接地,信号接地又分类为单点接地、多点接地和混合接地。需要注意的是,信号接地或许不应该称为接地,而应称为返回,且可进一步细分为信号和电源返回。

6.1.1 安全接地

电气设备接地的一个主要目的是安全。安全接地是采用低阻抗的导体将用电设备的

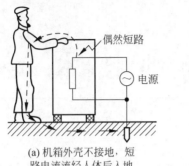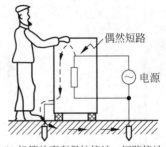

(a) 机箱外壳不接地，短路电流流经人体后入地　(b) 机箱外壳有保护接地、短路接地，短路电流不经人体入地

图 6-1　电气设备的安全接地

外壳连接到大地上，使操作人员不致因设备外壳漏电或静电荷放电而发生触电危险。对于图 6-2 中的机箱，若机箱没有接地，如图 6-2(a)所示，当电源线与机箱之间的绝缘良好(阻抗很大)时，尽管机箱上的感应电压可能很高，但是人触及机箱时也不会发生危险，因为流过人体的电流很小。但如果电源线与机箱之间的绝缘层损坏，使绝缘电阻降低，当人触及机箱时，则会导致较大的电流流过人体，造成人身伤害。最坏的情况是电源线与机箱之间短路，这时全部电流流过人体。若机箱接地，如图 6-2(b)所示，当电源线与机箱短路时，会烧断保险或导致漏电保护动作。从前面讲述的电源线滤波器电路可以知道，当机箱上正确安装了电源滤波器时(滤波器的接地端与机箱联在一起)，如果机箱不接地，则机箱上的电压为 220V，若机箱内的电路地与机箱相连接，则电路的电位也是 220V。这时，若这个机箱中的电路与其他接地的设备相连接(电位为 0V)，则需要注意两者之间的参考电位的问题，轻则造成信号传输质量下降，重则造成电路中的器件损坏(如将另一电路接口上的共模滤波电容烧毁)。

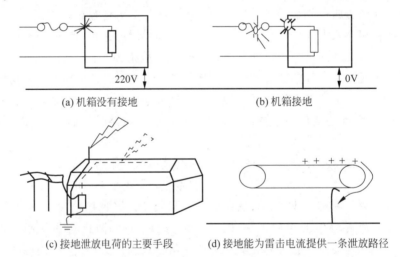

(a) 机箱没有接地　(b) 机箱接地

(c) 接地泄放电荷的主要手段　(d) 接地能为雷击电流提供一条泄放路径

图 6-2　安全接地的作用

接地还能为雷击电流提供一条泄放路径，如图 6-2(c)所示，当设施或设备中装有浪涌抑制器时，接地是必要的，否则无法泄放浪涌能量。这时，不仅要接地，而且还要"接好地"，也就是说，接地的阻抗必须很低。

对于许多静电敏感的场合，接地还是泄放电荷的主要手段，如图 6-2(d)所示。

6.1.2　信号接地

电气设备从安全的角度考虑,接地是十分必要的。从电路工作的角度看,接地也是必要的。在电路工程师看来,地线是电位参考点;在 EMI 工程师看来,地线是信号电流流回信号源的低阻抗路径。

传统定义:在从事电路设计的人员范围内,电路接地实在是再自然不过的事情了。定义也在教科书中不知陈述过多少遍:地线就是电路中的电位参考点,它为系统中的所有电路提供一个电位基准。

新定义:如上所述,传统的定义仅给出了地线应该具有的等电位状态,并没有反映真实地线的情况。因此用这个定义无法分析实际的电磁兼容问题。新的定义将地线定义为信号流回源的低阻抗路径。这个定义突出了电流的流动。当电流流过有限阻抗时,必然会导致电压降,因此这个定义反映了实际地线上的电位情况。在分析、解决电磁兼容问题时,确定实际的地线电流路径十分重要。但所设计的地线往往并不是实际的地线电流路径,也就是说,并不是真正的地线,这是为什么?

应用上面给出的信号地的定义,结合我们具备的电路常识,很容易发现地线噪声的秘密——地线不是等电位体。欧姆定律指出,当电流流过一个电阻时,就要在电阻上产生电压。我们用作地线的导体都是有一定阻抗的,实际上,设计不当的地线的阻抗相当大。因此地线电流流过地线时,就会在地线上产生电压。我们在设计电路时,往往将地线作为所有电路的公共地线,因此地线上的电流成分很多,电压也很杂乱,这就是地线噪声电压。地线噪声意味着地线并不是我们做设计时假设的那样,即可以作为电位参考点的等电位体。实际的地线上各点的电位是不相同的,不同位置的电压会相差很多,如图 6-3 所示。这样,我们设计电路的假设(前提)就被破坏了,电路也就不能正常工作了。这就是地线造成电磁干扰现象的实质。

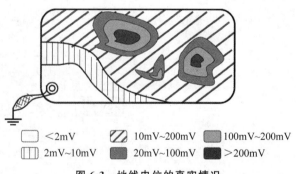

	<2mV		10mV~200mV		100mV~200mV
	2mV~10mV		20mV~100mV		>200mV

图 6-3　地线电位的真实情况

如图 6-3 所示为地线电位的真实情况,这张电位图就像一个地形图。实际上,连接到地线上的电路是动态工作的,电流可能会时大时小,因此电位也是变化的,把地线上的电位比作海洋中此起彼伏的波浪,把各种电路比作海洋中航行的船只更为形象——当波浪很大时,小船就会不稳,甚至翻掉,而大船则很平稳。当大船靠近小船时,小船也会受到影响。连接到地线上的模拟电路相当于比较小的船,而控制电路和数字电路相当于比较大的船,功率驱动电路相当于很大的船,它们之间很容易产生相互干扰。如果对于不同的电路进行分割,使每一类电路处于一个电位相对稳定的区域,就可以避免不同电路之间的相互干扰了。

地线电流遵守电流的一般规律,走阻抗最小的路径。对于频率较低的电流,这条路径比较容易确定,就是电阻最小的路径,电阻与导体的截面积、长度有关。但是对于频率较高的电流,确定地线电流的路径并不容易,实际的地线电流往往并不流过你所设计的地线。从而造成地线电流路径不确定。电流失去控制,就会产生一些莫名其妙的问题。

如图 6-4 所示,电流回路的阻抗由导线的电阻和回路电感形成的感抗两部分组成,即 $Z=R+\mathrm{j}\omega L$。当频率很低时,感抗很小,回路的阻抗主要是导线的电阻。随着频率的升高,电感的感抗所占比重越来越大,回路的阻抗主要是感抗部分,回路的电感越大,阻抗越高。回路中的电感与导线的内电感不同,导线的内电感与导线周围的磁通是没有关系的,而回路中的电感为 Φ/I,其中,Φ 表示回路的磁通量,I 是回路中的电流。这样,回路面积越大,回路所包含的磁通量越大,电感也越大。

下面通过如图 6-5 所示的实验来加深对回路阻抗的理解。如图 6-5 所示,同轴电缆的一端接信号发生器,频率可调,另一端接电阻负载。同轴电缆金属编织层的两端用一根电阻和内电感都很小的短粗的铜线连接起来。这样,流过负载的电流可以分别通过同轴电缆的外皮和短粗的铜线两个路径返回到信号源。在铜线上套一个电流卡钳,用示波器观察铜线中电流的大小。将信号源的输出频率由低往高调,并适当调节信号幅值,使输出电流保持不变。观察铜线中电流变化,可以发现,在频率低于 1kHz 时,几乎所有的电流都是通过铜线回到信号源的,随着频率的升高,铜线电流越来越小,直到最后铜线中几乎没有电流了。这说明,当频率较高时,电流几乎全部从同轴电缆的外屏蔽层流回到了信号源。原因在于:由同轴电缆芯线与短粗铜线构成的回路虽然电阻小,但是由于回路面积很大,电感很大,对于高频电流来讲具有较大的阻抗;而由同轴电缆芯线与外屏蔽层构成的回路虽然具有较大的电阻,但是由于回路面积很小(几乎为零),电感很小,所以对于高频电流来讲阻抗很小。当电流的频率很低时,由于回路的阻抗主要是由电阻部分来决定,短粗铜线构成的回路阻抗较低,电流从这个路径流回信号源;随着频率的升高,感抗成为决定回路阻抗的主要因素,同轴电缆的芯线与外屏蔽层构成的回路阻抗相对较小,电流主要从同轴电缆外屏蔽层流回信号源。

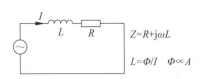

图 6-4 电流回路的阻抗

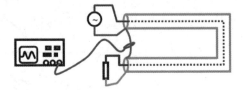

图 6-5 电流回流路径的实验

因此,看似阻抗小的路径阻抗却不一定小,按常规设计的地线电流路径不一定就是实际的地线电流路径。

要想避免地线产生的干扰,必须在系统或电路的方案设计初期就进行地线设计。按照接地的方式,信号接地可分为单点接地、多点接地、混合接地。

1. 单点接地

单点接地是指子系统的地回路仅与该子系统内的单点相连。采用单点接地的目的是防止两个不同子系统中的电流使用相同的回路返回而产生共阻抗耦合,图 6-6 和图 6-7 为典型的单点接地系统,可以看出,3 个子系统具有相同的信号源。低频时采用单点接地,在直流到大约 20kHz 的低频使用最有效,高于 100kHz 通常不用,有时可能被推至高达 1MHz。但对于更高频率,根据传输线理论,当地线的长度等于 $\lambda/4$ 的奇数倍时,接地线的阻抗会非常高。此时不仅起不到接地作用,而且地线将有很强的天线效应向外辐射干扰信号和拾取干扰信号,所以,为了保持低阻抗,使辐射和拾取最小化,一般要求地线长度不应超过信号波长的 1/20。

单点接地分为串联单点接地和并联单点接地。图 6-6 为串联单点接地,图 6-7 为并联单点接地。在如图 6-6 所示的串联接地电路中,

$$V_A = (I_1 + I_2 + I_3) R_1$$
$$V_B = (I_1 + I_2 + I_3) R_1 + (I_2 + I_3) R_2$$
$$V_C = (I_1 + I_2 + I_3) R_1 + (I_2 + I_3) R_2 + I_3 R_3$$

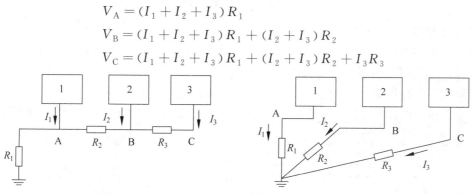

图 6-6 串联单点接地   图 6-7 并联单点接地

可以看出,点 A 的电位比点 B 和点 C 的要低,A、B、C 各点的电位是受电路工作电流影响的,随各电路的地线电流而变化,尤其是 C 点的电位,十分不稳定。而且可以看出,A、B、C 各点的电位不仅不为零,而且受其他电路的影响,许多电路之间有公共阻抗,相互之间由公共阻抗耦合产生的干扰十分严重,从防止和抑制干扰的角度,这种接地方法不好。

这种接地方式虽然有很大的问题,但是实际中最常见的,因为它十分简单,在非关键性的运用中,是可接受的。在大功率和小功率电路混合的系统中,切忌使用,因为大功率电路中的地线电流会影响小功率电路的正常工作。另外,最敏感的电路要放在 A 点,这点电位是最稳定的。另外,对于各种放大器,功率输出级要放在 A 点,前置放大器放在 B、C 点。解决串联单点接地中的问题的方法是并联单点接地,各电路的电位:$V_A = I_1 R_1$,$V_B = I_2 R_2$,$V_C = I_3 R_3$。并联单点接地的优点是:各设备的电位仅与各自的电流和地线电阻有关,不受其他设备的影响,可防止各设备之间相互干扰和地回路的干扰;缺点是:若设备较多,则需要较多根地线,使接地导线加长,阻抗增大,还会出现各接地导线间的相互耦合,不适用于高频。

串联单点接地结构由于简单而受到设计人员的青睐,但它所带来的公共阻抗耦合干扰问题又经常让人头疼。并联单点接地结构能够彻底消除电路之间的影响,但是繁杂的接地线实在让人头疼。实践中可以采用串联、并联混合接地,如图 6-8 所示。最实际的单点接地系统实际上就是串联和并联连接的组合。这是一个单点接地的折中方法,即将电路按照特性分组,相互之间不易发生干扰的电路放在同一组,相互之间容易发生干扰的电路放在不同的组。每个组内采用串联单点接地,获得最简单的地线结构,不同组的接地采用并联单点接地,避免相互之间干扰。这个方法的关键:绝不要使功率相差很大的电路或噪声电平相差很大的电路共用一段地线。

图 6-8　串联单点、并联单点混合接地

2. 多点接地

多点接地(见图 6-9)能够避免单点接地在高频时的问题。在数字电路和高频(100 kHz以上)大信号电路中必须使用多点接地。模块和电路通过许多短线($< 0.1\lambda$)连接起来,以减少地阻抗产生的共模电压。同样,子单元通过许多短线与机架、地平面或其他低阻抗导体连接起来。这种方式不适合敏感模拟电路,因为这样连接形成的环路容易受到磁场的影响。

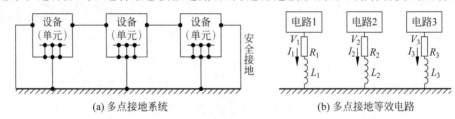

(a) 多点接地系统　　　　　　　　(b) 多点接地等效电路

图 6-9　多点接地及等效电路

3. 混合接地

混合接地既包含了单点接地的特性,也包含了多点接地的特性。例如,系统内的电源需要单点接地,而射频部分则需要多点接地。在有些设备中,既有高频电路又有低频电路,可采用混合接地。高频电路、中频电路部分用多点接地,低频部分用单点接地。要使信号回路接地、电源系统接地、机壳接地等相互之间保持分离的接地系统,最后再把这些接地系统接在同一个参考点上(大地地线)。

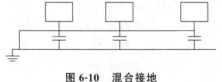

图 6-10　混合接地

图 6-10 是一种混合接地的方式,对于直流或低频,电容是开路的,电路是单点接地,对于射频,电容是导通的电路是多点接地。

6.2　数字电路接地

数字系统是一种存在明显噪声和潜在干扰的射频系统。在模拟电路中,外部噪声源通常是关注的重点,然而在数字电路中,内部噪声源往往是主要关注的问题,数字电路的内部噪声是由下列原因产生的:

(1) 接地总线噪声(通常被称为"接地反射")。

(2) 电源总线噪声。

(3) 传输线反射。

（4）串扰。

最重要的是接地和电源总线噪声，这部分已在5.6节进行了介绍。

如图6-11所示是一个由4个逻辑门组成的简单数字系统，当门1的输出从高变为低时，会发生以下过程：寄生电容通过门1放电，很大的地电流流过地线阻抗，在门2的地线上形成地线电压，由于门2输出低电平，这个电压直接反应到门2的输出端，成

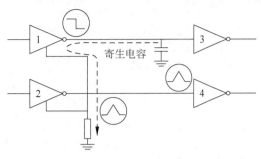

图6-11　数字系统的接地噪声

为门4的输入信号。当幅度超过门4的噪声门限时，导致门4误动作，引起逻辑门4切换产生信号完整性问题。地线上的这些干扰不仅会引起电路的误操作，还会造成传导和辐射发射。为了减小这些干扰，应尽量减小地线的阻抗。

注意：对于数字电路，地线阻抗不是地线电阻。例如，宽0.5mm的印制线，每英寸电阻为12mΩ，电感是15nH，对于160MHz的信号，其阻抗为9.24Ω，远大于直流电阻。因此对于数字电路，减小地线电感是十分重要的。

数字逻辑门的输出状态发生变化时，电源线和地线都会产生很大的瞬态电流（电流突变）。瞬态接地电流是产生系统内部噪声电压、传导和辐射的主要原因。为了使数字电路内部噪声源产生的噪声最小，所有的数字逻辑系统必须遵循如下原则设计：

（1）低阻抗（电感）的接地系统；

（2）每个逻辑集成电路旁设置一电荷源（去耦电容）。

第（2）个原则已在5.6节进行了介绍，本节主要就第（1）个原则实现低电感接地系统进行了介绍。

6.2.1　导体的电感及数字电路接地系统

考虑到噪声的控制，在数字逻辑系统布设时一个最重要的考虑就是使接地电感最小化。

1. 电感

（1）矩形导体（如图6-12所示）的电感。

$$L = 0.002S[2.3\lg(2S/(W+t)) + 0.5]\mu H \tag{6-1}$$

式中，S 为导体长度（cm），W 为导体宽度（cm），t 为导体厚度（cm）。

（2）线路板走线的电感。

对于线路板走线，$t \ll W$，则电感计算公式简化为

$$L = 0.002S[2.3\lg(2S/W) + 0.5]\mu H \tag{6-2}$$

从电感的计算公式可以看出，电感与其长度和长度的对数成正比，缩短导线的长度能够有效地减小电感。但是电感随着导体的宽度的对数减小而减小。因此，增加走线的宽度对减小电感的作用很有限。当宽度增加一倍时，电感仅减小20%。

（3）并联导线（如图6-13所示）的电感。当两个导体并联起来时，并联的总电感为

$$L = (L_1 L_2 - M^2)/(L_1 + L_2 - 2M) \tag{6-3}$$

若 $L_1 = L_2$，则 $L = (L_1 + M)/2$。

图 6-12　矩形导体的电感

图 6-13　矩形导体的电感

M 是两个导体之间的互感。当两个导体靠得很近时,互感等于单个导体的自感,总电感几乎没有减小。当两个导体距离较远时,互感可以忽略,总电感降低为原来的 1/2。一般来讲,间距大于 0.5in 后电感值不会再有显著下降。因此,多根导体并联是一个降低电感更有效的方法。

2. 数字电路接地系统

为了保证数字电路的可靠工作,减小线路板上所有电路的地线的阻抗是一个基本的要求。对于多层板,往往专门设置一层地线面。但是,多层板的成本较高,在民用产品上较少使用。实际上,在双层板上做地线网格也能获得几乎相同的效果。

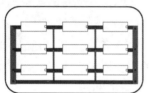

图 6-14　印制电路板上的网格式接地系统

PCB 上的网格可以通过在板上印制水平和垂直接地线来实现,如图 6-14 所示。即在双层板的两面布置尽量多的平行地线,水平迹线敷设在板的一面,垂直迹线敷设在另一面上,然后在它们交叉的地方用过孔连接起来。虽然通过上面的分析可知,平行导体的距离远些,减小电感的作用更大,但是考虑到每个芯片的近旁应该有地线,往往每隔 1~1.5cm 布一根地线。

1) 地线网格的制作方法

制作地线网格的一个关键是在布信号线之前布地线网格,否则是十分困难的。尽管地线要尽量宽,但是除了作为直流电源主回路的地线由于要通过较大的电流,需要有一定的宽度外,地线网格中的其他导线并不需要很宽,即使有一根很窄的导线,也比没有强。

一个网格,即使是一个相当粗的网格也可以比单点接地的噪声减少一个或更多的数量级。

2) 地线网格的效果

两块线路板的布局和安装的器件完全相同,只是一个有地线网格,另一个没有地线网格,测量线路板上芯片之间的地线噪声电压值(mV)如下:

测量点	IC1、IC2	IC1~IC3	IC1~IC4	IC1~IC11	IC7~IC15	IC15、IC16
单点接地	150	425	425	625	850	1000
地线网格	100	150	120	200	125	100

网格是数字电路接地系统所需要的基本的拓扑结构,但随着数字逻辑电路频率的增加,接地网格必须被做得细化再细化,以提供更多的并联路径。如果这种方法达到了极限,则结果是并联路径或平面的数目为无穷大。这时一个接地平面将能提供最佳的性能。因此,当频率高于 5MHz 或 10MHz,就应该认真考虑采用接地面了。

接地系统是数字逻辑印制电路板的基础,如果接地系统不好,那么很难解决诸如快速重启和正确接地等问题。因此,所有的数字印制电路板的接地系统都应该被设计成接地面或接地网格,即数字系统中可通过使用接地网格或接地平面使接地电感最小化。一般情况下,PCB双层板接地结构做成接地网格,PCB多层板接地系统做成接地平面。

6.2.2 接地面电流分布和阻抗

因为接地结构对于印制电路板的性能非常重要,又因为大部分高频印制电路板都采用接地面,所以理解接地面的特性是重要的。虽然接地面的电感比迹线的电感小得多,但接地面电感不能忽略。减小接地面电感的原理是使电流分散开以提供许多并联路径。为了计算接地面的电感,必须首先确定接地面上电流的分布。

1. 参考面电流分布

1)微带线

微带线由参考面上的迹线组成。微带线周围场的典型分布如图6-15(a)所示。由于趋肤效应,高频场不能穿透平面,参考面电流(返回电流)将存在于电力线终止的邻近平面(接地平面、电源平面都行)。从图6-15(a)可以看出微带线下的参考面电流扩展得超过了迹线的宽度,这样就可为返回电流提供许多并联的路径。参考面上电流实际分布可用下列表达式计算:

如图6-15(b)所示,距迹线中心 x 处的参考面电流密度 $J(x)$ 为

$$J(x) = \frac{I}{w\pi}\left[\arctan\left(\frac{2x-w}{2h}\right) - \arctan\left(\frac{2x+w}{2h}\right)\right] \tag{6-4}$$

式中,I 是环路中的总电流,$J(x)$ 为电流密度。

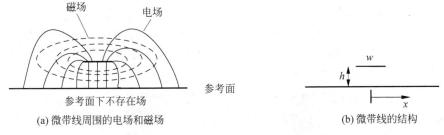

(a) 微带线周围的电场和磁场　　　　(b) 微带线的结构

图6-15　印制电路板上网格式接地系统

式(6-4)的电流密度是产生最小电感必需的分布,无论频率是多少,该电流密度都是一样的,唯一的限制是当频率足够高时,平面电阻相对比感抗可以忽略不计。

将式(6-4)求相对电流密度比 $J(x)/J(0)$ 作为 x/h 的函数归一化后,其函数图如图6-16所示。其中纵轴是归一化到迹线中心($x=0$)的正下方平面的电流密度,横轴是归一化到迹线的高度(x/h)。可以看出,大部分电流靠近迹线。到距迹线中心的距离为迹线高度5倍时,电流密度很小,曲线斜率很小。50%的电流包含在正负迹线高度的距离内,80%的电流包含在迹线高度正负3倍的距离内,97%的电流出现在迹线高度正负20倍的距离内。

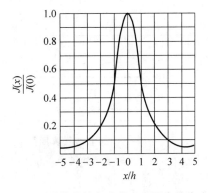

图6-16　微带线的归一化参考面电流密度

如果迹线宽度小于高度($w<h$),则式(6-4)可近似为

$$\frac{J(x)}{J(0)}=\frac{1}{1+\left(\dfrac{x}{h}\right)^{2}} \tag{6-5}$$

如果我们只关注距迹线中心线距离 $x\gg h$ 时参考面的电流,则式(6-5)可化简为

$$\frac{J(x)}{J(0)}=\frac{h^{2}}{x^{2}} \tag{6-6}$$

相邻迹线间的串扰是迹线所产生的场相互作用的结果,场终止于电流存在的地方。因此,式(6-6)表明相邻微带线间的串扰正比于迹线高度的平方除以间隔距离的平方,这个公式的一个重要的意义就是即使迹线间的距离保持不变,将迹线靠近参考面也能减小串扰。在迹线相距较远(即满足 $x\gg h$)的情况下,为我们提供了一个在印制电路板上不占用太多宝贵的空间并能减小串扰的有效方法。

2) 带状线

带状线由一条对称分布在两平面之间的迹线组成,如图 6-17 所示。距迹线中心距离为 x 处参考面的电流密度为

$$J(x)=\frac{I}{w\pi}\left\{\arctan\left[\mathrm{e}^{\left(\frac{\pi\left(x-\frac{w}{2}\right)}{2h}\right)}\right]-\arctan\left[\mathrm{e}^{\left(\frac{\pi\left(x+\frac{w}{2}\right)}{2h}\right)}\right]\right\} \tag{6-7}$$

式(6-7)表示的是两平面中一个平面上的电流密度,参考面的总电流密度应该是式(6-7)所示电流密度的两倍。

图 6-18 对带状线和微带线的电流密度进行了比较,描绘出式(6-4)的归一化电流密度 $J(x)/J(0)$ 和式(6-7)归一化电流密度的 2 倍(表示两个平面总的带状线电流密度)随 x/h 的变化,可以看出,带状线电流没有微带线电流扩散得远。到距迹线中心的距离为迹线高度的 4 倍时,带状线电流密度几乎为零。74%的带状线电流包含在正负迹线高度的距离内,99%的电流包含在迹线高度正负 3 倍的距离内,因此,带状线参考面电流没有微带线参考面电流扩散得远。

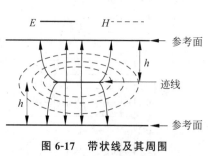

图 6-17　带状线及其周围
的电场和磁场

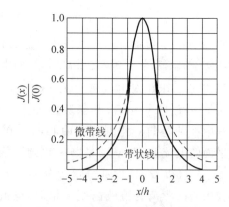

图 6-18　带状线(实线)和微带线
(虚线)的归一化参考面电流密度

3) 非对称带状线

非对称带状线由一条非对称分布在两平面之间的迹线组成,如图 6-19 所示。非对称带

状线通常用于数字逻辑电路板,两个正交敷设的信号层位于两个平面之间。因为两个信号层是正交的,它们之间的相互作用最小。应用这种结构的原因是对于两个带状线电路只需要两个平面,而不是 3 个平面,然而对任何一个带状线电路,平面被非对称设置,在这种结构中,$h_2 = 2h_1$。

由于成本的原因,带状线很少用于数字逻辑电路板,因为每个信号层需要两个平面。满足 $h_2 = 2h_1$ 的非对称带状线、带状线以及微带线电流密度随 x/h_1 变化的曲线如图 6-20 所示。对于带状线和非对称带状线,图中的电流是两个平面电流的总和。可以看出,当 $x/h < 2$ 时,非对称带状线电流密度近似等于微带线电流密度。当 $x/h > 4$ 时,相对于微带线的密度,非对称带状线电流密度更接近带状线电流密度。

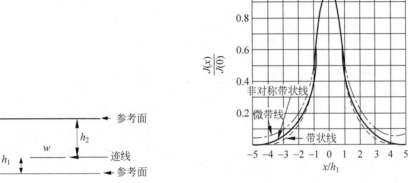

图 6-19 非对称带
状线的结构

图 6-20 非对称带状线(实线)、带状线(虚线)和微带线(点画线)的归一化参考面电流密度。非对称带状线和带状线是两个面电流总和

非对称带状线每个平面的电流密度跟 h_2/h_1 有关。当 $h_2/h_1 = 1$ 时,近面占总电流的 50%,远面占总电流的 50%;当 $h_2/h_1 = 2$ 时,近面占总电流的 67%,远面占总电流的 33%;当 $h_2/h_1 = 3$ 时,近面占总电流的 75%,远面占总电流的 25%;当 $h_2/h_1 = 4$ 时,近面占总电流的 80%,远面占总电流的 20%;当 $h_2/h_1 = 5$ 时,近面占总电流的 83%,远面占总电流的 17%。

2. 接地面电感和阻抗特点

虽然导线或 PCB 迹线电感计算简单,但一个平面电感的计算是复杂的。对于接地面的电感,目前还没有一个解析表达式可用于计算。接地面具有的电感通常比迹线电感小两个数量级,接地面电感很小的原因是电流在平面中散布开。电流通过导通孔馈入和流出平面,由于导通孔附近接地面电流的汇聚而增大平面电感。当迹线与返回层间的距离增加时,返回层电感也增加。减小参考面上迹线的高度将可以减小平面的电感、减小平面上的电压、降低辐射发射、降低邻近迹线间的串扰。对于大的迹线高度,通常指高于 0.01in,返回层电感将是该平面阻抗的主要部分,低于某临界高度后,接地层电阻将成为阻抗的主要部分。

因此,接地面阻抗有如下特点:在迹线高度 h 比较大时,接地面电感是主要的阻抗,当迹线向接地面靠近,电感减小而接地面电阻增大,最终达到电阻等于感抗时的点(迹线临界高度)后,再降低迹线高度,接地面阻抗也不能再降低多少了。

6.2.3 数字逻辑电路电流的流动

对于高频电流,最低阻抗(电感)信号回路是在与信号迹线直接相邻的平面内,该平面可

信号
电源
地
信号

图 6-21 4 层印制电路板示意图

以是电源平面,也可以是接地平面。在图 6-21 中给出了 4 层印制电路板的分层示意图,对于最高层的信号,返回电流通路将是电源层。微带迹线中信号所产生的电场线终止于相邻平面,因此返回电流将终止电源层上,不会掺入到下面的接地平面上。下面举例分析数字逻辑信号电流实际是如何流动的。

许多工程师和设计师对于数字逻辑电路返回电流如何流动,在哪里流动以及数字逻辑电流的源是什么都感到困惑。事实上,驱动器 IC 不是电流的源,IC 只是作为一个开关来控制电流。数字逻辑电流的源是去耦电容、寄生迹线电容和负载电容,见图 6-22。

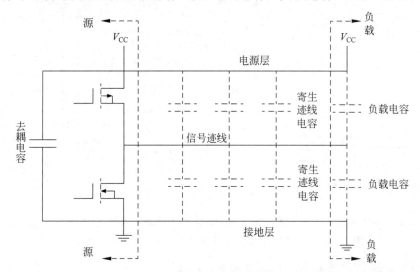

图 6-22 一个 CMOS 逻辑门驱动位于电源层和接地层之间的带状线电路

返回电流通路是传输线、带状线还是微带线结构的形式,依赖于逻辑转换是从高到低还是从低到高。对于微带线,返回电流通路是什么形式也决定于迹线是邻近接地层还是电源层。对于带状线,则由迹线是位于两接地层之间、两电源层之间还是接地层和电源层之间决定。

图 6-22 给出了一个具有带状线结构且输出信号迹线位于电源和接地层之间的 CMOS 逻辑门电路。在这个图中也标明了驱动器 IC,源的去耦电容,信号迹线的寄生电容以及负载电容。图 6-23～图 6-28 给出了各种可能结构的逻辑电流通路。

1. 微带线

图 6-23 给出了邻近接地层的一个微带线上由低到高转换时的电流通路。可以看出,电流源是去耦电容。电流从 CMOS 逻辑门上面的场效应管流过信号迹线到负载,也流过迹线到地层的寄生电容和负载电容,然后经过接地层返回到接地层的去耦电容。

图 6-24 给出了邻近接地层的一个微带线上由高到低转换时的电流通路。可以看出,电流源是迹线到接地层间的寄生电容,包含负载电容。电流流过信号迹线到驱动器 IC,流过 CMOS 逻辑门下面的场效应管返回到接地层。在这种情况下,是 CMOS 驱动器下面的场效应管短路了迹线到接地层间的电容(寄生电容和负载电容)以产生电流。注意,在这个例子中,去耦电容不包含在电流通路中。

图 6-25 给出了邻近电源层的一个微带线上由低到高转换时的电流通路。可以看出,电流

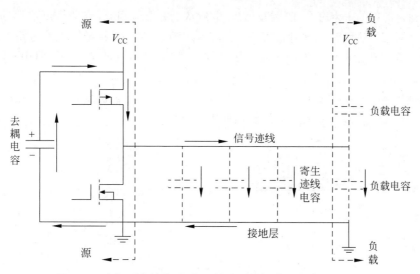

图 6-23 由低到高转换时，邻近接地层的微带线上电流的流动

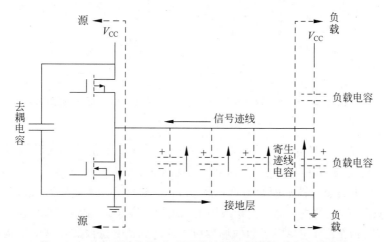

图 6-24 由高到低转换时，邻近接地层的微带线上电流的流动

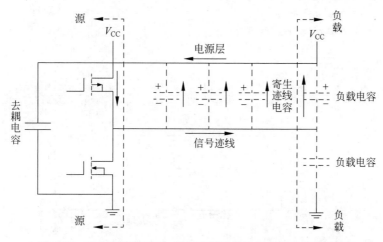

图 6-25 由低到高转换时，邻近电源层的微带线上电流的流动

源是迹线到电源层的寄生电容和负载电容。电流从电源层流到源,流过 CMOS 驱动器上面的场效应管返回信号迹线。在这种情况下,是 CMOS 驱动器上面的场效应管短路了迹线到电源层间的电容以产生电流。如前面的例子一样,去耦电容不包含在电流通路中。

图 6-26 给出了邻近电源层的一个微带线上由高到低转换时的电流通路。可以看出,电流源是去耦电容。电流流过电源层,流过迹线到电源层的寄生电容返回信号迹线上的驱动器 IC,然后流过驱动器下面的场效应管返回去耦电容。

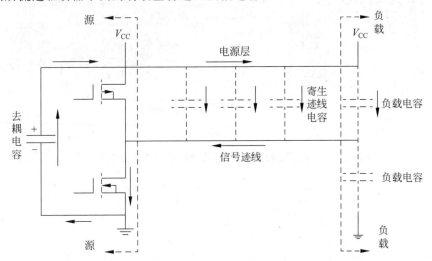

图 6-26　由高到低转换时,邻近电源层的微带线上电流的流动

2. 带状线

图 6-27 给出了一个与电源层和接地层都相邻的带状线上由低到高转换时的电流通路。可以看出,电流源是去耦电容加上迹线到电源层间的寄生电容,包含负载电容。去耦电容电流(实线箭头)从 CMOS 驱动器上面的场效应管流过信号迹线到负载,然后流过迹线到接地层间的寄生电容返回接地层的去耦电容。迹线到电源层的电容电流(虚线箭头)流过电源层返回驱动器 IC,然后流过 CMOS 逻辑门上面的场效应管返回到信号迹线。在这个结构中,电流流过电源层和接地层,且电流在两个层上的流向相同,在这种情况下,都是从负载流向源。

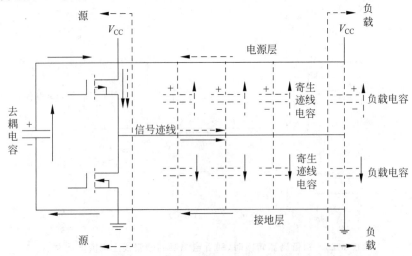

图 6-27　由低到高转换时,与接地层和电源层都相邻的带状线上电流的流动

图 6-28 给出了一个与电源层和接地层都相邻的带状线上由高到低转换时的电流通路。可以看出,电流源是去耦电容加上迹线到接地层间的寄生电容,包含负载电容。去耦电容电流(实线箭头)流过电源层,经过迹线到电源层间的寄生电容返回信号迹线上的驱动器 IC,然后通过 CMOS 驱动器下面的场效应管返回到去耦电容。迹线到接地层的电容电流(虚线箭头)流过信号迹线返回驱动器 IC,然后流过 CMOS 逻辑门下面的场效应管返回到接地层。在这个结构中,电流在电源层和接地层上的流向相同,但在这种情况下,电流方向都是从源流向负载。

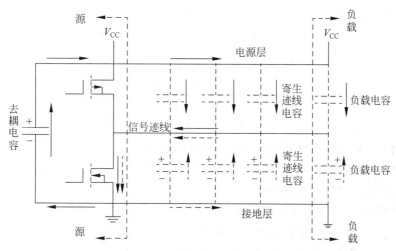

图 6-28 由高到低转换时,与接地层和电源层都相邻的带状线上电流的流动

对于邻近有两个接地层的带状线,除了带状线中每个平面只载有一半的总电流外,电流源和电流通路与只有一个接地层的微带线(见图 6-23 和图 6-24)是一样的。对于邻近有两个电源层的带状线,除了带状线中每个平面只载有一半的总电流外,电流源和电流通路与只有一个电源层的微带线(见图 6-25 和图 6-26)是一样的。

在所有带状线的例子中,电流在两个不同的信号回路(参见图 6-27 和图 6-28 中的上、下两个信号回路)中流动,且两个回路中电流的流向相反,一个顺时针,另一个逆时针,每个回路中只包含一半的总电流,因此,来自两个回路的辐射将减小且趋于彼此抵消。所以,带状线结构比微带线产生的辐射小得多,且两个平面层有屏蔽辐射的作用,也减少了更多的辐射。

从上面分析的微带线和带状线的例子中,可以得出结论:对于返回电流而言,参考面或参考层是接地层还是电源层没有差别。电流总是通过一个小的环路面积直接返回到源地,至于参考面是接地面还是电源面没有关系。其实,电源层与接地层,对交流信号而言是一样的,区别仅仅是在直流上。通常情况下,返回信号位于距离信号走线最近的一个层,我们称之为参考层或参考面。

另外,无论所用结构、参考面或平面是什么,在所有涉及由低到高转换的例子中,电流通过电源(或接地)引脚进入驱动器 IC 并经过信号引脚离开驱动器 IC。在所有涉及由高到低转换的例子中,电流通过信号引脚进入驱动器 IC 并通过接地(或电源)引脚离开驱动器 IC。

习题

6-1　什么是安全接地和信号接地?

6-2　简述信号接地的种类。

6-3　如图 6-29 所示的双层 PCB,它由布设在板顶面的迹线和板底面的完整接地层组成,在点 A 和 B 通过导通孔将顶面的迹线和底面的接地面连接起来以完成电流的环路,试问电流在接地面上的点 A 和 B 之间是如何流动的?

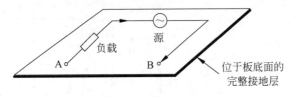

图 6-29　题 6-3 图

6-4　为什么接地线长度一般要小于信号波长的 1/20?

6-5　产生低电感结构最基本的接地布局是什么?

6-6　大地的典型阻抗是多少?

6-7　高频时,在一个电子设备的机壳上为什么用多个接地带状线?

6-8　产生数字逻辑电流可能的源有哪些?

6-9　带状线比微带线产生辐射少的原因是什么?

6-10　对于微带线,两个相邻迹线间串扰与下列因素有什么关系?

(1) 参考平面上的迹线高度 h;

(2) 两迹线间的距离。

6-11　减少走线和参考面之间的距离至少可以解决哪两个问题?

第 7 章

高速电路 PCB 的
EMC 设计简介

视频

在电磁干扰问题不断增加的同时,工程师还要面对越来越严格的产品成本、产品开发速度、产品质量等因素的要求,给 EMC 提出了新的挑战。面临挑战,我们必须采用 EMC 系统设计对策。在电子电气设备的设计中就必须进行电磁兼容设计,如果我们能在设计的全过程中,及早考虑 EMC 设计,不仅有助于减少反复试验和返工,还能节省大量的开发费用,并能使产品提前上市。

电磁兼容设计包括元器件的选择,电路的设计和布线,设备结构的设计,屏蔽、滤波、接地和搭接技术的应用等。

1. EMC 设计的目的

(1) 设备内部的电路、器件不互相干扰。

(2) 设备产生的电磁干扰强度低于规定的限值。

(3) 设备具有一定的抗干扰能力。

2. EMC 设计的内容

EMC 设计包括电气设计和结构设计。

1) 电气设计

(1) 各元器件的干扰控制,抗干扰措施(如屏蔽技术、滤波技术、接地技术)的应用。

(2) 元器件的布局、导线的敷设等。

2) 结构设计

结构设计主要是指机箱的屏蔽,包括通风口、缝隙、表头、显示器、指示灯等处的处理。

3. 产品 EMC 设计的一般步骤

(1) 根据相关标准了解 EMC 限值及试验方法。

(2) 提出 EMC 的可行性设计方案。

(3) 确定电路结构的布置。

(4) 对初样产品进行 EMC 试验,是否满足 EMC 要求。

(5) 改进设计,达到 EMC 要求。

(6) 生产定型。

应该知道,达到 EMC 要求是 EMC 工程师精心设计的结果,不是定型后改进的结果。本章将对高速 PCB 的 EMC 设计进行简要介绍。

7.1　概述

随着系统功能的增加,芯片频率的提高,加上成本的限制,PCB设计技术已经成为控制产品EMC特性的最重要的一个环节。元器件布局、PCB布线、阻抗匹配、接地设计以及电路的滤波等,都应该考虑EMC的要求。PCB的EMC设计技术已经成为广大硬件工程师最为关注的课题。早期,电子产品的处理速度(时钟和数据传输速度)都在较低的兆赫兹范围,因此,印制电路板(PCB)上的连接盘(印制电路板表面和里面具有矩形截面导线通常被称为连接盘)长度对电路系统性能不会产生影响,它们的电磁效应一般都可以忽略。现在PCB上的所有连接盘都必须作为传输线来对待,否则,产品将不能正常工作。EMC设计技术和方法已经成为数字设计,特别是高速数字系统设计的一部分。毫无疑问,随着数字系统时钟速度和数据传输速率的持续提高,这些内容的重要性也将越来越明显。

本章旨在对高速电路PCB的EMC设计进行简要的介绍。何为高速电路?如果一个数字系统的时钟频率达到或者超过50MHz,而且工作在这个频率之上的电路占到整个电子系统一定的分量(比如1/3),则成为高速电路。实际上,信号的谐波频率比信号本身的重复频率要高,它是信号快速变化的上升沿与下降沿引发了信号传输的非预期效果。在低速时代,数字信号的边沿变化非常缓慢,带宽较小,数字电路工程师通常使用传统的电路理论来考虑PCB上的信号互连问题。互连结构被当成集总参数元件来对待,无须考虑信号从发送端达到接收端所需花费的时间。驱动器被当作理想的信号源,并认为接收端的信号波形和驱动端的完全相同。工程师要做的就是保证能够把发射端和接收端正常连接即可。但在当今的高速时代,数字信号的边沿非常陡峭,信号中含有极高的频率成分,传统的思维方式已经无法解释和处理信号互联中出现的各种复杂问题。由于频率大大提高,互连结构中各种寄生参数效应表现得越来越明显,把互连结构作为集中元件已经无法反映出互连结构对信号的响应。要解释和正确处理信号互联中的各种问题,必须使用新的思维方式来考虑在互连结构中的传输问题。只有把信号从发送端达到接收端的传输看作是需要一定时间的过程,研究这个过程中每一个瞬间发生了什么,才能得到问题的正确答案。当数字逻辑电路的频率达到或超过50MHz时,将会产生传输效应和信号完整性的问题。因此,要把高速电路中的互连结构当作传输线来对待,并从电磁波传播的角度来理解信号的传播。

所谓信号完整性,是指信号在信号线上的质量,即信号在电子线路中以正确的时序和电压作出响应的能力。数字化产品中,使用0、1构成二进制码流来传递信息,而0、1码是通过电压或电流波形来传递的,尽管信息是数字的,但是承载这些信息的电压或电流却是模拟的,噪声、损耗、供电的不稳定等诸多因素都会使电压或电流波形发生畸变,如果畸变严重到一定程度,接收器就可能错误判断发生器输出的0、1,这就是信号完整性问题。

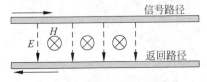

图7-1　传输线示意图(由信号路径和返回路径组成)

构成传输线的形式多种多样,如PCB上的走线、双绞线、同轴电缆等。如图7-1所示为传输线结构的示意图,它包含两条路径:信号路径和返回路径(或称为参考路径),信号路径只是构成信号传输系统的一部分。传输线用于信号从一端传输到另一端。当传输线上施加信号时,随着信号向前传播,沿空间分布的电场和磁场也发生变化,信号能量以电磁波的形式传输到末端。变化的电场和磁场产生电流,外在的表现就像电流在发送端从信号路径流入,然后从返回路径(参考路径)流回到发送端一样。

信号在介质中的传播速度:$v=c/\sqrt{\varepsilon_r}$,式中,ε_r为介质的相对介电常数。比如,制造 PCB 常用板材的ε_r通常约为 4,普通的 FR4 类板材介电常数介于 4~5,高速板材介于

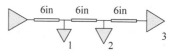

图7-2　点对多点的拓扑结构

3~4,这样就可以得到一个很有用的近似估计,信号在 PCB 中的传播速度大约是真空中光速的一半。如果传输线有 18in(1in=2.54cm)长,那么信号需要 3ns 才能传输到末端。在如图 7-2 所示的互连结构中,每隔 6in 有一个接收端,驱动器发出信号后,经过 1ns 信号传输到接收器 1,此时接收器 2 和 3 感觉不到信号的存在,经过 2ns 接收器 2 才收到信号,而末端的接收器 3 仍然感觉不到信号的存在。所以信号传输是一个需要一定时间的动态过程,本例中每隔 1ns,信号才和一个接收器发生相互作用,只有搞清楚信号传输的每一瞬间发生了什么,才能了解高速电路信号互连中的各种问题。

7.2　高速电路 PCB 的走线结构类型、返回路径和回路面积

电子产品的电路系统所依附的物理实体就是 PCB,通过在介质表面或介质层之间的金属化走线(Trace)实现元器件的互连,不同层面上的走线则通过电镀过的过孔(Via)连接。因此,印制线路板(PCB)是电子产品中电路元件和器件的支撑件,它提供电路元件和器件之间的电气连接,是各种电子设备最基本的组成部分。它的性能直接关系到电子设备质量的好坏。

如图 7-3 所示为一典型的 6 层板的结构示意图。在多层 PCB 尤其高速电路 PCB 中,经常将介质之间的若干个金属面分配给电源和地网络。这样 PCB 上的走线就可以大致分为两类:微带线和带状线。

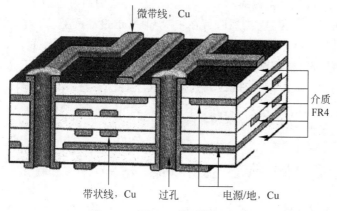

图7-3　6 层 PCB 的结构示意图

微带线的附近只有一个金属平面(参考面),走线通常位于 PCB 表层。微带线可以分为表面微带线和覆层微带线(又称嵌入式微带线),表面微带线的走线直接暴露于空气,覆层微带线的走线表面覆有一层介质膜。带状线的两边都有金属平面,可以较好地防止电磁辐射,

根据带状线的走线离两平面的距离,又可分为对称带状线和非对称带状线,如图 7-4 所示。

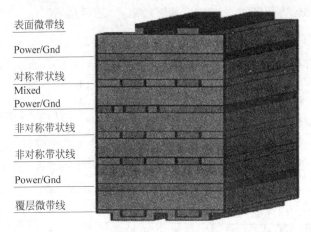

表面微带线

Power/Gnd

对称带状线
Mixed
Power/Gnd

非对称带状线

非对称带状线

Power/Gnd

覆层微带线

图 7-4 高速 PCB 的走线类型

微带线、带状线都是传输线的一种形式。而走线则是传输线的信号路径在 PCB 上的实现,比如,PCB 表层的走线就是微带线的一部分,而层间走线则是带状线的一部分。要实现信号传输,就要为它寻找一个返回路径,PCB 上的返回路径就是参考面或信号路径周围的其他导体,甚至是自由空间。由于高频时信号路径和返回路径的回路电感要最小化,那么返回电流是要紧靠信号电流的,只要附近的导体允许,返回路径会尽量靠近信号路径分布。如果走线周围没有任何导体可以提供返回路径,那么自由空间就成为返回路径,这就带来了EMC 问题。平行双导线传输线的两根导线中一根是信号路径,另一根就是返回路径,两者没有严格区分;同轴电缆的内导线是信号路径,外导体是返回路径;微带线和带状线的走线是信号路径,走线附近的金属平面就是返回路径。所以,在设计高速电路的过程中,要丢掉低速电路中"地"这个概念,像对待信号路径一样对待返回路径。

信号从走线上流过,回流信号在走线下方的参考面中流过。从信号的信号源开始,通过走线到信号接收端,从信号接收端再到参考层,在参考层中通过走线下方的路径流到信号源的下方,最后再回到信号源,这就是信号在 PCB 中所走过的回路。这个回路所包含的面积等于走线长度乘以走线到参考面的高度。我们把它称为信号的回路面积。回路面积由信号经过的走线及信号返回信号源的路径所决定。从实际工程角度看,对于高频信号 EMI 是与回路面积紧密相关的,如果想把 EMI 减到最小,则必须把回路面积减小到最小。这样我们就知道为什么走线在靠近参考层时,其工作性能会好很多。控制回路面积是控制 EMI 的一个最重要原则。

7.3 高速电路 PCB 的布局与布线

要使电子电路获得最佳性能,除了元器件的选择和电路设计之外,良好的 PCB 布线在电磁兼容性中也是一个非常重要的因素。有一点需要注意,尽管 PCB 布局布线没有严格的规定,也没有能覆盖所有 PCB 布线的专门的规则。大多数 PCB 布线受限于线路板的大小和覆铜板的层数。一些布线技术可以应用于一种电路,却不一定能用于另外一种,这便主要依赖于布线工程师的经验。但是布局布线的一些基本规则还是通用的。下面介绍高速

PCB布局布线时的一些基本遵循和考虑,主要内容有PCB的合理分区和返回路径不连续时的应对措施。

7.3.1　单元功能电路布局和合理分区

PCB布局是按照电气性能、电磁兼容性和工艺性等要求以及元器件的外形几何尺寸,将元器件的位置均匀整齐地布置在布线区内。布局合理与否不仅影响PCB组装件和整机的性能和可靠性,也影响PCB及其组装件加工和维修的难易程度。在布局时应尽量满足以下要求:

(1) 元器件分布均匀、排列整齐美观,尽量使元器件的质量重心位于板的中心;

(2) 同一电路单元的元器件应相对集中排列,以便于调试和维修;

(3) 有相互连线的元器件应相对靠近排列,以有利于提高布线密度和走线距离最短;

(4) 对热敏感的元器件,应远离发热量大的元器件布置;

(5) 相互可能有电磁干扰的元器件,应采取屏蔽或隔离措施;

(6) 质量过重的器件(大功率变压器、继电器等),不应布设在板上;

(7) 布局应能满足整机的力学和电气性能要求。

(8) 布局分区时,高速电路PCB的电磁兼容性要求应该摆在更加突出的位置。下面从EMC的角度简单介绍。

在PCB布线中元件布局是重要的,对电路板的EMC性能有重要的影响,但容易被忽略。元器件或单元电路应该被合理分布在各逻辑功能区内,这些功能区可能是:

① 高速逻辑、时钟和时钟驱动电路。

② 存储器。

③ 中速或低速逻辑电路。

④ 视频。

⑤ 音频和其他低频模拟电路。

⑥ I/O(输入/输出)驱动器。

⑦ I/O连接器和共模滤波器,如图7-5所示。

图 7-5　高速 PCB 的合理分区示意图

在一个合理分区的电路板上,高速逻辑电路和存储器不应该位于I/O区附近,晶体或高速振荡器应该位于使用它们的集成电路(IC)附近,并远离电路板的I/O区。I/O驱动器应该靠近连接器,视频和低频模拟电路应靠近I/O区而不必通过电路板的高频数字区。合理的分区可以使迹线长度最小化,提高信号质量,最小化寄生耦合,并且减少 PCB 的发射,提高抗扰性。那么,按图 7-5 所示在 PCB 上进行分区就是一个合理的例子。

如图 7-5 还表示了位于印制电路板 I/O 区的一个电路的地与机壳多点连接的例子,指出了把所有 I/O 设置在电路板上的同一个区域内的优点。另外,将 I/O 电缆连接器(电源连接器、磁盘连接器、键盘连接器、CRT 连接器等)仅放在 PCB 的一边的另一优点是:可以避免使在 PCB 两点之间的噪声电压驱动 PCB 另一侧边缘的电缆成为长电偶极子天线。

布局时要特别小心地使振荡器、晶体和任何其他高频电路远离 I/O 区域,这些电路产生的高频电场和磁场很容易直接耦合到 I/O 电缆、连接器和电路中。如果电路板的尺寸允许,则将这些电路与 I/O 保持至少 0.5in(13mm)的距离可使寄生耦合最小化。由于信号的频谱成分越高,信号耦合到其他导体和其他部分的可能性越大,所以布局时要注意高速元件的放置及其连线,当线路板上同时存在高、中、低速电路时,应该遵从如图 7-6 所示的布局原则。图 7-6(a)布局说明内部用高频电路处理,最后用低频接口电路输出,避免高频电路噪声通过接口向外辐射;图 7-6(b)布局使高频电流的走线尽量短,其中边缘连接器引脚中的信号是高频信号。

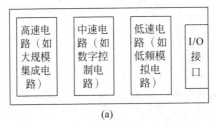
(a)
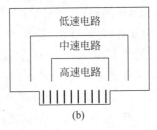
(b)

图 7-6 印制电路板一种合理布局的例子

所有的关键信号(从 EMC 角度来讲,主要指那些能产生较强辐射的信号和对外界电磁干扰敏感的信号)都要远离电路板的边缘布设,以允许返回电流在迹线下扩散开。好的习惯就是在围绕板的四周定义一个保留区,大小为信号线层与返回平面间距的 20 倍。在保留区内不布设关键信号,如图 7-7 所示。

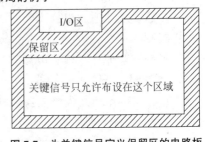

图 7-7 为关键信号定义保留区的电路板

另外,PCB 布局设计时,应充分遵守沿信号流向直线放置的设计原则,尽量避免来回环绕。避免信号直接耦合,影响信号质量,如图 7-8 所示。

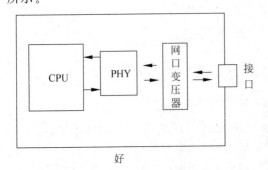
好

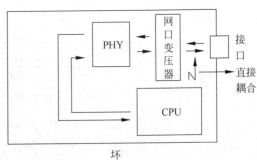
坏

图 7-8 一个 PCB 合理布局的例子

根据电路的功能单元,在对电路的全部元器件进行布局时,一般要遵循以下原则:

(1) 按照电路的流向安排各个功能电路单元的位置,使布局便于信号流通,并使信号尽可能保持一致的方向。

(2) 以每个功能电路的核心元件为中心,围绕它来进行布局。元器件应均匀、整齐、紧凑地排列在 PCB 上,尽量减少和缩短各元器件之间的引线和连接。

(3) 在高频下工作的电路,要考虑元器件之间的分布参数。一般电路应尽可能使元器件平行排列。这样,不但美观,而且装焊容易,易于批量生产。

(4) 位于电路板边缘的元器件,离电路板边缘一般不小于 2mm。电路板的最佳形状为矩形,长宽比为 3∶2 或 4∶3。

7.3.2　高速电路 PCB 的布线

布线是按照电路图或逻辑图和网络表以及需要的导线宽度与间距,布设印制导线。布线合理与否会影响印制板的电气性能、电磁兼容性、板的翘曲度和可制造性及制造成本。

1. 返回路径不连续时的应对措施

为了保证高速信号的有效传输,最合理的措施就是为每一个信号路径提供至少一个参考面作为其返回路径,这就形成了高速 PCB 的微带传输线和带状传输线结构。由于实际系统中的参考面不理想,导致返回路径不连续往往被 PCB 设计者忽略。当返回路径不连续时,就会出现电磁兼容问题和信号完整性问题。这些不连续导致返回电流在大回路中流动,从而增加了接地电感和电路板的辐射,同时也增加了相邻迹线间的串扰,并导致波形失真。另外,在一块固定阻抗的 PCB 上,返回平面的不连续将会改变迹线的特征阻抗,并且产生反射。在实际工程中,必须处理 3 种最常见的返回路径不连续情况:在参考面(无论是电源平面还是接地平面)上的槽或者缝隙;信号迹线变层,导致返回电流的参考面改变;连接器周围下面接地平面被挖去。

1) 参考面(接地/电源平面)上的槽

当迹线跨越相邻的电源平面或接地平面上的槽时,返回电流必须在迹线下面围绕槽而行,如图 7-9(a)所示。这将导致电流流经更大的回路面积。槽越长回路面积越大,大的回路面积增加了接地平面的辐射和电感,容易产生 RF 辐射,降低电路的抗扰性。所以,要避免出现迹线下方接地面的槽。如果必须开槽,则要保证其相邻层中没有信号迹线与之交叉。接地面的槽或缝隙将会使 PCB 的辐射增加超过 20dB。

电路中不可避免会用到一些直插式的元件,如 BGA 封装,这必然会在 PCB 上形成许多贯穿整个电路板的通孔。参考面的孔过多、过密,以致孔是重叠的,它们就形成了一个槽。与图 7-9(a)一样,这也改变电流路径,形成较大的电流环路。图 7-9(b)表示了一个有多个通孔供过孔元件通过的接地平面。如果孔不重叠,电流在孔之间流过,那么这些孔不会明显破坏返回路径,因此,对电路板的 EMC 性能影响可忽略不计。

2) 有贯穿缝隙的参考面(接地/电源平面)

如图 7-10 所示为一个 4 层 PCB,当一条迹线与邻近平面的缝隙交叉时,返回电流的路径被阻断。电流必须寻找另一路径来越过该缝隙,这样电流就在一个较大的回路中流动。由于缝隙的阻断,所以返回电流将会转到最近的去耦电容上以跨越到完整的接地平面,然后在电源平面缝隙的另一侧,电流必须找到另外一个去耦电容以返回到与迹线邻近的电源平

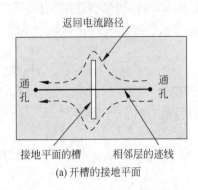
(a) 开槽的接地平面

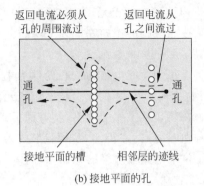
(b) 接地平面的孔

图 7-9　接地平面的槽和孔

面上,见图 7-10 中的箭头方向。这个大得多的返回电流路径大大增加了返回路径的电感和回路面积。对于有缝隙的参考面问题,最好的解决办法就是避免缝隙与任何信号迹线交叉,尤其是关键信号迹线。对于图 7-10 中的例子,信号迹线应该布设在与完整接地平面邻近的底层信号层上。

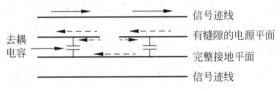

实线箭头表示信号电流路径, 虚线箭头表示返回电流路径

图 7-10　信号迹线跨越电源平面缝隙的电路路径

现在有许多电子产品都需要多个直流电压,因此,有缝隙的电源平面成了一种普遍的现象。解决这类问题也有一些各有优缺点的方法,主要有以下 5 种方法:

(1) 分割电源平面而遵守布线限制;

(2) 每个直流电压使用一个独立完整的电源平面;

(3) 为一个或多个电压设置"电源岛",电源岛就是一个或多个集成电路下面的信号层(通常在电路板的顶层或底层)上的一个小的单独的电源平面;

(4) 将一些(或全部)直流电压作为迹线布设在一个信号层上;

(5) 在迹线跨越缝隙平面处加拼接电容器。

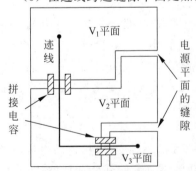

图 7-11　拼接电容为跨越电源平面缝隙的迹线信号电流提供返回电路路径

每种方法都有优缺点。当直流电压只用于相互邻近的一个或多个集成电路时,电源岛是最有用的方法。

尽管信号迹线不应该跨越邻近平面上的缝隙,但出于设计限制以及成本原因,有时必须这样做,尤其是对电源平面。如果必须布设一条迹线跨越有缝隙的电源平面,可以放置几个小的拼接电容越过电源平面的缝隙,如在迹线的两侧各放一个电容,如图 7-11 所示。这种技术在跨越缝隙时可提供高频连续性,同时在电源平面两部分之间保持直流隔离。电容与迹线的距离应该在 0.1in 以内,根据信号的频率,电容取值范围应

为 $0.001 \sim 0.01 \mu\mathrm{F}$。关于有缝隙接地平面的其他措施讨论参见 7.5 节。

注意：这里的缝隙与槽的区别,有缝隙的平面是指完全被分割成几个独立的区域(或部分)的平面,即贯穿缝隙,见图 7-11。槽是指平面中一个有限宽度的孔径,见图 7-9。

3) 改变参考面(接地/电源平面)

信号迹线从一层变到另一层时,由于返回电流必须改变参考面,所以返回电流的路径就被阻断了,如图 7-12 所示。那么返回电流如何从一层流到另一层? 由于平面间的电容没有大到足以提供一个低阻抗路径,所以返回电流必须通过最近的去耦电容或者平面到平面的导通孔改变参考面。改变参考面显然会增加回路面积和返回路径的阻抗(电感),如图 7-13 所示。

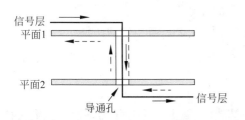

实线箭头表示信号电流路径, 虚线箭头表示返回电流路径

图 7-12　布设在两个相邻平面上迹线的信号流动路径

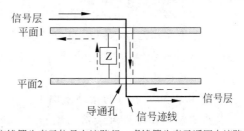

实线箭头表示信号电流路径, 虚线箭头表示返回电流路径

图 7-13　信号迹线变层产生的返回路径阻抗

应对这种问题的解决方法就是尽量避免关键信号更换参考面。如果必须从一个电源平面改变参考面到一个接地平面,那么可以在信号导通孔附近设置一个附加去耦电容来提供两平面之间的高频电流返回路径。由于这样会在返回路径上增加相当多的附加电感(典型值约为 5nH),所以这种解决办法并不理想。

如果两个参考面类型相同,即都是电源平面,或者都是接地平面,那么可以用一个平面到另一个平面的导通孔(地到地,或者电源到电源)代替紧邻信号导通孔的电容。由于一个导通孔增加的阻抗(电感)比一个电容器及其安装附件的阻抗小得多,所以这种方法比较理想。因此,只要关键信号改变参考面,就需要加一个去耦电容,或者加一个导通孔。

实际证据表明,在 PCB 的不同层间转换信号迹线,且参考两个不同的平面时,会在信号返回路径中引入显著的不连续性,将显著增大辐射发射。

4) 不改变参考面,但参考面在同一平面的顶面和底面间变换

如图 7-14 所示为另一种形式的信号迹线变层,但信号迹线的参考面为同一参考面的顶层和底层。信号迹线从参考面顶面上方的信号层变到参考面底面下方的信号层,信号变层首先参考顶面,然后参考同一平面的底面,那么返回电流是如何从参考面的顶面转换到底面的? 由于趋肤效应,电流不能在参考面内部流过,只能在参考层的表面上流过。为了使信号

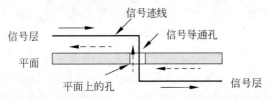

实线箭头表示信号电流路径, 虚线箭头表示返回电流路径

图 7-14　信号迹线在同一参考面的顶面和底面变层的返回路径

迹线变层,在这个参考层上必须做一个通孔(隔离孔),否则信号电流将会被短路到参考面上。通孔的内表面为这个层的顶面和底面提供了一个表面连接,并且为返回电流提供了一条从参考面的顶面到底面的路径,见图 7-14。因此,当信号通过通孔,并且继续在与同一参考面相对的信号层上流过时,返回电流的不连续性就不存在了。假如信号迹线必须使用两个布线层,那么这种布线就是关键信号的首选方法。

高速时钟和其他关键信号应该按下列方法布线(按优先顺序从高到低排序):

(1) 仅布设在与一个平面相邻的一层上。

(2) 布设在与同一平面相邻的两层上。

(3) 布设在与两个同类型(接地平面或电源平面)独立平面相邻的两层上,无论信号迹线在什么位置变层,都必须把两个平面用平面到平面的导通孔连接起来。

(4) 布设在与两个不同类型(接地平面和电源平面)独立平面相邻的两层上,无论信号迹线在什么位置变层,都用电容器将两个平面连接起来。

(5) 在超过两层上布线不可取。

5) 连接器周围下方的接地平面不存在

返回电流路径不连续经常出现的另一位置在连接器附近。如果连接器下面的铜箔从接地平面上被去除,那么返回电流就必须围绕该移除区流动,从而产生一个较大的回路,这会在 PCB 上形成一个噪声区,如图 7-15(a)所示。连接器越大或越长,问题就越严重。解决这类问题的方法就是只除去每个连接器引脚周围的铜箔,如图 7-15(b)所示,这将会保持信号电流回路最小。

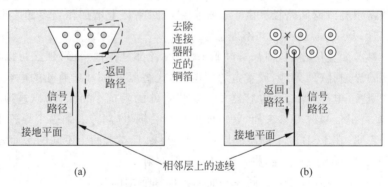

图 7-15　PCB 上的连接器区域

2. PCB 的地与机壳地的连接

电路的地与机壳的地应该在哪里连接,才使电子产品对外辐射最小? 电子产品主要的辐射源来自外部电缆上的共模电流。从天线理论的角度来看,电缆可以看作一单极天线,其外壳是其相关的参考平面。驱动天线的电压是在电缆与机壳之间的共模电压。因此,电缆辐射的参考点是机壳而不是外部地(比如大地地)。

为了使辐射最小,电缆与机壳之间的电位差应该最小化,PCB 的地与机壳之间的连接就变得重要。内部电路的地与机壳的连接点应与 PCB 上的电缆的终止位置尽可能地靠近。这对于二者之间的电位差的最小化是必需的,这个连接必须是一个射频段的低阻抗连接。在电路地与机壳之间的任何阻抗都将产生一个电压降,在电缆上激发一个共模电压,导致辐射。

电路的地与机壳连接不要随意放置金属支架进行连接,因为它们具有相当大的高频阻抗。电路的地与机壳连接线路应该短,且应该是多点连接以使连接电感并联,可以降低射频阻抗。如图 7-5 所示是一个 PCB 的地与机壳连接的例子,它是将所有 I/O 设置在电路板上的同一个区域内后,再将位于这个区域电路的地与机壳进行多点连接。这也间接说明了把所有 I/O 设置在电路板上同一个区域内的优点所在,即有利于降低 PCB 的辐射。图 7-16 是

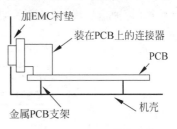

图 7-16　I/O 连接器外壳与机壳实现 360°直接电接触

PCB 的地与机壳连接的另一个例子。图 7-16 中表示了使用金属壳连接器与机壳连接情况,连接器的后壳与机壳直接连接,缝隙处要加 EMC 衬垫,即要采用屏蔽完整性的方法进行连接,这样连接器的后壳就成了 PCB 参考平面与机壳之间低阻抗连接的一部分。

3. 布线时的其他措施和规则

(1) 考虑电磁兼容的要求,电路中的环路面积应保持最小,避免环形布线,导线间距尽量加宽。

(2) 同一层导线的布设应分布均匀,各导线层上的导电面积要相对均衡,多层板的层数最好是偶数层,铜较多的导电层应以板厚度的中心对称,以防由于金属导体分布不均衡形成内应力使板子翘曲,而损坏印制板的镀覆孔和焊点。

(3) 不同频率的信号线不要相互靠近平行布设,以免引起信号串扰。一般应使这类导线的间距大于其导线宽度的 2 倍(即 2W 原则),会使干扰降低至互不影响的程度。在布线空间允许的情况下,应适当放宽印制导线的间距,并尽量减少其平行走线的长度。

(4) 同一信号线的回线应相互靠近平行布设,利于磁场抵消,降低共模电流,减少 RF 能量。

(5) 相邻两层的信号导线要相互垂直布设,或斜交叉、弯曲走线,尽量避免较长距离的平行布线。以免引起信号的串扰,如图 7-17 所示。

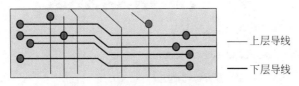

———— 上层导线
———— 下层导线

图 7-17　相邻层信号线交叉走线

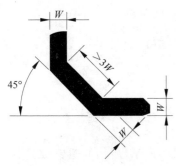

图 7-18　直角时的拐角设计

(6) 导线的拐弯处应为钝角,直角的转弯路径应该被避免,因为它在内部的边缘能产生集中的电场。该场能将较强的噪声耦合到相邻路径,因此,当转动路径时全部的直角路径应该采用 45°。图 7-18 是 45°路径的一般规则。

(7) 在线路板的边缘,信号线或电源线上电流会产生更强的辐射。为了避免这种情况的发生,在线路板的边缘要注意以下几点:20H 规则,如图 7-19 所示,在线路板的边缘,地线面比电源层和信号层至少外延出 20H,H 是线路板上地线面与电源线面或信号线层之间的距离。这条规则也适合于在线路板上的不同区域的边缘场合。关键

信号线(时钟信号线等)不要太靠近线路板的边缘,这也包括线路板上不同区域的边缘。

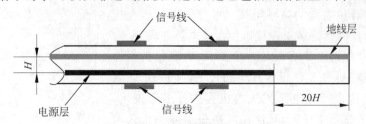

图 7-19　多层板地、电层与板边缘的距离

7.4　高速电路 PCB 的叠层设计

PCB 叠层是决定产品 EMC 性能的重要因素,好的叠层在 PCB 的回路上(差模发射)以及连接板的电缆上(共模发射)产生的辐射最小,差的叠层在这两种情况下都会产生过多的辐射。

印制电路板(或印制线路板)种类很多,根据导电层数目的不同可分为单面板、双面板和多层板。常见的多层板一般为 4 层板、6 层板、8 层板、10 层板等,复杂的可达几十层。单层板、双层板和多层板结构示意图如图 7-20 所示。

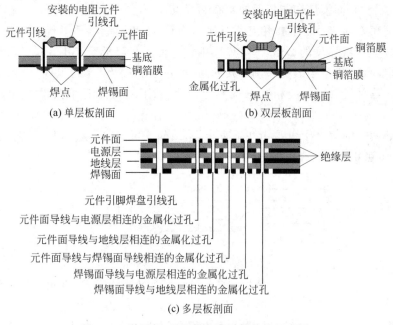

图 7-20　单层板、双层板和多层板结构示意图

7.4.1　单层板和双层板

单层板和双层板给 PCB 设计者提出了 EMC 挑战,选择这些板主要考虑的是成本,而不是 EMC 性能。

单层板或单面板(Single-Sided Board)的结构如图 7-20(a)所示,所用的覆铜板只有一面敷铜箔,另一面空白。因而只能在敷铜箔面上制作导电图形,单面板上的导电图形主要包括固定、连接元件引脚的焊盘和实现元件引脚互连的印制导线,该面称为"焊锡面",是导线集中所在的面。元器件则集中在空白面上,称为"元件面"。因为导线只出现在其中一面,所以这种PCB叫作单面板(Single-sided)。单面板在设计线路上有许多严格的限制(因为只有一面,布线间不能交叉而必须绕独自的路径),所以只有早期的电路才使用这类板子。

双层板或双面板(Double-Sided Board)的结构如图7-20(b)所示,基板的上下两面均覆盖铜箔。因此,上、下两面都含有导电图形,导电图形中除了焊盘、印制导线外,还有用于使上、下两面印制导线相连的金属化过孔,过孔或导孔(via)是在PCB上,充满或涂上金属的小洞,它可以与两面的导线相连接。在双层板中,元件也只安装在其中的一个面上,该面同样称为"元件面",另一面称为"焊锡面"。由于在双层板中,需要制作连接上下两面印制导线的金属化过孔,所以生产工艺流程比单层板多,成本也高。双层板的面积比单层板大了一倍,而且布线可以互相交错(可以绕到另一面),它更适合用在比单层板更复杂的电路上。

单层板和双层板制造简单、装配方便、通常适用于低于10kHz的低频模拟电路设计中。当时钟频率低于10MHz时的数字电路,也只考虑采用单层板或双层板,这种情况下三次谐波将低于30MHz。由于信号回路面积过大,辐射强、抗扰差,不适用于要求高组装密度或复杂电路场合。

如果印制电路板的布局布线设计合理,那么将信号回路面积减小到最小,也可实现电磁兼容。这里EMC主要关注点是使回路面积尽可能小。下面主要从EMC的角度来介绍单层板和双层板中的电源线、地线、关键信号线的布线。在单层板中,电源走线附近必须有地线与其紧邻、平行走线,以减小电源电流回路面积,如图7-21所示;在双层板中,电源走线附近必须有地线与其紧邻、平行走线,以减小电源电流回路面积,如图7-22所示。对于单层板,关键信号线两侧应该布包地线,原理在于:关键信号线两侧的包地线一方面可以减小信

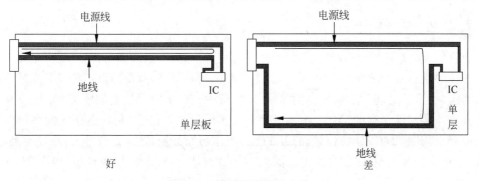

图 7-21　单层板电源线布线

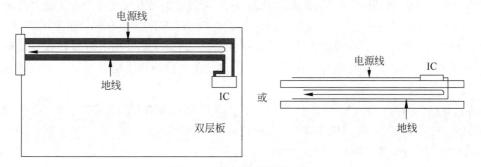

图 7-22　双层板电源线布线

号回路面积,另外,还可以防止信号线与其他信号线之间的串扰,如图 7-23 所示;对于双层板来说,要求关键信号线的投影平面上有大面积铺地,或者用单层板的处理办法,设计包地线。原因同多层板中的"关键信号线靠近地平面布线"一样,如图 7-24 所示。

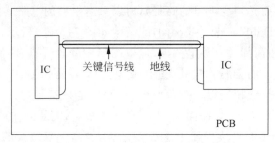

图 7-23　单层板关键信号线布线

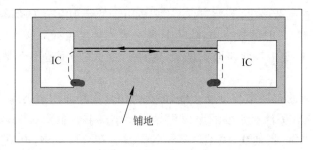

图 7-24　双层板关键信号线布线

为使双层板上发射和敏感度最小化,必须减小关键信号线(如时钟信号)的回路面积,并且把地和电源结构做成网格。

7.4.2　多层板

随着集成电路技术的不断发展,元器件集成度越来越高,引脚数目迅速增加,电路图中元器件连接关系越来越复杂。此外,器件工作频率也越来越高,双面板已不能满足布线和电磁屏蔽要求,于是就出现了多层板。例如,在 4 层板中,上、下面(层)是信号层,在上、下两层之间还有电源层和地线层,如图 7-20(c)所示。在多层板中,可充分利用电路板的多层结构解决电磁干扰问题,提高了电路系统的可靠性。由于可布线层数多,走线方便,布通率高,连线短,印制板面积也较小(印制导线占用面积小),目前计算机设备,如主机板、内存条、显示卡等均采用 4 层或 6 层印制电路板。在多层电路板中,层与层之间的电气连接通过元件引脚焊盘和金属化过孔实现,除了元件引脚焊盘孔外,用于实现不同层电气互连的金属化过孔最好贯穿整个电路板,以方便钻孔加工,在经过特定工艺处理后,不会造成短路。在如图 7-20(c)所示的 4 层板中,给出 6 个不同类型的金属化过孔。例如,用于元件面上印制导线与电源层相连的金属化过孔中,为了避免与地线层相连,在该过孔经过的地线层上少了一个比过孔大的铜环(很容易通过刻蚀工艺实现)。

为了增加可以布线的面积,多层板用上了更多单或双面的布线在多层板中,将各层可分类为信号层 S(Signal)、电源层 P(Power)和地线层 G(Ground)。

1. 多层板的设计目标

设计多层板时,要尽量考虑下列 6 个设计目标:

（1）信号层应该总是与参考平面相邻。

（2）信号层应该与相邻的平面层紧密耦合（靠近）。

（3）电源与接地平面应该紧密耦合在一起。因为嵌入式 PCB 电容可以提高 IC 电源的去耦效果。

（4）高速信号应该布设在参考平面的埋层。因为这些参考平面可以起到屏蔽的作用，并且可以抑制高速迹线的辐射。（在少于 8 层的电路板上，这个目标与目标(3)不能同时满足）

（5）多层接地平面非常有优势，它们有助于降低电路板的接地阻抗，减小共模辐射。

（6）当在多于一层上布设关键信号迹线时，它们应该被限制在与同一参考平面相邻的两层上。

大多数 PCB 设计中不能同时满足以上 6 个条件，需要折中处理。例如，是选择信号与返回平面靠近（目标(2)）还是电源与接地面靠近（目标(3)）；是选择布设信号与同一平面相邻（目标(6)）还是将信号层埋在平面之间来屏蔽（目标(4)），从 EMC 和信号完整性的角度考虑，通常让返回电流在单个平面上流动比把信号埋在平面之间更重要。注意目标(1)和目标(2)必须达到，不能折中。

实际工程中，许多优秀的电路板叠层只满足 6 条设计目标中的 4 或 5 条就完全可以接受。实际的 PCB 很少满足以上全部 6 条。要满足上述 6 条目标中的 5 条，PCB 至少需要 8 层。在 4 层和 6 层上，以上目标中的某些目标总是需要折中的。所以，设计中必须确定哪些目标对于当前设计是最重要的，以进行折中处理。

从力学的角度考虑，使电路板的横截面对称（或平衡）可以防止变形，如 8 层板的第 2 层是一个平面，则第 7 层也应该是一个平面；另外，奇数层虽然也可以制造，但偶数层的电路板更简单，也更便宜。因此，下面介绍的所有叠层结构都是对称（或平衡）的偶数层结构。

2. 4 层板

4 层板虽然从双层板的信号层中移去了电源和接地迹线，增加电源层和接地层，但没有提供额外的布线层。与双层板相比，4 层板可以改进 EMC 性能和信号完整性。例如，在相同条件下，4 层板比双层板可减少 20dB 或更多的辐射。

如图 7-25 所示为一常用 4 层板结构，包括 2 个信号层和 2 个平面层（电源层和接地平面可以反过来），4 层间隔均匀，整个电路板的厚度约为 0.062in(1in≈2.54cm)，层间距大约 0.020in。这种结构虽然明显优于双层板，但其特性还是不理想，只满足目标 1。由于层间距离相等，信号层和返回平面之间间距较大，电源平面和接地平面之间间距也较大。在 4 层板上，这两个不足不能同时纠正。常规的 PCB 制造技术，在大约 500MHz 以下，相邻电源平面和接地平面之间没有足够的层间电容进行有效的去耦，去耦必须采用其他方法（例如，第 5 章讨论的去耦电容的合理使用）。因此，信号层和参考平面应该相互靠近，也就是说，信号层与电流返回平面间的紧密耦合的优点远大于电源平面和接地平面之间的层间电容带来的优点。所以提高 4 层板 EMC 性能最简单的方法就是使信号层尽可能接近参考平面，其间距小于 0.010in，而电源与接地之间的间距≥0.040in，如图 7-26 所示。这种结构满足 6 个目标中的两个（目标(1)和目标(2)）。这种结构有明显的 3 个优点：第一，信号回路面积更小，产生更少的差模辐射；第二，信号迹线与接地平面之间的紧密耦合减小了接地平面的阻抗（电感），从而减小了与电路板相连电缆的共模辐射；第三，信号迹线与平面紧密耦合将减小相邻迹线间的串扰。

图 7-25　常用的 4 层板结构　　　　　　图 7-26　改进型 4 层板结构

如图 7-25 或图 7-26 所示的电源平面如果被分割以提供电路所需的不同直流电压,那么重要的是在底层信号层上布线时要注意迹线不能跨越电源平面上的缝隙。如果一些迹线必须跨越缝隙,那么在靠近迹线跨越缝隙的位置处应安装拼接电容,以提供一个低阻抗的返回电流路径,参见图 7-11。

图 7-26 所示的叠层对大多数 4 层板的应用来说效果是令人满意的,但其他形式的叠层结构也已经得到成功的应用。采用稍微非常规的方法,让信号层与平面层倒置,可得如图 7-27 所示的 4 层板叠层结构。图 7-27(a)这种叠层的主要优点是外层的平面给内层的信号迹线提供屏蔽;缺点有三:一是接地平面可能被高密度 PCB 上的元器件安装衬垫切割,这可以通过倒置参考平面来弥补,即在元件侧设置电源平面,在板的焊接侧设置接地平面,但这样就暴露了电源平面,这是缺点二;三是埋藏的信号层使电路板很难返工。这种叠层可满足目标(1)、目标(2)和目标(4)。

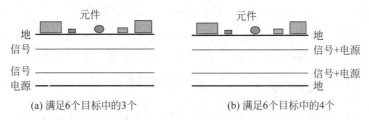

(a) 满足6个目标中的3个　　　　　　(b) 满足6个目标中的4个

图 7-27　信号迹线在内层,参考平面在外层的 4 层板结构

将 4 层板的两个外层平面都布设为接地平面,电源布设为信号层上的迹线,并在信号层上使用宽迹线布设成网格作为电源布线,可以改进图 7-27(a)中的一些问题,变成如图 7-27(b)所示的叠层。这种叠层有两个优点:

(1) 两个接地平面产生更低的接地电阻,减小电缆的共模辐射;

(2) 两个接地平面可以在板的边缘连接起来,把所有的信号迹线都装入到法拉第笼中。

这种结构满足目标(1)、目标(2)、目标(4)和目标(5)。

如图 7-28 所示是一种不太常用的叠层结构,但效果很好。与图 7-26 相比,用接地平面取代其电源平面,而电源作为迹线布设在信号层上。这种叠层解决了图 7-27 所示结构的返工问题,并且由于是两个接地平面,能提供低的接地阻抗。当然这些平面不能提供任何屏蔽。这种结构满足目标(1)、目标(2)和目标(5),不能满足目标(3)、目标(4)和目标(6)。

由以上分析可以看出,对于 4 层板,有比我们原来想象中更多种叠层结构可供选择,只用 4 层板就很可能满足 6 个目标中的 4 个。如图 7-26、图 7-27(b)和图 7-28 等所示结构都可以表现良好的 EMC 性能。

3. 6 层板

大多数 6 层板包含 4 个信号布线层和两个平面层,由于 6 层板很容易将高频信号设置在平面间的埋层中来屏蔽,也容易布设以一个平面为参考平面的正交布线的信号层,所以,从 EMC 观点来看,6 层板比 4 层板更受欢迎。

如图 7-29 所示是一种不应该有的 6 层板叠层。平面不能为信号层提供屏蔽,两个信号层(第 1 层和第 6 层)不与平面相邻。假如要用如图 7-29 所示的叠层,只有把所有高频信号都布设在第 2 层和第 5 层上,第 1 层和第 6 层上只布设低频信号或者最好根本没有信号(只安装衬垫和测试点),这种布线结构才能较好地工作。这种结构只满足目标(3)。

图 7-28　有两个接地平面,没有电源平面的 4 层板结构　　图 7-29　不推荐的 6 层板结构

如图 7-30 所示结构,除高速信号布线在埋层(第 3 层和第 4 层)外,还为布设低速信号提供两个表面层。它是一种常用的 6 层叠层,可有效地控制发射。满足目标(1)、目标(2)和目标(4),不满足目标(3)、目标(5)和目标(6)。它的稍微不足之处是电源与接地平面的隔离,电源与接地平面间的电容没有意义,很难起到去耦效果,必须采用去耦设计措施去克服其缺陷。

如图 7-31 所示的叠层不常用,但性能良好。其中 V1 表示信号 1 的垂直布线层,H1 表示信号 1 的水平布线层;V2、H2 对信号 2 表示类似的含义。这种结构的优点是相同平面总是进行正交布设信号;缺点是第 1 层和第 6 层上的信号没有屏蔽。板的典型层间距可为0.005in、0.005in、0.040in、0.005in、0.005in。这种结构满足目标(1)、目标(2)和目标(6),不满足目标(3)、目标(4)和目标(5)。

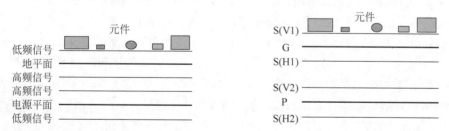

图 7-30　常用而有效的 6 层板结构　　图 7-31　正交布线的信号层参考同一平面的 6 层板结构

如图 7-30 和图 7-31 所示的结构性能都不错,区别在于图 7-30 为两个高频信号层提供屏蔽,图 7-31 允许两个正交的布线层参考同一平面。如果产品放在非屏蔽机箱中,那么图 7-30 通常成为首选(因为高频信号迹线被外部平面屏蔽);如果产品放在屏蔽机箱中,那么图 7-31 可能成为首选。

4. 8 层板

在 6 层板的基础上增加两个信号布线层,或者增加两个平面以提高 EMC 性能来组成 8 层板结构,两者都有实例。但大多数 8 层板叠层是为了提高 EMC 性能而不是为了增加额外的布线层。因此,大多数 8 层板包括 4 个信号布线层和 4 个平面,如图 7-32 所示。8 层板可以看成一个优化的 EMC 6 层板。如果需要 6 个布线层,那么应该使用 10 层板。

具有良好 EMC 性能的 8 层板的基本叠层方式如图 7-32 所示。这种结构很流行,可满足 6 个设计目标中的 5 个,不满足目标(6)。所有信号层都与平面相邻,且所有层都紧密耦合在一起;高速信号被埋在平面之间,平面提供屏蔽以减少这些信号的辐射;电路板使用了多个接地平面,减少了接地阻抗。对第 2 层和第 3 层、第 6 层和第 7 层使用某种形式的嵌入式 PCB 电容技术可以使该结构的叠层进一步改进,使高频去耦效果得到显著改善,这样便可以使用更少的离散电容。如果设计只需要两种电压(例如,5V 和 3.3V),则两个电源平面可以赋予不同的电压,避免电源平面被分割,保证了两个完整的电源平面。

如图 7-33 所示是另一款优秀的 8 层板结构。与如图 7-31 所示的 6 层板结构相比,增加了两个外层接地平面。所有布线层都埋在平面之间而被屏蔽,正交布线的高频信号参考相同的平面。电路板的典型层间距可为 0.010in、0.005in、0.005in、0.020in、0.005in、0.005in、0.010in。这种结构满足 6 个设计目标的 5 个,不满足目标(3)。更好的层间距是 0.015in、0.005in、0.005in、0.010in、0.005in、0.005in、0.015in,信号层到较远平面的距离是较近平面的 3 倍,较近平面上的返回电流占 75%,较远平面上的返回电流占 25%,参见 6.2.2 节的分析。

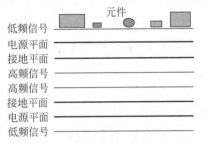

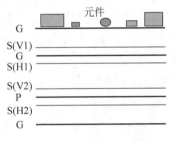

图 7-32 具有卓越 EMC 性能的常用 8 层板结构 图 7-33 一款优秀的 8 层板结构

对图 7-33 进行修改,把电源平面和接地平面移到中间,得到如图 7-34 所示的结构。它是以牺牲对迹线的屏蔽为代价来获得一对紧密耦合的电源到接地平面对,基本上是在图 7-31 所示的 6 层板中间加一紧耦合的电源-地平面对。这种结构典型的层间距为 0.006in、0.006in、0.015in、0.006in、0.015in、0.006in、0.006in。0.006in 的层间距使信号层与各自的返回平面之间紧密耦合,以及电源与接地平面之间紧耦合,提高了 500MHz 以上的去耦。这是一款具有良好信号完整性和 EMC 性能的完美结构,满足目标(1)、目标(2)、目标(3)、目标(5)和目标(6),不满足目标(4)。如果在第 4 层和第 5 层上使用某种嵌入式 PCB 电容技术,可以进一步提高高频的去耦效果。

以上 3 种 8 层板叠层都满足 6 个目标中的 5 个。如果需要分割电源平面,可采用如图 7-35 所示的不理想但可接受的结构。这种结构典型的层间距为 0.006in、0.006in、0.015in、0.006in、0.015in、0.006in、0.006in。从图 7-35 中层间距的尺寸可以看出,高频信号在接地平面上的返回电流占 75%,在分割的电源平面上只占 25%,使分割电源平面的不利影响减少了 6dB。这种结构满足目标(1)、目标(2)、目标(4)和目标(5),不满足目标(3)、目标(6)。

采用 8 层以上的电路板具有很少的 EMC 优势,通常只在需要额外信号布线层时才采用 8 层以上的叠层结构。例如,若需要 6 个布线层,则应用 10 层板。

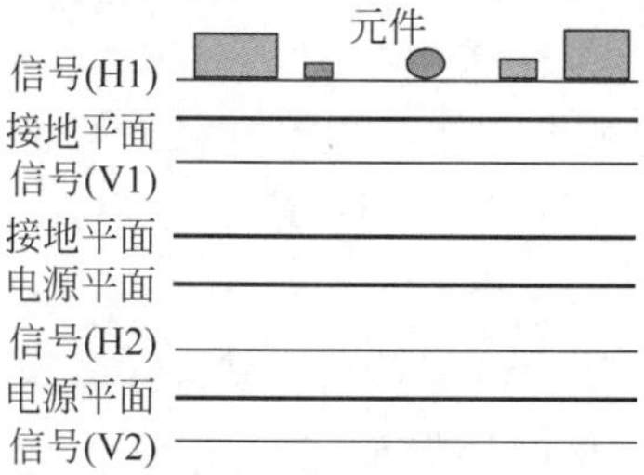

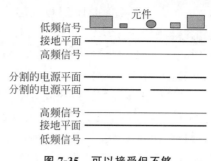

图 7-34 具有良好信号完整性和
EMC 性能的优秀 8 层板结构

图 7-35 可以接受但不够
理想的 8 层板结构

5. 10 层板

10 层板通常由 6 个信号层和 4 个平面组成,信号层不宜超过 6 个。由于高层数板(10 层以上)采用薄电介质(如在 0.062in 厚的电路板上通常为 0.006in 或更薄)作为绝缘层,因此,它们在所有相邻层之间自动具有紧密耦合的特点,而满足目标(2)和目标(3)。如果叠层和布线合理,那么它将满足设计目标中的 5 个甚至 6 个,且具有卓越的 EMC 性能和信号完整性。

如图 7-36 为一常用且接近理想的 10 层板叠层。这种叠层:信号和返回平面紧密耦合、高速信号层被屏蔽、有多层的接地平面和有一对位于电路板中央紧密耦合的电源-接地平面对。第 5 层和第 6 层(即电源-接地平面对)采用某种形式的嵌入式 PCB 电容技术可使高频去耦效果进一步提高。第 3 层和第 4 层或者第 7 层和第 8 层这两对信号层通常用来布设高速信号线,有利于实现高速信号布设隐埋在平面之间的目标,例如,将高速时钟布设在其中一对信号层上,高速地址和数据总线则布设在另一对信号层上,这样总线被中间的平面保护避免被时钟噪声干扰。这种结构满足 5 个目标,不满足目标(6)。

图 7-37 是一种可能的 10 层板叠层。这种结构没有中间的电源/接地平面对,但包含两个外层接地平面,它们为 3 对信号布线提供屏蔽。内部的接地和电源平面又将 3 对信号布线隔离开来。所以,在这种结构中,所有信号被屏蔽,且相互隔离。如果在外部信号层上只有很少的低速信号,而其余大部分是高速信号的电路系统,那么采用这种叠层是非常可取的。在一个高密度 PCB 上,外层必须小心设计,以解决外层接地平面被元件安装衬垫和导通孔分割的严重程度问题。这种结构满足目标(1)、目标(2)、目标(4)和目标(5),不满足目标(3)、目标(6)。

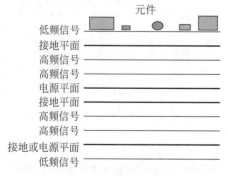

图 7-36 常用接近
理想的 10 层板结构

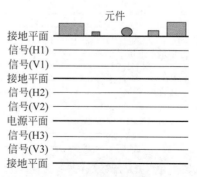

图 7-37 3 对信号层被屏蔽且
相互隔离的 10 层板结构

图 7-38 也是一种可能的 10 层板叠层。这种叠层的正交信号布线层邻近同一平面,放弃了位于电路板中央紧密耦合的电源-接地平面对。这种结构与图 7-32 所示的 8 层板相似,只是多加了两个外层低频信号布线层。这种结构满足目标(1)、目标(2)、目标(4)、目标(5)和目标(6),不满足目标(3)。如果要满足目标(3),需在第 2 层和第 9 层各换成一对嵌入式 PCB 电容层,但这实际上已经变成了 12 层板。

图 7-39 所示为一种满足所有 6 个设计目标的 10 层板叠层结构。缺点是只有 4 个信号布线层。这种结构在 EMC 和信号完整性方面都具有卓越的性能。同样,第 5 层和第 6 层(即电源-接地平面对)采用某种形式的嵌入式 PCB 电容技术可使高频去耦效果进一步提高。

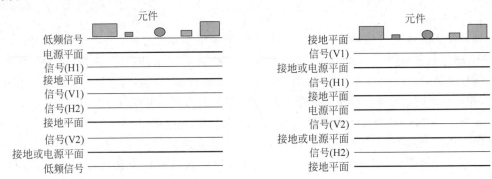

图 7-38　参考同一平面正交布线的 10 层板结构　　图 7-39　满足所有 6 个设计目标的 10 层板结构

6. 12 层板以及更多层板

高层数电路板中有很多平面,可以给每个电压分配不同的电源平面,可以避免由分割电源平面带来的问题。如图 7-40 所示的 12 层板,是一款满足 6 个目标的优秀叠层结构。它本质上是将图 7-38 所示的 10 层板中的第 2 层平面和第 9 层平面各换成一对嵌入式 PCB 电容层以满足设计目标(3)而得到 12 层板叠层结构。

如果设计中需要分割两个电源平面去提供多种直流电压,可以考虑使用图 7-41 所示的叠层。这种结构中,分割的电源平面利用完整的接地平面与信号层隔离。没有信号层与分割的电源平面邻近的问题,消除了对信号迹线跨越有缝隙平面的担忧。

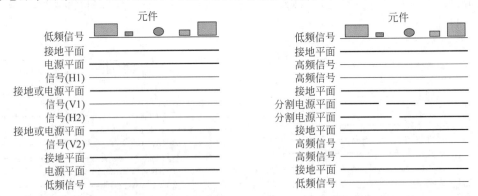

图 7-40　满足所有 6 个设计目标的 12 层板结构　　图 7-41　需要分割电源平面的 12 层板结构

7. 基本的多层 PCB 结构单元

在前面几个多层板的设计例子中,多次面临是把关键信号层埋在平面之间(目标(4))以屏蔽它们,还是把关键信号布设在与同一平面相邻的两层上的选择。有重要证据表明:对于高频电路,把关键信号布设在与同一平面相邻的两层上比把关键信号层埋在平面之间具有更良好的 EMC 性能和信号完整性。这好像与习惯相反。将关键信号布设在与同一平面相邻的两层上会显著减小返回电流路径的电感。这就为高层数、高速数字逻辑 PCB 提出了确定最佳叠层的一般方法,即基本的叠层应该是包括如图 7-42 所示的两种基本结构单元的多重组合:一种是两个信号层与同一平面相邻(信号-平面-信号),如图 7-42(a)所示;另一种为组成相邻的电源-接地平面对,如图 7-42(b)所示。这两种基本结构可以以多种方式组合成 6 层或更多层的 PCB。

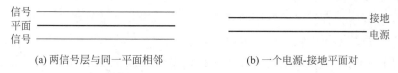

(a) 两信号层与同一平面相邻　　　　　(b) 一个电源-接地平面对

图 7-42　构成多层板的两种基本区块

　　例如,前面如图 7-31 所示的 6 层板由两组如图 7-42(a)所示的基本区块组成,图 7-34 所示的 8 层板是由两组第一种基本结构和一组第二种基本结构组合而成的。

　　如图 7-43 所示的 12 层板叠层是由 4 组如图 7-42(a)所示的基本结构组成。这种叠层没有相邻的电源-接地平面对,有 8 个布线层。它满足 6 个目标中的 5 个。如果在其板的中央加一组如图 7-42(b)所示的基本结构,则可以组成满足所有设计目标的 14 层板,如图 7-44 所示。

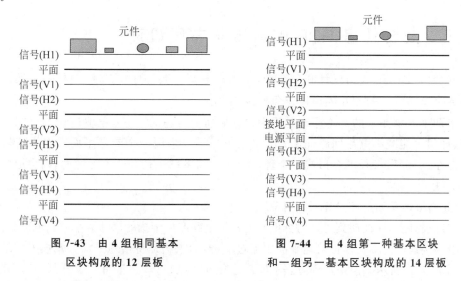

图 7-43　由 4 组相同基本
区块构成的 12 层板

图 7-44　由 4 组第一种基本区块
和一组另一基本区块构成的 14 层板

7.4.3　高速电路 PCB 的设计步骤

　　7.4.2 节讨论了 4～14 层的高速数字逻辑 PCB 的各种叠层问题,好的 PCB 叠层可以减少辐射,提高信号质量,且有助于电源总线的去耦。应当明白,没有哪一种叠层是最好的,每一种情况下都会有几个可行的选择,对设计目标进行折中是必要的。

　　除了层数、层的类型(平面和信号)和层序以外,决定 PCB 的 EMC 性能方面还有以下几个重要方面:

(1) 层间距；

(2) 正交布设信号线时信号层对的分配；

(3) 将信号(时钟、总线、高速、低速)分配到哪个信号布线层对上。

上述对于叠层的讨论是假定印制电路板为标准厚度 0.062in(约 1.6mm)，以具有对称横截面、偶层数、常规的导通孔技术为前提。如果把盲孔、埋通孔、微通孔、不对称板或奇数板也考虑进来，那么其他因素也会起作用。

生成一个 PCB 叠层的一般步骤为：

(1) 确定需要的信号布线层数；

(2) 确定处理多种直流电源电压的方法；

(3) 为各种系统电压确定需要的电源平面数；

(4) 由于同一层电源平面要为电路系统提供多种电压而被分割，确定相邻层上的布线限制；

(5) 给每一个信号层对分配一个完整的参考平面，如图 7-42(a)所示；

(6) 配电源-接地平面对，如图 7-42(b)所示；

(7) 确定各层次序；

(8) 确定层间距；

(9) 确定所有必要的布线规则。

以上所讨论的叠层，除了图 7-29 以外，都会表现出优良甚至卓越的 EMC 性能。

7.5 混合信号 PCB 的分区与布线设计

在混合信号的 PCB 的设计和布线中，不仅对电源和地有特别要求，而且要求模拟电路噪声和数字电路噪声的相互隔离以避免噪声耦合。

以下两个电磁兼容的基本原理是后面讨论中所要考虑的：一是电流应该尽可能就近返回到源，即尽可能减小电流回路面积；二是系统尽量只采用一个参考平面。如果信号不能由尽可能小的环路返回，则会形成一个环形天线。如果系统存在两个参考面，则会形成一个偶极子天线。

1. 分割接地平面与不分割接地平面

在实际设计中，往往遇到可能对低电平的模拟电路产生干扰的高速数字逻辑电路，为了保证数字电路接地电流不在模拟接地平面中流过，自然的想法是将接地平面分割成模拟地和数字地如图 7-45(a)所示。但是这种方法不能跨越分割间隙布线，一旦跨越了分割间隙布线，电磁辐射和信号串扰就会急剧增加。在 PCB 设计中，最常见的问题就是信号线跨越分割地或电源而产生 EMI 问题。如果一定要采用分割的地，则要建立"地连接桥"，如图 7-45(b)所示。沿桥布设所有的跨越迹线，使它们在跨越这个桥时，在每条迹线正下方为返回电流提供路径，这样只产生小的回路面积。

对于平面上的迹线(微带线)，返回电流将从邻近平面流过，且在这个平面上扩散开，并跟随迹线。由 6.2.2 节可知，97%的返回电流出现在迹线正下方迹线高度正负 20 倍的距离内。例如，一条距平面高度为 0.010in 的微带线迹线，97%的返回电流将会包含在迹线中心

(a) 信号迹线跨越缝隙　　(b) 信号迹线跨越桥

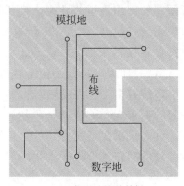

图 7-45　信号迹线跨越模拟和数字接地平面之间的缝隙和桥

线±0.200in 范围之内的平面上。图 7-46(a)表示混合信号电路板的分割接地面上的一条数字逻辑迹线及其返回电流路径。

只要数字信号迹线布线合理，数字接地电流就不会从接地平面的模拟部分流过，也不会干扰模拟信号。所以，没有必要将接地平面像图 7-46(a)那样将接地平面进行分割。只使用一个接地平面，把 PCB 分区成数字部分和模拟部分，模拟信号只布设在板的模拟区，数字信号只布设在板的数字区。如果处理得当，那么数字返回电流不会流入接地平面的模拟区，只会保持在数字信号迹线的下方，如图 7-46(b)所示。

(a) 分割接地平面　　(b) 不分割接地平面

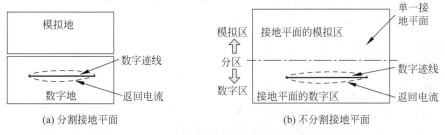

图 7-46　数字信号迹线及其返回电流路径

比较图 7-46(a)和图 7-46(b)可以看出，不管接地平面是否分割，数字逻辑接地电流都沿相同的路径流动。注意，如图 7-47 所示的数字逻辑电流流入到接地平面的模拟区，但这个问题不是没有分割接地平面的结果，而是数字逻辑迹线布设不合理造成的。整改方法应该是合理布设逻辑迹线，而不是分割接地平面。

图 7-47　一条布设不合理的数字逻辑迹线，返回电流流过模拟区

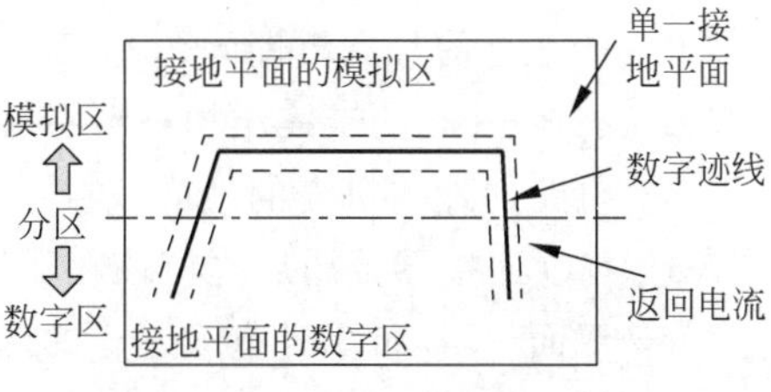

具有单一接地平面、分成模拟和数字区且按规则布线的 PCB 通常可以解决大多数的混合布线问题。所以，混合信号布线的关键是元件位置和分区。

2. 混合信号集成电路的模拟和数字接地引脚

混合信号集成电路的模拟和数字接地引脚应该接在哪里以及怎样连接？大多数模数(A/D)转换器制造商建议使用分割接地平面，且注明模拟地(AGND)和数字地(DGND)的引脚必须在外部用最短的导线连接到同一低阻抗接地平面上。

如果系统只包含一个 A/D 转换器,接地平面可以分割为模拟部分和数字部分,模拟和数字引脚在转换器下面的一个点上连接在一起,如图 7-48 所示,两个接地平面之间的桥应该做得与 IC 一样大。迹线不应跨越接地平面上的缝隙布设。

如果系统有多个 A/D 转换器,那么如何满足 AGND 和 DGND 引脚必须通过低阻抗连接在一起的要求呢?方法就是只用一个接地平面,并将其分为模拟区和数字区,如图 7-49 所示。这种布设满足通过一个低阻抗平面把模拟地和数字接地引脚连接在一起的要求,且不产生意外的回路和偶极子天线的 EMC 问题。

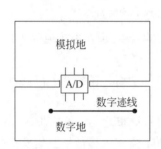

图 7-48 可以接受的混合信号 PCB 布设,
包括一个 A/D 转换器和一个分割接地平面

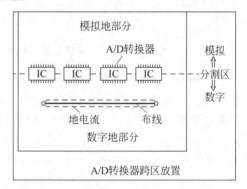

图 7-49 合理分区的混合信号 PCB 布设,
包括多个 A/D 转换器和一个接地平面

习题

7-1 EMC 设计的目的是什么?

7-2 EMC 设计涉及的主要内容是什么?

7-3 简述电子产品 EMC 设计的一般步骤。

7-4 何为高速电路?

7-5 什么是信号完整性问题?

7-6 高速 PCB 的走线结构类型有哪些?

7-7 电路的地与机壳的地应该在哪里连接?

7-8 I/O 连接器金属后壳应该在哪里以及如何连接?

7-9 双面 PCB 布线时应该遵守的两个重要目标是什么?

7-10 多层 PCB 上导致返回电流路径不连续的 3 个最常见的原因是什么?

7-11 在电源平面/接地平面上需要避免缝隙的 3 个原因是什么?如果在电源或接地平面上存在缝隙,必须遵守哪些布线限制?

7-12 设计一个性能卓越的 14 层多层 PCB,并说出其满足哪些基本设计目标。

7-13 混合信号 PCB 布线成功的关键是什么?

7-14 如果分割混合信号 PCB 上的接地平面,那么应该避免哪两件事情?

7-15 一个混合信号 PCB 需要多少参考平面?

第 8 章
CHAPTER 8

电磁兼容测量技术

视频

8.1 概述

电磁兼容学科理论基础宽广,工程实践综合性强,形成电磁干扰的物理现象复杂,所以,在观察与判断物理现象或解决实际问题时,实验与测量具有重要的意义。正如美国肯塔基大学的 C. R. Paul 教授所说:"对于最后的成功验证,也许没有任何其他领域像电磁兼容那样强烈地依赖于测量。"

产品完成制造后,必须依据电磁兼容性标准进行严格的实验测量(认证测量),确保设备或系统符合规定的电磁兼容性要求,保证用电设备或系统在规定的电磁环境中可靠、安全地运行,EMC 测量是获得 EMC 认证的唯一途径。此外,EMC 测量不仅承担对产品性能最终检验的任务,在产品设计阶段也需要有辅助试验手段检验每一设计思想及每一项设计措施是否正确,所以在用电设备或系统的整个设计和试制阶段,为确保其电磁兼容性,必须进行电磁兼容性测量(诊断测量),这种诊断性的测量有助于识别潜在的干扰问题范围,有助于测试各种 EMC 方法的有效性。

1. EMC 测量分类

根据产品不同的研制阶段,电磁兼容性测试可分为诊断测试(预测试)和认证测试(标准测量)。

电磁兼容预测试是在产品研制过程中进行的一种电磁兼容测试,所使用的仪器相对比较简单,也不需要严格遵守什么标准和规范,可在普通实验室内进行(当然在屏蔽室内更好),只要能找到干扰源并能大致估计出干扰频率和幅度量级即可。

电磁兼容认证测试通常在产品的完成阶段进行,按照产品对应的测量标准要求,测量产品的辐射和传导发射是否在标准规定的限值以下,抗干扰能力是否达到标准规定的限制。要求有精确的测量仪器和专门的测量场地。EMC 标准测量的目的是考察受试设备(EUT)是否满足所选定的 EMC 标准要求。如果没有完全满足,则应确定哪个测量项目超标,出现在哪个频点上,超标量值为多少等。这种测量具有法律效力。民用产品能否通过指定 EMC 标准测试,将决定产品能否投放市场,企业能否生存。军用产品能否通过指定 EMC 标准测试,将关系到产品能否交付使用,能否列装。这种类似产品鉴定的测量对于产品定型、形成批量生产至关重要。另外,满足 EMC 标准测量要求的实验室,其工程建设费用一般昂贵,测量系统费用会更高。例如,EMC 暗室造价就很高,连同测试设备需要上千万元。

2. EMC 测量的内容

由于电子产品既可能向外界发射电磁干扰成为干扰源,又可能暴露在外界电磁干扰下成为敏感设备,所以电磁兼容测试包括电磁干扰发射(EMI)测量和电磁敏感度(EMS)测量,如图 8-1 和图 8-2 所示。电磁干扰测量分为传导发射测量和辐射发射测量,电磁敏感度测量分为传导敏感度测量和辐射敏感度测量。

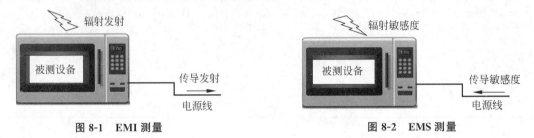

图 8-1　EMI 测量　　　　　　　　　　　　图 8-2　EMS 测量

传导发射(CE)测量考查交、直流电源线上传输的,由受试设备产生的干扰信号,这类测量的频率范围通常为 25Hz～30MHz。

辐射发射(RE)测量考察受试设备(EUT)向周围空间发射的电磁场信号,这类测量的频率范围通常为 10kHz～1GHz,但对于磁场测量要求频率低至 25Hz,对于工作于微波频段的设备要求测量的频率高至 40GHz。

传导敏感度(CS)测量是测量一个电气电子产品抵御来自电源线、数据线和控制线上的传导电磁干扰的能力。

辐射敏感度(RS)测量是测量一个电气电子产品抵御来自其周围空间的电磁场的能力。

某一电子产品是否通过电磁兼容的某个标准,必须用具体的数据来说明,这就要在标准中规定电磁干扰信号数值的限值。限值一般用峰值、准峰值或平均值来表示。军标都用峰值,而民用标准一般用准峰值或平均值。有些标准除了规定限值外,还规定干扰信号波形的形状,以便达到仿真的目的,如静放电电流波形、电快速瞬变脉冲群波形、浪涌信号波形等。如图 8-3 所示为一测试结果的频谱图。EUT 的 EMC 测量结果能够给出产品是否通过了指定 EMC 标准及其安全裕量;或者给出没有达标产品的具体频率点及其超标量值。

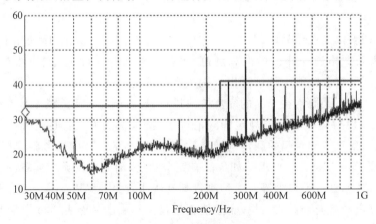

图 8-3　EMC 测量频谱图

8.2 测量场地

进行 EMC 测量最重要的条件之一是要有一个符合国家标准(现行标准 GB/T6113.104—2021《无线电骚扰和抗扰性测量设备和测量方法规范 第1~4部分:无线电骚扰和抗扰性测量设备 辐射骚扰测量用天线和试验场地》)的测试场地。试验场周围的环境应能确保受试设备(EUT)干扰场强测量结果的有效性和可重复性。如果测试场地不符合国家标准,那么标准测量数据是无效的。

进行电磁兼容测量的场地一般选择在电波暗室和屏蔽室。前者用于辐射发射和辐射敏感度测试,后者用于传导发射和传导敏感度测试。在有些时候也要使用开阔场地进行辐射测试。

目前主要的测试场地有开阔场地、电波暗室(半暗室、全暗室)、屏蔽室、横电磁波传输小室(TEM 室)、混响室等。

1. 开阔场地

由于开阔场地不存在反射和散射信号,所以开阔场地测试是一种最直接的和被广泛认可的标准测量方法,它能够用来测量设备或系统的辐射发射(RE)和辐射敏感度(RS)。在电磁兼容测量时,通常由于测量场地的不同而产生不同的测试结果;而在国际、国内的相关标准中,都以开阔场地测量结果为准。开阔场地通常为椭圆形,如图 8-4 所示,EUT 与接收天线分别位于椭圆的两个焦点处,焦距为 R;长轴是焦距的 2 倍,即 $2R$;短轴为 $\sqrt{3}R$,具体尺寸大小视频率下限的波长而定。椭圆两个焦点的距离即是所要求的测量距离,天线和 EUT 间的距离根据标准可分为 3m、10m 和 30m 三种。开阔场地的基本结构示意图如图 8-5 所示。地面用金属接地平板,包括钢板、金属网板等,若用金属网板,孔径的最大尺寸不超过 $\lambda/10$(例如,$f=1000\text{MHz}$,$\lambda/10=3\text{cm}$,电子楼顶的测试场地,网孔:2cm×2.5cm)。

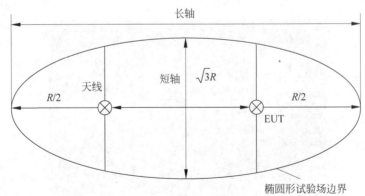

图 8-4 椭圆形开阔试验场

1) 环境要求

这种试验场要空旷、平整,应避开建筑物电力线、篱笆、树木等,并远离地下电缆、金属地下管道等,除非它们是受试设备所必需的。背景电磁辐射比测试电平低 6dB 以上。可通过测试场地的归一化场地衰减(Normalized Site Attenuation,NSA)来鉴别一个开阔场地的质量。

图 8-5　开阔场地

2) 开阔场地的缺点

城市中的开阔场地一般建于高楼顶上,但由于背景电磁噪声的影响,已经无法满足国家标准中的测试条件(背景电磁噪声电半比测试电压低 6dB 或 20dB 以上)。另外,开阔场地受气候条件的影响很大,在有雨、雪、雾、风、烈日等气候条件下,无法进行测量。

2. 屏蔽室

为了使工作间内的电磁场不泄漏到外部或外部电磁场不投入到工作间内,就需要把整个工作间屏蔽起来。此种专门设计的能对电磁能量起衰减作用的封闭室称为屏蔽室。电磁屏蔽室是进行 EMC 测试的重要场地之一,例如,传导发射测试必须在屏蔽室中进行。屏蔽室除广泛用于电磁兼容性试验外,还大量地用于电子仪器、接收机等小信号灵敏电路的调测及计算机机房等,如图 8-6 所示。电磁屏蔽室一般有两方面的作用:一方面,电磁屏蔽室可以隔离外界电磁干扰,保证室内电子、电气设备不受外电磁场的影响,特别是在电子元件、电气设备的计量、测试工作中,利用电磁屏蔽室(或暗室)模拟理想电磁环境,提高检测结果的准确度;另一方面,电磁屏蔽室可以阻断室内电磁辐射向外界扩散,防止干扰其他电子、电气设备正常工作甚至损害工作人员身体健康,防止电子通信设备信息泄露,确保信息安全。

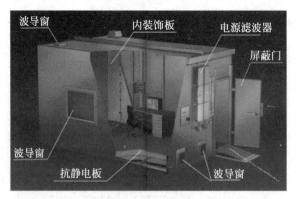

图 8-6　电磁屏蔽室

1) 结构

(1) 用金属板(网)做成的六面体房子。按屏蔽材料分类,有钢板或镀锌钢板式、铜网式(智能屏蔽电场)、铜箔式。按结构形式分类,有单层铜网式、双层铜网式、单层钢板式、双层钢板式以及多层复合式等。按安装形式分类,有可拆装式和固定式两种。前者是在生产厂用镀锌钢板或铜网制成一定尺寸的模块,到用户现场进行总装和测量。其优点是便于拆装,但拼装时需在接缝处使用导电衬垫,以尽可能保证各模块的连接无缝隙。后者是在金属板间连接时采用熔焊或翻边咬合(厚度在 1mm 以内的镀锌钢板)。只要拼装的焊缝是连续而无空隙的,或翻边咬合是紧密无缝的,则此种屏蔽室的泄漏途径主要是在通风窗、门及电源线引入处。

(2) 接缝的处理。焊接、拼装、接缝处加导电衬垫。

(3) 门——刀形弹性接触式屏蔽门。

(4) 窗——截止波导式通风窗。

(5) 电源滤波器——防止干扰信号通过电源线进入测试系统(在屏蔽室内实验所用的电源必须经过电源滤波器)。

(6) 屏蔽室接地的作用。

① 在低频段,接地能消除屏蔽室壁上的感应电压,提高屏蔽性能。

② 人员安全接地方法:单点接地,若用多点接地,则可能因各接地点电位不同在屏蔽室壁上产生电流,形成干扰。尽量减小接地线阻抗,接地线应尽量短,可采用铜带。接地电阻应小于 4Ω,一般为 $1\sim2\Omega$。

2) 屏蔽室内的谐振

任何封闭式金属空腔都可能产生谐振现象。屏蔽室是一个矩形金属板(网)腔体,相当于一个大型谐振腔,屏蔽室可视为一个大型的矩形波导谐振腔,根据波导谐振腔理论,其固有谐振频率按下式计算:

$$f_0 = \frac{1}{2\sqrt{\mu_0\varepsilon_0}}\sqrt{\left(\frac{m}{l}\right)^2+\left(\frac{n}{w}\right)^2+\left(\frac{k}{h}\right)^2} = 150\sqrt{\left(\frac{m}{l}\right)^2+\left(\frac{n}{w}\right)^2+\left(\frac{k}{h}\right)^2} \quad (8\text{-}1)$$

式中,l、w、h 分别为屏蔽室的长、宽、高,单位为 m;m、n、k 分别为 0、1、2 等正整数,波导激励模式存在的条件是 m、n、k 中最多只能一个为零。例如,一个屏蔽室,尺寸为 $3.4m\times2.55m\times2.59m$,最低谐振频率:$m=1,n=0,k=1,f_0\approx72.8MHz$。对于 TE 型波,$m$ 不能为 0。由此可见,m、n、k 取值不同,谐振频率也不同,亦即同一屏蔽室有很多个谐振频率,分别对应不同的激励模式(谐振波形)。

屏蔽室谐振是一个有害的现象。当激励源使屏蔽室产生谐振时,会使屏蔽室的屏蔽效能大大下降,导致信息的泄漏或造成很大的测量误差。为避免屏蔽室谐振引起的测量误差,应通过理论计算和实际测量来获得屏蔽室的主要谐振频率点,把它们记录在案,以便在以后的电磁兼容试验中避开这些谐振频率。

3) 屏蔽效能的测量

具体测量方法参见 GB/T 12190—2021《电磁屏蔽室屏蔽效能的测量方法》。

3. 电波暗室

电波暗室又称电波消声室或电波无反射室。电波暗室是在普通屏蔽室内壁板上敷设射频吸波材料而形成的,所以在结构上大都由屏蔽室和吸波材料组成。从其结构出发,电波暗室还可以分为全电波暗室和半电波暗室两种类型。

1) 半电波暗室

由于开阔场地造价较高并远离市区,使用不便,或者建在市区,因背景噪声电平大而影响 EMC 测量,于是模拟开阔场地的电磁屏蔽半波暗室成了应用较普遍的 EMC 测量环境。美国 FCC、日本 VCCI 以及 IEC、CISPR 等标准允许用电磁屏蔽半电波暗室替代开阔场地进行 EMC 测量。近年来,国内很多单位建成了电磁屏蔽半电波暗室,通常简称 EMC 暗室或半电波暗室,如图 8-7 所示。

图 8-7　半电波暗室

从结构上说,半电波暗室 6 个面都是钢板,其中 5 个内壁板面(除地面外)上敷有吸波材料,它的特点是屏蔽室的地板上不铺设吸波材料而是采用金属地板的导电面,其他 5 个面则铺满吸波材料。暗室内 5 个面敷吸波材料,主要是要减少室内的反射和散射。采用屏蔽门和蜂窝式波导屏蔽窗,屏蔽效果在 100dB 以上。

2) 全电波暗室

全电波暗室(又称微波电波暗室)六面敷吸波材料,模拟自由空间传播环境,而且可以不带屏蔽,把吸波材料粘贴于木质墙壁,甚至建筑物的普通墙壁和天花板上,如图 8-8 所示。从使用目的看,半电波暗室用于电磁兼容测量,包括电磁辐射发射测量和电磁辐射敏感度测量,主要性能指标用归一化场地衰减和测量面场均匀性来衡量。全电波暗室(微波电波暗室)主要用于微波天线系统的指标测量,暗室性能用静区尺寸大小、反射电平(静度)、固有雷达截面、交叉极化度等参数表示。从使用频率范围看,微波电波暗室用于微波段,而半电波暗室频率下限扩展到几十兆赫兹。虽然 30MHz 以下吸波材料的吸波性能下降,但仍可用于屏蔽室。由此可见,虽然半电波暗室和微波电波暗室看上去很相似,两者都敷有大量的吸波材料,但两者的用途、性能指标大不相同,所以设计上也有各自不同的标准。

图 8-8　全电磁波暗室

4. 横电磁波室

吉赫兹横电磁波室(GTEM Cell)是由瑞典人 D. Konigstein 和 D. Hansen 在 1987 年发明的,由于 GTEM Cell 作为测试场地,与电磁兼容暗室、开阔场地、屏蔽室等相比,具有截止频率高、电磁泄漏小、测试空间大、造价较低等诸多优点,因此在世界范围内引起了重视,在电磁兼容测量中得到了广泛应用。1989 年英国人的 Belling Lee 公司即推出了 3 个型号的商品,可用在 0～5GHz 频段,并迅速得到了市场的认可。此后,世界各相关专业的大公司纷纷推出自己的 GTEM Cell,大到可以开进汽车,小到可以像手提箱随身携带;频率高端可达 20GHz,低端可达几赫兹,形成了系列化产品。GTEM 传输室是截面为矩形的锥状结构,其后部是由吸波材料和电阻负载组成的复合终端负载。GTEM Cell 克服了 TEM 传输室可用上限频率较低的局限性,其工作频率可达 1GHz 以上。图 8-9 为 GTEM Cell 外形图,图 8-10 为其内部场强分布图。

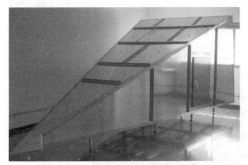

图 8-9　吉赫兹横电磁波室(GTEM Cell)

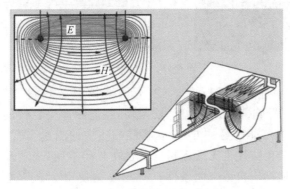

图 8-10　理想的 GTEM 场分布

5. 混响室(电波混响室)

混响室是一种新的 EMC 测试场地和手段,它是通过在屏蔽室的一些壁面上安装若干个尺寸和形状适当的模式搅拌器构成的。在传统的电磁抗扰性测试中,测试应在完全给定(不能任意选择)的环境下进行,例如,在横电磁波室或电波暗室中进行测试时就是这样。在这种限定的环境下,场的极化与分布不随时间改变。相对而言,混响室不仅没有给出一个限定性的场,而且提供了一个空间均匀的电磁环境,即室内各处能量密度均匀,各向同性,各方向能流相同且极化是任意的,亦即所有波间的相位与极化是任意的。

早在 1968 年,H. A. Mendes 博士就提出将空腔谐振用于电磁辐射测量。至 20 世纪 80 年代,军用产品、汽车、航空工业产品的辐射抗扰性要求越来越高,希望对体积大的受试设备(EUT)获得高频高场强的测试环境。这对于开阔场地或半电波暗室中的测量环境,就要求有功率十分高的放大器。此外,在电缆、电缆连接器或屏蔽材料的屏蔽效能测量方面,也需要开发新方法。这些需求为 20 世纪 60 年代提出的新思想开拓了工程上实现的契机。1986 年,美国国家标准局(National Bureau of Standards,NBS)的 Mike L. Grawford 博士及其小组为混响室奠定了基础。1999 年 9 月发布的美国军用标准 MIL-STD-461E《电磁干扰发射和敏感度控制要求》也接受了混响室这一测量场地。

一般来说,混响室是指在高品质因数(Q)的屏蔽壳体内配备机械的模式搅拌器(Mode Stirrer),以连续地改变内部的电磁场结构。混响室内任意位置的能量密度的相位、幅度、极化均按某一固定的统计分布规律随机变化。在混响室内的测量可以视为一个受试设备对场的平均响应,是在模式搅拌器至少旋转一周的时间内响应的积分。混响室的工作原理基于多模式谐振混合,典型混响室如图 8-11 所示。混响室提供的电磁环境是:

(1) 空间均匀,即室内能量密度各处一致;

(2) 各向同性,即在所有方向的能量流是相同的;

(3) 随机极化,即所有的波之间的相角以及它们的极化是随机的。

图 8-11　典型混响室

由于混响室能够对外部电磁环境进行良好的隔离,所以用它进行辐射敏感度(RS)或辐射发射(RE)测量。混响室的造价相对较低,并且能够产生有效的场变换,使得在高场强下进行 RS 测量成为可能。另一方面,要将混响室中的测量与真实的工作条件联系起来是有难度的,并且极化特性也无法保持。通过在封闭空间(屏蔽室内)中使用模式搅拌器,混响室能够真实地模拟自由空间条件。图 8-12 为使用混响室进行辐射发射测量的基本框图。

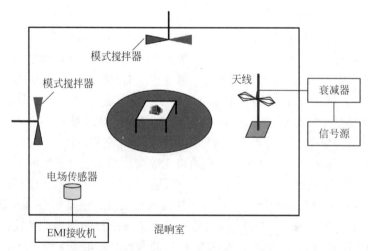

图 8-12　使用混响室进行辐射发射测量的基本框图

近年来,人们逐渐推广使用混响室进行 EMC 测试,与其他形式的 EMC 室相比,混响室具有如下突出的优点:

(1)用适量的功率源,可能激励出很强的场,可找出敏感度门限值及对电磁毁伤效应进行评估。

(2)工作空间(静区)大,不但适用一般尺寸设备,更适用大型系统和设备,在民用和军用方面都有较大应用空间。

(3)测试频带宽,一般为 30MHz～18GHz。

(4)天线无须改变位置,无须转换极化方向,也无须转动受试设备,省时、省力、重复性好。

(5)由于没有昂贵的吸波材料,混响室造价一般是同等尺寸暗室的 1/2～1/3。

可见,混响室具有可产生高场强、测试空间大、受试设备的位置不重要、造价低等优点。而且,混响室因采用统计的测量方法减少了测量不确定度,提高了测量的重复性,且采用通用的电磁测试仪器便可完成很多复杂的测量试验,具有很好的实用性。所以,混响室将继续是 EMC 测试技术中热门的研究领域,随着国内外 EMC 测试技术的发展,混响室将变得越来越重要,而且将会得到更广泛的应用。混响室特别适用于进行抗扰测试。其模式搅拌器可以确保频率范围最广,尤其是可以确保低频性能得到最大程度的提高。这种系统符合 IEC61000-4-21 EMC 测试规范的测试要求。

8.3 测量仪器和设备

8.3.1 EMC 测量接收机

EMC 测量接收机用来测试射频功率的幅度和频率,即用于测量干扰电压、干扰场强、干扰信号的频率。随着技术的进步,如今的测试接收机不仅具有读数显示功能,而且具有频谱显示功能,并且智能化,可实现自动测量,具有存储、记忆、图形显示等功能。图 8-13 为测量接收机实物图。

图 8-13 测量接收机

1. 测量接收机的组成

测量接收器的组成如图 8-14 所示,其主要部分的功能如下:

(1)输入衰减器。输入衰减器可将外部进来的过大信号或干扰电平进行衰减,调节衰减量大小,保证输入电平在测量接收机可测范围之内,同时也可避免过电压或过电流造成测量接收机的损坏。

(2)校准信号源。该校准信号源,即测量接收机本身提供的内部校准信号发生器,可随时对接收机的增益进行自校,以保证测量值的准确。普通接收机不具有校准信号源。

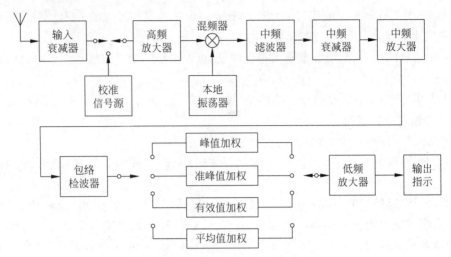

图 8-14　测量接收机电路方框图

（3）高频放大器。高频放大器利用选频放大原理,仅选择所需的测量信号进入下级电路,而将外来的各种杂散信号(包括镜像频率信号、中频信号、交调谐波信号等)均排除在外。

（4）混频器。混频器将来自高频放大器的高频信号和来自本地振荡器的信号合成,产生一个差频信号输入到中频放大器,由于差频信号的频率远低于高频信号频率,因此中频放大器的增益得以提高。

（5）本地振荡器。本地振荡器提供一个频率稳定的高频振荡信号。

（6）中频放大器。由于中频放大器的调谐电路可提供严格的频带宽度,又能获得较高的增益,因此可保证接收机的总选择性和整机灵敏度。

（7）包络检波器。测量接收机的检波方式与普通接收机有很大差异。测量接收机除可接收正弦波信号外,更常用于接收脉冲干扰信号,因此测量接收机除具有平均值检波功能外,还增加了峰值检波和准峰值检波功能。

（8）输出指示。早期的测量接收机采用表头指示电磁干扰电平,并用扬声器播放干扰信号的声响。近几年已广泛采用液晶数字显示代替表头指示,且具备程控接口,使测量数据可存储在计算机中进行处理或打印出来供查阅。

2. 测量接收机的工作原理

接收机测量信号时,先将仪器调谐于某个测量频率 f_s,该频率经高频衰减器和高频放大器后进入混频器,与本地振荡器的频率混频,产生很多混频信号。这些混频信号经过中频滤波器后仅得到中频 $f_I = f_s - f_L$。中频信号经中频衰减器、中频放大器后由包络检波器进行包络检波,滤去中频,得到低频信号。对这些信号再进一步进行加权检波,根据需要选择检波器,可得到峰值(Peak)、有效值(Rms)、平均值(Ave)或准峰值(QP)。这些值经低频放大后可推动电表指示或在数码管屏幕上显示出来。测量接收机测量的是输出到其端口的信号电压,为测场强或干扰电流需借助一个换能器,在其转换系数的帮助下,将测到的端口电压变换成场强(单位为 $\mu V/m$ 或 $dB\mu V/m$)、电流(单位为 A 或 $dB\mu A$)或功率(单位为 W 或 dBm)。换能器依测量对象的不同可以是天线、电流探头、功率吸收钳或电源阻抗稳定网络等。

3. 测量接收机常用的检波器

检波器的等效电路可以简化为如图 8-15 所示,不同检波器的差别主要仅在于其充电时

间常数 $t_c = R_1 C$ 及放电时间常数 $t_d = R_2 C$ 的数值（R_1 是选频级输出电阻及串联的检波元件 D 的内阻之和）。

1）峰值检波器

检测干扰信号包络的最大值，而忽略干扰信号频率，它只和干扰信号幅度有关，与时间、频率无关。

（1）充电时间 t_c 足够小，放电时间 t_d 足够大，$t_d/t_c > 10^6$，t_d 为几秒，如图 8-16 所示，检波器输出 $U_2 = U_{max}$（是输入信号包络 $A(t)$ 的最大值）。检波器输出 U_2 只取决于干扰信号的幅值。

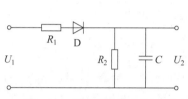

图 8-15　检波器的等效电路

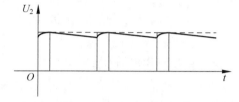

图 8-16　峰值检波器的响应特性

（2）应用范围：连续正弦波、单个脉冲、重复频率很低的脉冲。国军标中一般采用峰值检波器。

2）准峰值检波器

同时反映干扰信号的幅度和时间分布，是国际无线电干扰特别委员会（CISPR）的电磁兼容规范采用的检波方式。表 8-1 为 GB 4824—2001《工业科学医疗（ISM）射频设备电磁干扰特性的测量方法和限值》中的设备传导发射限值表。

表 8-1　在试验场测量时，A 类设备电源端干扰电压限值

频段/MHz	A 类设备限值/dBμV					
	1 组		2 组		2 组 *	
	准峰值	平均值	准峰值	平均值	准峰值	平均值
0.15～0.5	79	66	100	90	130	120
0.50～5	73	60	86	76	125	115
5～30	73	60	90～70 随频率对数线性减小	80～60 随频率对数线性减小	115	105

* 电源电流大于 100A/相，使用电压探头测量。

注：应注意满足漏电流的要求。

（1）充电快（比峰值检波器慢一些），放电慢（比峰值检波器快一些），$t_d > t_c$。例如，在 30～1000MHz 频段，$t_c = 1ms$，$t_d = 550ms$；0.15～30MHz，$t_c = 1ms$，$t_d = 160ms$，准峰值检波器的输出电压与脉冲干扰信号的重复频率有关：$U_2 = \gamma(f) U_{max}$。

干扰信号是重复的等幅脉冲时，随 f 增大，$\gamma(f) \to 1$，反映了干扰效应随脉冲重复频率的提高而增大的现象。在图 8-17 中，如果只有用实线表示的干扰脉冲，输出电压的平均值用虚线 2

图 8-17　准峰值检波器的响应特性

表示。如果干扰脉冲的频率增大 1 倍(加上用虚线表示的脉冲),输出电压的平均值则用虚线 1 表示。

(2) 应用范围:适用于测量周期性脉冲干扰。

3) 平均值检波器

(1) 充电时间常数与放电时间常数相等($t_d = t_c$),输出电压是输入信号包络 $A(t)$ 在一个周期内的平均值,即 $U_2 = \overline{A(t)}$。

(2) 应用范围:适用于测量连续的正弦波信号,不适用于测量脉冲干扰。

4) 有效值检波器(均方根值检波器)

(1) 输出电压是 $A(t)$ 的均方根值,即 $U_2 = \sqrt{\overline{A(t)^2}}$。

(2) 应用范围:测量随机噪声。

4. 测量接收机使用中应注意的问题

(1) 防止输入端过载。输入到测量接收机端口的电压过大时,轻者引起系统线性的改变,使测量值失真;重者会损坏仪器,烧毁混频器或衰减器。因此测量前需小心判别所测信号的幅度大小,没有把握时,接上外衰减器,以保护接收机的输入端。另外,一般的测量接收机是不能测量直流电压的,使用时一定先确认有无直流电压存在,必要时应串接隔直电容器。

(2) 选用合适的检波方式。依据不同的 EMC 测量标准,选择平均值、有效值、准峰值或峰值检波器对信号进行分析。实际干扰信号的基本形式可分为 3 类:连续波、脉冲波和随机噪声。连续波干扰如载波、本振、电源谐波等,属于窄带干扰,在无调制的情况下,用峰值、有效值和平均值检波器均可检测出来,且测量的幅度相同。对于脉冲波干扰,峰值检波可以很好地反映脉冲的最大值,但反映不出脉冲重复频率的变化。这时,采用准峰值检波器最为合适,其加权系数随脉冲信号重复频率的变化而改变。重复频率低的脉冲信号引起的干扰小,因而加权系数小;反之,加权系数大,表示脉冲信号的重复频率高。而用平均值、有效值检波器测量脉冲信号,读数也与脉冲的重复频率有关。随机干扰的来源有热噪声、雷达目标反射以及自然环境噪声等,这时,主要分析平稳随机过程干扰信号的测量,通常采用有效值和平均值检波器测量。

利用这些检波器的特性,通过比较信号在不同检波器上的响应,就可以判别所测未知信号的类型,确定干扰信号的性质。如用峰值检波测量某一干扰信号,当换成平均值或有效值检波时幅度不变,则信号是窄带的;若幅度发生变化,则信号可能与宽带信号(即频谱超过接收机分辨带宽的信号,如脉冲信号)有关。

(3) 测量前的校准。测量接收机或频谱仪都带有校准信号发生器,目的是通过比对的方法确定被测信号的强度。测量接收机的校准信号是一种具有特殊形状的窄脉冲,可保证在接收机工作频段内有均匀的频谱密度。测量中每读一个频谱的幅度之前,都必须先校准,否则测量值误差较大。频谱分析仪的校准信号是正弦信号,其频谱通常可见各次谐波,测量前校准一次即可。通常,频谱分析仪启动自动校准时校准的内容比较多,如带宽、参考平面、衰减幅度、频率等,需 5~10min。有些用作测量接收机的频谱分析仪也配有脉冲校准源。

(4) 关于预选器。无论是高电平的窄带信号还是具有一定频谱强度的宽带信号,都可能导致测量接收机输入端第一混频器过载,产生错误的测量结果。对于脉冲类的宽带信号,在混频器前进行滤波(也称为预选),可避免发生过载现象。不经预选时,宽带信号的所有频谱分量都同时出现在混频器上,若宽带信号的时域峰值幅度超过混频器的过载电平,便会发生过载情况。

由于进行了跟踪滤波,故输入信号频谱只有一部分进入预选器的通带内,到达混频器的输入端,输入信号的频谱强度不会因滤波而改变。这种靠滤波而不是靠衰减来实现的幅度减小,改变了宽带信号测量的动态范围,同时能维持接收机测量低电平信号的能力。若窄带信号(如连续波信号)处在预选滤波器的通带内,则预选的过程不会改变测量窄带信号的动态范围。

8.3.2　辐射测量中的常用测量天线

天线是把高频电磁能量通过各种形状的金属导体向空间辐射出去的装置。同样,天线亦可把空间的电磁能量转化为高频能量收集起来。下面介绍EMC测量中常用天线的类型。

1. 环形天线

环形天线用于接收被测设备工作时泄漏的磁场、空间电磁环境的磁场并测量屏蔽室的磁场屏蔽效能,测量频段为25Hz～30MHz,如图8-18所示。

2. 杆天线

用于测量10kHz～30MHz频段的电磁场,如图8-19所示。

3. 双锥天线

双锥天线是一种宽频带天线,测量频率范围30～300MHz。双锥天线不仅用于电磁场辐射发射测量,也用于辐射敏感度或抗扰性的测量,如图8-20所示。

图 8-18　环形天线　　　　图 8-19　杆天线　　　　　图 8-20　双锥天线

4. 对数周期天线

对数周期天线的结构类似八木天线,见图8-21。它上下有两组振子,从长到短依次排列,最长的振子与最低的使用频率相对应,最短的振子与最高的使用频率相对应。对数周期天线有很强的方向性,其最大接收/辐射方向是锥底到锥顶的轴线方向。对数周期天线为线极化天线,测量中可根据需要调节极化方向,以接收最大的发射值。它还具有高增益、低驻波比和宽频带等特点,适用于电磁干扰和电磁敏感度测量。测量频段为80～1000MHz。

5. 角锥喇叭天线

角锥喇叭天线是微波段的标准增益天线,如图8-22所示。喇叭天线是面天线,是把矩形波导的开口面逐渐扩展而形成的。波导开口面逐渐扩大,改善了波导与自由空间的匹配,使得波导中的反射系数小,即波导中传输的绝大部分能量由喇叭辐射出去,反射的能量很小。其优点是结构简单、频带宽、功率容量大、调整与使用方便。合理地选择喇叭尺寸,可以取得良好的辐射特性,即相当尖锐的主瓣、较小副瓣和较高的增益。因此喇叭天线应用广泛,是一种常见的测试用天线。

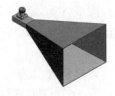

图 8-21　对数周期天线　　　　　　　图 8-22　角锥喇叭天线

它的使用频段通常由馈电口的波导尺寸决定,比双脊喇叭天线窄很多,但方向性、驻波比及增益等均优于双脊喇叭天线。在 1GHz 以上高场强(如 200V/m)的辐射敏感度测量中,为充分利用放大器资源,选用增益高的喇叭天线作发射天线,较容易达到所需的高场强值。喇叭天线的典型技术指标为:测量频段为 18～26.5GHz;阻抗为 50Ω;最大连续波功率为50W;增益在 1～40GHz 频率范围内从大约 10dB 变化到 30dB。最大辐射场为 200V/m;方向性很强,为 15°。

6. 双脊喇叭天线

双脊喇叭天线是微波段的宽频带天线,为了扩展频带,在一般的喇叭天线的辐射器中增加了一对指数双脊结构,如图 8-23 所示。双脊喇叭天线为线极化天线,测量时通过调整托架来改变极化方向,因而测

图 8-23　双脊喇叭天线

量频段较宽,可用于 0.5～18GHz 辐射发射和辐射敏感度测量。

双脊喇叭天线的典型技术指标为:测量频段为 700MHz～18GHz;阻抗为 50Ω;最大连续波功率为 300W;最大辐射场为 200V/m;半功率波瓣宽度为 48°(电场)和 30°(磁场)。

7. 测试天线的选用

(1) 10～150kHz 频段:主要测量磁场,选用电屏蔽的环形天线。

(2) 150kHz～30MHz 频段:测量电场,选用杆状天线,测量磁场,选用电屏蔽的环形天线。

(3) 30～300MHz 频段:主要测量电场,单频率测量选用半波对称振子天线,宽带测量选用双锥天线、对称振子天线。

(4) 300MHz～1GHz 频段:主要测量电场,选用对数周期天线、对称振子天线。

(5) 1GHz 以上:微波频段,测量电场或辐射功率密度 S。

① 窄带:角锥喇叭天线;

② 宽带:双脊喇叭天线,10GHz 以下也可用对数周期天线。

8.3.3　电流探头

电流探头也称为电流卡钳,它是电磁兼容传导测量必备的附件,是测量导线上非对称干扰电流的卡式电流传感器,测量时不需与被测的电源导线接触,也不用改变电路的结构。它可在不打乱正常工作或正常布置的状态下,对复杂的导线系统、电子线路等的传导干扰进行测量。国军标的低频传导发射或敏感度测量主要用电流探头作换能器,将干扰电流转换成干扰电压后再由测量接收机测量,测量传导干扰时频率最高用到 30MHz。其技术指标如下:测量频段为 20Hz～30MHz,输出阻抗为 50Ω,内环尺寸为 32～67mm。

1. 结构和原理

电流探头的构造应能方便地卡住被测导线,被测导线充当一匝的初级线圈,次级线圈则

包含在电流探头中。其结构和等效电路如图 8-24 所示。其中铁氧体磁环作铁芯是为了增强互感,载流导线构成初级绕组($N_1=1$),电流探头的线圈 N_2 是次级绕组,R_{in} 为干扰测量仪的输入阻抗。如图 8-25 为各种外形电流探头,有环形、夹子形、平面形、鹤嘴形。

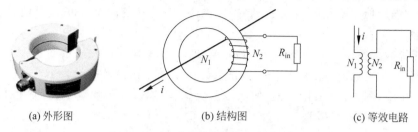

(a) 外形图   (b) 结构图   (c) 等效电路

图 8-24　电流探头、典型结构及等效电路

图 8-25　各种电流探头

可以制造用于 20～1000MHz 频率范围测量的电流探头,当测量常规电源系统 100MHz 以上的持续电流时应将电流探头置于电流的最大位置。电流探头的设计应使其在通带内具有平坦的频率响应,低于通带的频率范围,仍可进行精确测量,只是由于传输阻抗的减少降低了灵敏度;高于通带的频率范围由于电流探头产生的谐振测量不再精确。

电流探头附加屏蔽结构后就可以测量非对称共模干扰电流或者对称差模干扰电流。

2. 电流检测探头和电流注入探头

电流探头既可以用于测量导线上干扰电流的大小,也可以用于向导线或电缆束注入干扰信号。电流探头可分为电流检测探头和电流注入探头。电流检测探头,又称电流检测卡钳,是用作测量导线和电缆上的干扰信号;电流注入探头,又称电流注入卡钳,用于向导线和电缆上注入强干扰信号的传导敏感度测量。

8.3.4　人工电源网络

人工电源网络(Artificial Mains Network,AMN)是一种非常重要的电磁兼容测试辅助设备,主要应用于测量 EUT 沿电源线向电网发射的干扰电压。

如图 8-26 是一个典型的人工电源网络原理图。人工电源网络有三大作用:

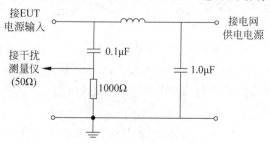

图 8-26　人工电源网络原理图

（1）把待测设备(EUT)产生的干扰信号传送到测量接收机。在图 8-26 中，AMN 通过 $0.1\mu F$ 电容采样干扰电压传送至接收机。

（2）为待测设备提供一个规定的线路阻抗。因为电网的阻抗是不确定的，阻抗不一样 EUT 的干扰电压值也不相同，所以标准中规定了一个统一的阻抗(50Ω)，以便测试结果可以相互比较。

（3）使待测设备与供电电源实现高频隔离，即隔离电网和 EUT。既防止来自电源系统的高频干扰信号进入测试系统，又防止测试系统产生的干扰信号进入电源系统。在图 8-27 中，电网中的干扰被 $50\mu H$ 和 $1.0\mu F$ 的滤波器滤掉，不能进入干扰测量仪，而 EUT 发射的干扰由于 $50\mu H$ 滤波器的阻挡不能进入电网，只能通过 $0.1\mu F$ 电容进入干扰测量仪。

图 8-27 为一典型人工电源网络的电路图。图 8-28 为人工电源网络设备。

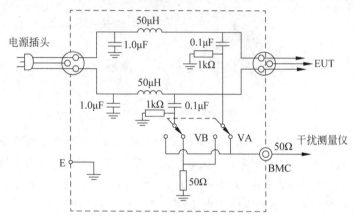

图 8-27　$50\Omega/50\mu H$ V 型人工电源网络电路图

图 8-28　$50\Omega/50\mu H$ V 型人工电源网络

8.4　传导发射测量

传导发射测量目的是测量被测设备工作时，通过电源线、信号线和互联线上等向外发射的传导干扰信号。测量这些干扰信号的能量是否超过标准要求的限值，从而保证在公共电网上工作的其他设备免受干扰。测量一般在屏蔽室内进行。

1. 测量设备

测量设备有 EMI 接收机、人工电源网络、EMI 测试控制系统(计算机及软件)、电压探头、电流探头等(根据需要决定配置)。

2. 测量布置

分为台式和落地式两种。

1) 台式布置

台式设备离 AMN 80cm,离接地平板 40cm,受试设备与辅助设备放置在距水平接地参考平面 0.8m 的非导电桌上,墙面和地面要放置接地金属板,EUT 距垂直参考平面 0.4m。辅助设备离 EUT 设备 10cm,如图 8-29 所示。

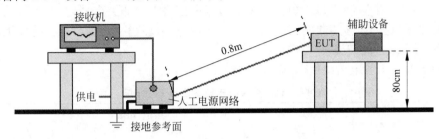

图 8-29 传导干扰测量台式布置

2) 落地式布置

落地式设备离 AMN 80cm,离接地平板 40cm,受试设备与辅助设备放置在距水平接地参考平面 0.1m 的非导电桌上,墙面和地面要放置接地金属板,EUT 距垂直参考平面 0.4m。辅助设备离 EUT 设备 10cm,如图 8-30 所示。

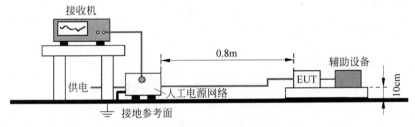

图 8-30 传导干扰测量落地式布置

传导干扰测量一般配置如图 8-31 所示。

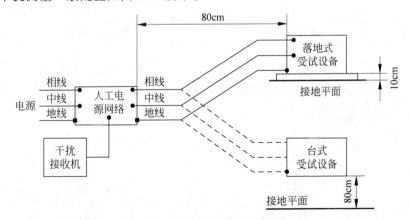

图 8-31 传导干扰测量一般配置

3. 信息技术设备(ITE)类测试限值

ITE 类分为 A 级和 B 级两类,限值要求不同。

（1）B级类：主要用于生活环境中，包括3类设备：

① 不在固定场所使用的设备，例如，由内置电池供电的便捷式设备；

② 通过电信网络供电的电信终端设备；

③ 个人计算机及相连的辅助设备。

注：所谓生活环境是指那种有可能在离有关设备最远10m范围内使用广播和电视接收机的环境。

（2）A级类：指满足A级限值但不满足B级限值要求的那类产品，对于此类设备不限制其销售，但是应在其有关的使用说明书中指出，在生活环境中此类产品会造成无线电干扰，须采取切实可行的措施。

1）电源端子干扰电压限值（如表8-2、表8-3所示）

表 8-2　ITE 类 A 级电源端传导干扰限值

频率/MHz	限值/dBμV	
	准 峰 值	平 均 值
0.15～0.50	79	66
0.50～30	73	60

注：在过滤频率（0.50MHz）处应采用较低的限值。

表 8-3　ITE 类 B 级电源端传导干扰限值

频率/MHz	限值/dBμV	
	准 峰 值	平 均 值
0.15～0.50	66～56	56～46
0.50～5	56	46
5～30	60	50

注1：在过滤频率（0.50MHz 和 5MHz）处应采用较低的限值。
注2：频率在 0.15～0.50MHz 范围内，限值随频率的对数呈线性减少。

2）电信端口的传导共模干扰限值（如表8-4、表8-5所示）

表 8-4　A 级电信端口传导共模（不对称）干扰限值

频率/MHz	电压限值/dBμV		电流限值/dBμA	
	准 峰 值	平 均 值	准 峰 值	平 均 值
0.15～0.50	97～87	84～74	53～43	40～30
0.50～30	87	74	43	30

注1：在 0.15～0.50MHz 频率范围内，限值随频率的对数呈线性减小。
注2：电流和电压的干扰限值是在使用了规定阻抗稳定网络（ISN）条件下导出的，该阻抗稳定网络对于受试的电信端口呈现 150Ω 的共模（不对称）阻抗。

表 8-5　B 级电信端口传导共模（不对称）干扰限值

频率/MHz	电压限值/dBμV		电流限值/dBμA	
	准 峰 值	平 均 值	准 峰 值	平 均 值
0.15～0.50	84～74	74～64	40～30	30～20
0.50～30	74	64	30	20

注1：在 0.15～0.50MHz 频率范围内，限值随频率的对数呈线性减小。
注2：电流和电压的干扰限值是在使用了规定阻抗稳定网络（ISN）条件下导出的，该阻抗稳定网络对于受试的电信端口呈现 150Ω 的共模（不对称）阻抗。

4．测试流程

（1）受试设备与辅助设备放置在距水平接地参考平面 0.8m/0.1m 的非导电桌上，距垂直参考平面 0.4m。受试设备通过人工电源网络（以提供给测试设备一个 $50\Omega/50\mu H$ 的耦合阻抗）连接到电网。辅助设备同样通过人工电源网络（在 $50\Omega/50\mu H$ 耦合阻抗端口端接一个 50Ω 负载）连接到电网。L 线和 N 线都需要检测以采集最大的传导信号。

（2）测试频率为 150kHz～30MHz，接收机 RBW 设置为 9kHz。运行接收机预扫描，记录整个频段内受试设备电源端产生的最大干扰。

（3）对高于或接近限值的频率，测试并记录它的准峰值和平均值。

（4）试验结果的判定：如果接收机读取的准峰值 QP 或者平均值 AV 都在规定的准峰值和平均值限值下即通过，如果通过接收机读取的准峰值和平均值有一个超出限值都无法通过。

5．传导干扰测量系统结构例子

如图 8-32 为一测量被测设备电源线传导干扰例子的示意图。传导发射测量一般也被叫作干扰电压测量，被测产品对公共网络的干扰，测试 L 和 N 这两根线。有电源线的电子电气产品都需要做传导测试，当然很多需要直流供电的产品也涉及传导测试，另外，部分标准中也对有信号/控制线的产品有传导发射测试要求，限值通常用干扰电压或者干扰电流（两者可以互相转换）来表示。传导干扰测试系统主要测量受试设备在正常工作状态下通过电源线、信号端口、控制端口对周围环境所产生的干扰，测试频率范围主要为 9kHz～30MHz。不同产品的干扰限值由不同标准规定，但基本测量方法是一样的。系统主要由 EMI 测试接收机、人工电源网络（AMN）和 EMC 测试软件组成。其中人工电源网络可以在给定的频率范围内，为干扰电压的测量提供标准规定的 50Ω 阻抗，并使受试设备与电源相互隔离。当 EUT 电流过大或无法使用 AMN 进行测量时，如 EUT 控制端口，可使用高阻抗电压探头配合接收机测量。

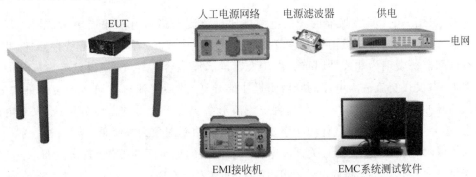

图 8-32　电源线 EMI 传导干扰测量示意图

6．谐波电流测量

电子电气设备的大量应用，使得非线性负载在电网中产生大量谐波电流，特别是开关电源、电子整流器、调速装置、不间断电源和铁磁性设备等。谐波电流不仅会对同一电网中的其他设备产生干扰，造成故障，而且会使电网的中线电流超载，降低电网的功率因数，影响输电效率。

对于不失真的正弦交流电而言,其输入电压与输入电流的表达式分别为

$$u = \sqrt{2}U\cos(\omega t)$$
$$i = \sqrt{2}I\cos(\omega t - \varphi)$$

式中,u、i 代表电压、电流的瞬时值,U、I 代表有效值,φ 表示电流的初相位,这里刚好是电压与电流的相位差。

功率因数的缩写为 PF(Power Factor),其国际符号为 λ。功率因数定义为有功功率与视在功率的比值,即

$$\lambda = \frac{P}{S} = \frac{UI\cos\varphi}{UI} = \cos\varphi \qquad (8\text{-}2)$$

交流供电设备的功率因数是在电流波形无失真的情况下定义的。造成功率因数降低的原因有两个:一是交流电流波形的相位漂移;二是交流输入电流波形存在失真。相位漂移通常是由电源的负载性质(感性或容性)而引起的,在这种情况下对功率因数的分析相对简单,一般可用公式 $\cos\varphi = P/S$ 来计算。但是当交流输入电流波形存在失真时,不再使用上述公式。下面介绍非正弦电路中的情况。

不考虑电压畸变,研究电压为正弦波,电流为非正弦波的情况。

非正弦电路的有功功率为

$$P = UI_1\cos\varphi_1$$

功率因数定义为

$$\lambda = \frac{P}{S} = \frac{UI_1\cos\varphi_1}{UI} = \frac{I_1}{I}\cos\varphi_1 = \nu\cos\varphi_1 \qquad (8\text{-}3)$$

式中,I_1 为电流的基波分量的有效值,φ_1 为基波分量的初相位,$\nu = I_1/I$ 为基波因数。

可见,非正弦电路的功率因数是由基波电流相移和电流波形畸变这两个因素共同决定的。

目前,采用 AC/DC 变换器的开关电源均通过整流电路与电网相连接,如图 8-33(a)所示。其输入整流滤波器一般由桥式整流器和滤波电容构成,二者均属于非线性器件,使开关电源对电网电源表现为非线性阻抗。由于大容量滤波电容的存在,使得整流二极管的导通角变得很窄,仅在交流输入电压的峰值附近才能导通,致使交流输入电流产生严重的失真,变成尖峰脉冲,如图 8-33(b)所示。这种电流波形中包含了大量的谐波分量,不仅对电网造成污染,还会导致滤波后输出有功功率显著降低,使功率因数大幅降低。

为了保障电网质量,我国有关谐波电流发射限值的标准于 1998 年首次发布,2003 年第一次修订,2012 年第二次修订:2012 年 12 月 31 日发布 GB 17625.1—2012《电磁兼容 限值 谐波电流发射限值(设备每相输入电流≤16A)》,并于 2013 年 7 月 1 日起实施。第三次修订的新标准 GB 17625.1—2022《电磁兼容 限值 第 1 部分:谐波电流发射限值(设备每相输入电流≤16A)》已于 2022 年 12 月 29 日由国家市场监督管理总局、国家标准化管理委员会发布,将于 2024 年 7 月 1 日实施,代替 GB 17625.1—2012。

主要测量设备有:

(1) 纯净电源,其作用是产生一个没有谐波的 50Hz 的交流电源,这样可以保证测量到的谐波完全是由受试设备(EUT)产生的;

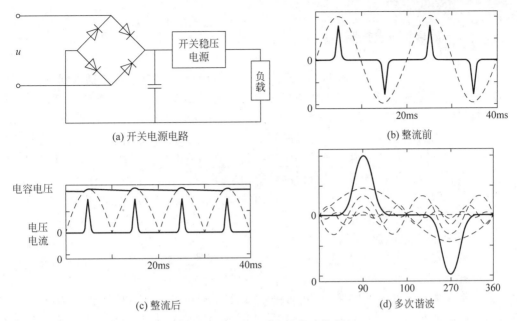

(a) 开关电源电路　　　　　　　　(b) 整流前

(c) 整流后　　　　　　　　(d) 多次谐波

图 8-33　开关电源中谐波电流的产生

（2）电流取样传感器，其主要作用是将 EUT 电源线中的电流进行取样以便于分析，对电流取样传感器的基本要求主要是不能对供电条件产生太大的影响，并且灵敏度不能太高，这样才能保证测量误差足够小；

（3）谐波分析仪，其作用是分析供电电流中的谐波成分，可以用专用的仪器，也可以使用带 FFT 功能的示波器代替。

如图 8-34 为谐波电流测量电路原理图。图 8-35 为谐波分析仪和纯净电源。

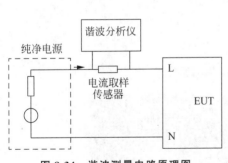

图 8-34　谐波测量电路原理图

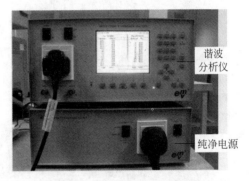

图 8-35　谐波分析仪和纯净电源

谐波电流应按以下要求进行测量：

（1）对每一次谐波，应按相应标准规定在每个傅里叶变换（DFT）时间窗口内测量 1.5s 内平滑的谐波电流均方根值。

（2）在全部观测周期内，计算 DFT 时间窗口内所得到的测量值的算术平均值。

计算限值时的输入功率由以下因素决定：

（1）在每个傅里叶变换（DFT）时间窗口内测量 1.5s 内平滑有功输入功率。

（2）在整个测量周期内，由 DFT 时间窗口确定所测功率的最大值。

8.5 辐射发射测量

辐射干扰主要是指能量以电磁波的形式由源发射到空间,并在空间传播的现象,对周围环境中的设备可能造成严重干扰。辐射发射测量主要是测量被测设备(EUT)通过空间传播的辐射干扰(一般测其场强或辐射功率)。辐射发射测量的主要目的是确保电子电气设备和机电设备发出的辐射信号低于某等级的限值,不会对同环境中使用的其他设备造成的影响。测量是在标准的环境中通过天线等设备接收待测物所发出的干扰信号,并且使用接收机或其他高精密仪器设备对信号进行检测分析,并与辐射发射标准(如 CISPR16、CISPR11、CISPR13、CISPR15、CISPR22 等)中规定的限值做比对,判定其是否超标,测试需在符合相关标准要求的半电波暗室中进行。

1. 远区辐射干扰测量

主要测量设备有 EMI 测量接收机、各种天线及天线控制单元、EMI 自动测量控制系统、半电波暗室或开阔场地等。

测量系统的配置如图 8-36 所示,将被测物体,又称受试设备(EUT)放置在转台上,测量天线与被测物的距离一般为 3m、10m,优先采用 10m 法,可选 3m 法。整个测试在开阔场地或暗室中进行,如图 8-37 所示。测量时 EUT 在 $0°\sim360°$ 范围内旋转,记录辐射干扰的最大值。天线距离地面的高度应在规定的范围内变化,以便获得直射波和反射波同相位时会出现的最大读数。当测量距离≤10m 时,天线高度最好在 $1\sim4m$ 范围内变化。一般会测量电场强度 $E(\mathrm{dB}\mu\mathrm{V/m})$ 和辐射功率 $P(\mathrm{dBm})$,并作频谱分析。

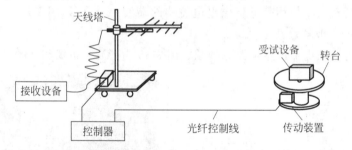

图 8-36 辐射测量系统的配置图

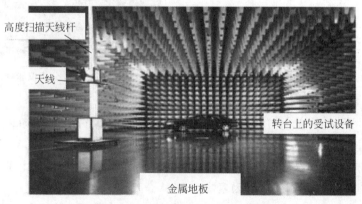

图 8-37 半电磁波暗室中辐射测量现场图

测量频率范围：30MHz～6GHz。

2. 近区辐射干扰测量

1）近区场测量的特点

近区场是感应场，E 和 H 没有确定的比例关系，需要分别测量。对于电压高而电流小的辐射源，主要测量电场，对于电压低而电流大的辐射源，主要测量磁场。

近区场强很大，电场强度可达几十至几百伏每米，磁场可达几十安培每米。场强随距离的增大衰减得很快（对于电偶极子，$E \propto 1/r^3$，$H \propto 1/r^2$），即场强变化的梯度很大，是一种复杂的非均匀场。所以测量近区场强时，量程应当足够的大探头应当足够的小（测量某点的场）。

2）测量仪器

（1）一维电场探头。

① 结构。

一维电场探头的结构如图 8-38 所示，包括小偶极子天线，检波二极管 D 等。在不同挡，电容量不同，R_1、R_2、C_2 组成了滤波电路。

② 工作原理。

等效电路如图 8-39 所示，C_A 是天线的等效电容，C_L 是天线两臂之间的分布电容，C_S 是衰减电容，Z_L 是负载阻抗（包括滤波电路、输入阻抗，其中电阻性负载是 R_L）可以算出探头的输出电压

$$U_D = U_0 \frac{\omega C_A R_L}{\sqrt{1 + \omega^2 (C_A + C_L + C_S)^2 R_L^2}} \tag{8-4}$$

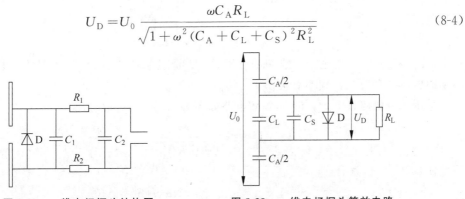

图 8-38　一维电场探头结构图　　　　图 8-39　一维电场探头等效电路

可以看出，探头的输出电压 U_D 与频率有关，测量结果必须按频率修正。若采用高阻抗负载，使 $\omega(C_A + C_L + C_S)R \gg 1$，则

$$U_D \approx U_0 \frac{C_A}{C_A + C_L + C_S} \tag{8-5}$$

可以看出，测量结果与频率无关。

（2）磁场探头。

① 结构。

磁场探头结构如图 8-40 所示，包括小环形天线，R_1、R_2、C_1 构成的积分电路，检波和滤波电路（由 D、R_3、R_4、C_3、C_4 组成）。为了防止电场干扰，环形天线外加了一个屏蔽套。如图 8-41 为其等效电路。

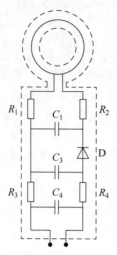

图 8-40　磁场探头结构图

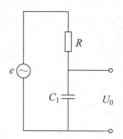

图 8-41　磁场探头等效电路

② 工作原理。

环形天线上的感应电动势(环形天线很小,环平面上的磁场可以看作均匀的,环平面与磁场垂直)为

$$e = -\frac{\mathrm{d}\varphi}{\mathrm{d}t} = -\frac{\mathrm{d}(NBS)}{\mathrm{d}t} = -N\mu_0 S\frac{\mathrm{d}H}{\mathrm{d}t}$$

用复数表示:

$$e = -\mathrm{j}\omega N\mu_0 HS$$

式中,$H = H_0 e^{\mathrm{j}(\omega t - \beta x)}$,是穿过线圈的磁通量,$N$ 是线圈的匝数,S 是线圈的面积。环形天线上的感应电动势 e 与频率有关。

采用积分电路(R_1、R_2、C_1),等效电路如图 8-41 所示,可以算出

$$U_0 = \frac{e}{\sqrt{1+(\omega RC_1)^2}} \tag{8-6}$$

只要使 $\omega RC_1 \gg 1$,就有

$$U_0 \approx \frac{e}{\omega RC_1} = \frac{N\mu_0 HS}{RC_1} \tag{8-7}$$

与频率无关。

(3) 贴近区场探头组。

用于紧贴辐射源测量电磁泄漏,例如,辐射源机箱上的缝隙、孔洞处,紧贴电缆表面,主板或元器件附近等,探头要做得更小。如图 8-42 所示为 Hz-11 型,图 8-43 所示为 Hz-14 型,这是两组常见的贴近区场探头组。

图 8-42　贴近区场探头组(Hz-11 型)

图 8-42 中右第一个是一维电场探头(电偶极子天线探头),环形的是磁场探头(环形天线探头),半径越小适用的频率越高,球形的是三维探头。图 8-43 中尖头的是电场探头,平头的是磁场探头。贴近区场电场探头和磁场探头的输出阻抗都是 50Ω,可以连接到频谱分析仪、干扰场强测量仪配套使用,图 8-44 所示。

图 8-43　贴近区场探头组（Hz-14 型）

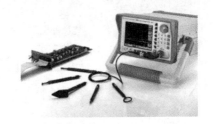

图 8-44　贴近区场探头测量近区场实例

3）近区干扰场的测量

对于 30MHz 以下场合，测量近区电场使用电场探头和近区场强仪，测量近区磁场使用磁场探头和近区场强仪。测量电场还是磁场，由辐射源的特性决定。在 30MHz～1GHz，一般测量近区电场，使用电场探头和近区场强仪。

4）贴近区场测量

贴近区场测量是紧贴辐射源测量，可以测量电场，也可以测量磁场，使用贴近区场探头、场强接收机或频谱分析仪进行。例如，Hz-11 贴近区场探头组，测量磁场频率范围为 100kHz～2.3GHz，测量电场频率范围为 100kHz～3GHz；Hz-14 贴近区场探头组，测量磁场频率范围为 9kHz～1GHz，测量电场频率范围为 9kHz～1GHz。

3. 传输线辐射功率测量

测量仪器主要为功率吸收钳和干扰场强测量仪（测量接收机）。前面已介绍了测量接收机，下面介绍功率吸收钳。典型的功率吸收钳如图 8-45 所示。

功率吸收钳适用于 30～1000MHz 频段传导发射功率的测量。对于带有电源线或引线的设备，其干扰

图 8-45　功率吸收钳

能力可以用起辐射天线作用的电源线（指机箱外部分）或引线所提供的能量来衡量。当功率吸收钳卡在电源线或引线上时，环绕引线放置的吸收装置能吸收到的最大功率，近似等于电源线或引线所提供的干扰能量。

功率吸收钳由宽带射频电流变换器 C、宽带射频功率吸收体及受试设备引线的阻抗稳定器 D（由一组铁氧体环组成）、吸收套筒 E（一组铁氧体环附件）组成，详细内部结构如图 8-46 所示。D 为一组铁氧体环形成的功率吸收体和阻抗稳定器，图 8-47 为其组成示意图。电流变换器 C 与电流探头的作用相当；D 用于隔离主电源与被测设备之间的功率传递；吸收套筒 E 用来防止受试设备与接收设备之间发生能量传递。

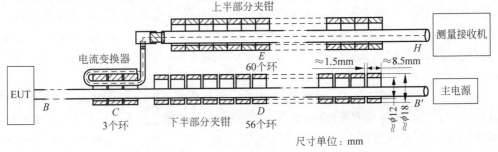

图 8-46　功率吸收钳的内部结构

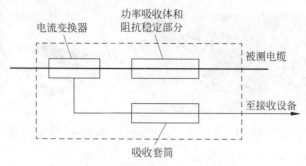

图 8-47　功率吸收钳组成示意图

　　射频电流变换器、射频功率吸收体等做成可分开的两半,并带有锁紧装置,便于被测导线卡在其中,还可保证磁环的磁路紧密闭合,如图 8-45 所示。

　　测量时,功率吸收钳与辅助吸收钳配合使用,沿传输线移动功率吸收钳,寻找最大的功率。

　　测量布置如图 8-48 所示,按 30MHz 频率的 1/2 计算,被测电缆长度至少 5m,再加上吸收钳的长度。将受试电缆平直展开,套上吸收钳,并连接测量接收机。功率吸收钳位于 0.8m 高的木制桌子上,距其他金属物体应大于 0.8m。测量时应避免人体对测量值的影响。测量应在屏蔽室内进行。

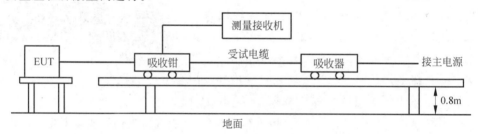

图 8-48　辐射功率测量布置示意图

8.6　自动测量系统与测量软件

　　EMI 自动测量系统主要由测量接收机和各种测量天线、传感器及电源阻抗稳定网络组成,用于测量电子、电气设备工作时泄漏出来的电磁干扰信号,测量频段为 20Hz～40GHz。干扰信号的传播途径分为两种:一种是传导干扰,它通过电源线或互联线传播;另一种是辐射干扰,它通过空间辐射传播。测量接收机借助不同的传感器测量传导和辐射干扰。如利用测量天线接收来自空间的干扰信号,利用电流钳探测电源线上的干扰电流。对时域干扰,如开关闭合产生的瞬态尖峰干扰,则需通过示波器采样来捕捉、测量。电磁干扰自动测量系统的组成框图见图 8-49。

　　由于 EMI 测量大部分为扫频测量,数据量较大,数据处理复杂,因此多利用计算机组成自动测量系统,这样可大大简化测量过程,节约大量数据处理的时间。特别是按 GJB151A/152A 等测量标准编制的测量软件,包含了测量设备和附件的名称、型号,设备的配置和连接,测量参数的设定,测量项目的要求与极限值,信号的识别,以及天线系数、电缆损耗、带宽修正系

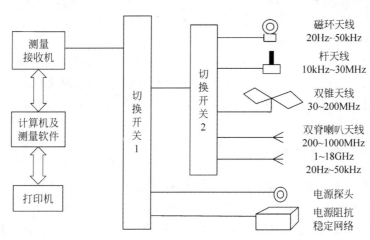

图 8-49　电磁干扰自动测量系统组成框图

数和测量结果数据库,并能输出数值和曲线两种形式的结果。测量人员只要通过计算机设置测量参数,然后运行测量程序,即可实现数据的自动采集、处理,并输出测量结果,最后形成测量报告。

国标测量系统还包括转台和可升降天线架。通过计算机可控制转台的旋转方向,寻找被测设备电场辐射最大的方位。通过升降天线可测出辐射场强的最大值。国内大部分EMC 实验室的 EMI 系统多从国外引进,测量频段达 40GHz,集成度很高,单台接收机即可覆盖全部测量频段。

EMI 测量涉及的仪器虽然不多,但处理数据的工作量较大,因为无论是干扰场强还是干扰电压、电流的测量,都不可以直接从仪器上读出数据,需要计入传感器、天线的转换系数,还要与标准规定的极限值进行比较,所以手动测量显得既费时又费力。这时,测量软件的作用就充分体现出来了。在常规的 EMI 测量中,测量软件有以下四大功能。一是参数设置,包括测量标准的选择、测量配置提示、测量参数的设置等,如测量频段、测量带宽、检波器、衰减器、扫频步进、每个测量点的驻留时间等。二是控制仪器进行信号测量,即以一定的步长和速率对信号进行扫频测量、判别和读出数据。三是数据处理能力。测量软件自动将测量的信号电压转换成干扰的量值,即自动补偿因传感器的使用而引入的、随频率变化的校准系数,并可以用线性或对数频率坐标显示出干扰信号的频谱分布,同时自动与相应极限值进行比较,判别信号是否超标,并在测量频谱图中表示出信号频谱与极限值的关系。测量软件还可以提供信号分析的基本能力,如仔细测量特殊频点信号的幅度和频率,给出与极限的差值,在小范围内实时复测等。四是数据的存储和输出能力。测量软件能够将每次的测量数据列表存放,需要时提取,特别是传感器系数和极限值的数据存储,便于数据处理时调用。

8.7　电磁敏感度(抗干扰度)测量

产品抗扰性试验的目的是检验产品承受各种电磁干扰的能力,根据性能可分为 4 级。

A 级:产品工作完全正常;

B 级:产品功能或指标出现非期望偏离,但电磁干扰去除后,可自行恢复;

C 级:产品功能或指标出现非期望偏离,但电磁干扰去除后,不能自行恢复,必须依靠

操作人员的介入方可恢复,但不包括硬件维修和软件重装;

D级:产品元器件损坏、数据丢失、软件故障等。

电磁敏感度测量是指测量电子电气设备和系统抵抗外界电磁干扰的能力,包括传导敏感度测量和辐射敏感度测量。用于电磁抗扰性或电磁敏感度测量的设备由3部分组成:一是干扰信号产生器和功率放大器类设备;二是天线、传感器等干扰信号辐射与注入设备;三是场强和功率监测设备。

8.7.1 传导敏感度测量

传导干扰有两种来源:一种是由空间电磁场在敏感设备的连接电缆上产生感应电流或电压,作用于设备敏感部位,进而影响设备的正常工作;另一种是由各种干扰源,通过接到设备上的电缆(如电源线)直接对设备产生影响。因此设备对来自电缆上的干扰电压或电流应有一定的抗干扰能力,又称为传导抗扰性。干扰频率范围一般为几十赫兹至几百兆赫兹。

传导敏感度测量受试体对耦合到电源线、互连线及机壳上干扰信号的承受能力。

测量的主要设备有:

(1) 干扰信号源,例如,高频噪声发生器、群脉冲发生器、尖峰信号发生器、静电放电发生器、雷击浪涌发生器等。

(2) 干扰注入装置,如电流注入探头、注入变压器、耦合网络等。

(3) 电磁干扰测量仪。

(4) 人工电源网络。

传导敏感度测量的一般原理图如图8-50所示。测量应在屏蔽室进行。

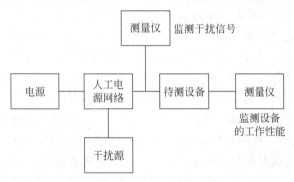

图 8-50　传导敏感度测量原理图

在国标和军标中,传导敏感度测量的项目很多,下面就部分测量项目分别进行介绍。

1. 连续波传导敏感度测量

施加的模拟干扰信号为正弦波,对电源线进行测量时,50kHz以下考核来自电源的高次谐波敏感度;10kHz～400MHz考核电缆束对电磁场感应电流的传导敏感度。干扰信号注入方式与测量频段及测量对象有关。

1) 变压器注入法

用于50Hz以下频段电源线的连续波干扰注入。测量时,先截断靠EUT端的一根电源线,将注入变压器的次级串入,信号发生器接在变压器的初级。利用注入变压器注入干扰信号(电压),需要监测的是干扰电压,用示波器测量。测试时按规定的频率施加干扰电压直到标准规定的限值,观察受试设备的工作情况(是否有工作失常、性能下降或出现故障)。测量连接示意图如图 8-51(a)所示。

2) 电流探头注入法

用于 10kHz～400MHz 频段电缆束的连续波干扰注入。利用电流探头注入干扰信号(电流),利用测量接收机或频谱仪监测。测量时,直接将电流注入探头卡在靠 EUT 端的一束被测电缆线上,信号发生器与电流注入探头相连,并按规定的频率施加干扰电流直到标准规定的限值,观察被测设备的工作情况(是否有工作失常、性能下降或出现故障)。测量连接示意图如图 8-51(b)所示。

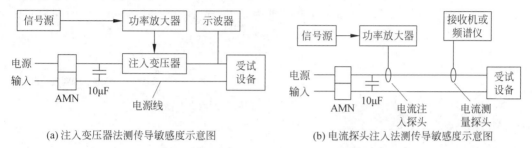

(a)注入变压器法测传导敏感度示意图　(b)电流探头注入法测传导敏感度示意图

图 8-51　连续波传导敏感度测量连接原理图

2. 电源线尖脉冲传导敏感度测试

电源线尖脉冲信号传导敏感度模拟设备开关或因故障产生的电压瞬变所引起的瞬变尖峰信号。测量电源线尖脉冲传导敏感度如图 8-52 所示,对使用交流供电的被测件,尖脉冲信号可采用串联注入法,如图 8-52(a)所示。使用直流供电的设备尖脉冲信号可采用并联注入法,如图 8-52(b)所示。为将电源线与受试设备电源输入端隔离,使尖峰信号主要加在受试设备上,不致分压在电源线上或加载到电源干线上,需在受试设备直流电源端并联 $10\mu F$ 的穿心电容,并联注入法需在变压器靠近交流电源端串联一个 $20\mu H$ 的电感。

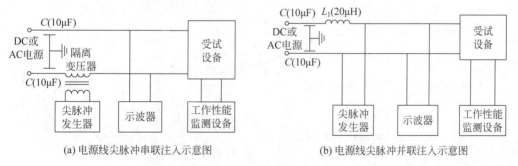

(a)电源线尖脉冲串联注入示意图　(b)电源线尖脉冲并联注入示意图

图 8-52　电源线尖脉冲传导敏感度测量连接原理图

3. 电快速瞬变脉冲群抗扰性试验

本试验是为了验证电气与电子设备对诸如来自切换瞬态过程(切断感性负载、继电器触点弹跳等)的各种类型瞬变干扰的抗扰性。为评估电气和电子设备的供电电源端口、信号、控制和接地端口在受到电快速瞬变(脉冲群)干扰时的性能确定一个共同的能再现的评定依据。

电快速瞬变脉冲群抗扰性试验的国家现行标准是 GB/T 17626.4—2018《电磁兼容 试验和测量技术 电快速瞬变脉冲群抗扰性试验》,相应的国际标准是 IEC61000-4-4：2012。

1) 试验设备及配置

(1) 脉冲群发生器。脉冲群发生器的基本线路,如图 8-53 所示。波形形成电阻 R_S 与储能电容 C_s 的配合,决定了脉冲的形状,阻抗匹配电阻 R_m 决定了脉冲群发生器的输出阻抗(标准规定是 50Ω);隔直电容 C_d 则隔离了脉冲群发生器输出波形中的直流成分,免除了负载对脉冲群发生器工作的影响。脉冲群发生器输出波形如图 8-54 所示,图 8-54(a) 为单个脉冲波形的前沿及脉宽的定义,图 8-54(b) 表示一群脉冲中的重复周期,图 8-54(c) 表示一群脉冲与另一脉冲群之间的重复周期。其基本技术指标有:脉冲上升时间(指 10%～90%)为 5ns±30%(输出到 50Ω 负载时时测),脉冲持续时间(前沿 50%～后沿 50%)50ns ±30%(输出到 50Ω 负载时测),脉冲重复周期为 5kHz 或 100kHz,脉冲群持续时间为 15ms ±20%(5kHz 时),脉冲群重复周期为 300ms±20%。

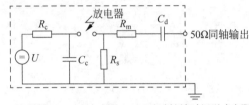

U—高压源　R_c—充电电阻　R_s—脉冲持续时间形成电阻
R_m—阻抗匹配电阻　C_c—储能电容　C_d—隔直电容

图 8-53　电快速瞬变脉冲发生器及基本电路

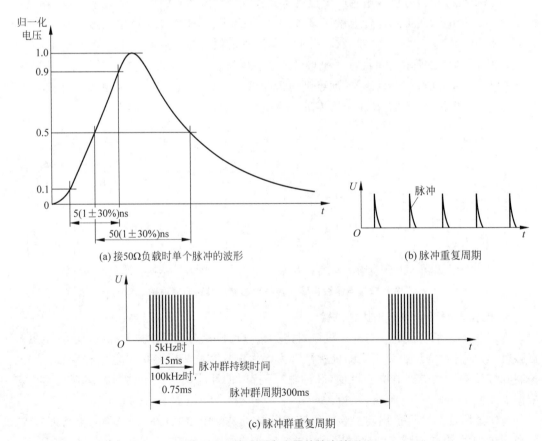

(a) 接50Ω负载时单个脉冲的波形

(b) 脉冲重复周期

(c) 脉冲群重复周期

图 8-54　脉冲群发生器的输出波形

(2) 电源线耦合/去耦网络。电快速瞬变脉冲群通过特殊的耦合/去耦网络加到设备的电源线上,如图 8-55 所示。这个耦合/去耦网络的作用是将注入的电快速瞬变脉冲群与公共电源网络隔开,并在测试配置的电源线侧具有规定的阻抗。可以看出从信号发生器来的信号电缆芯线通过可供选择的耦合电容加到相应的电源线(L_1、L_2、L_3、N 及 PE)上。信号电缆的屏蔽层则与耦合/去耦网络的机壳相连,机壳接到参考的端子上。这就表明脉冲群干扰实际上是加在电源线与参考地之间,因此加在电源线上的干扰是共模干扰。

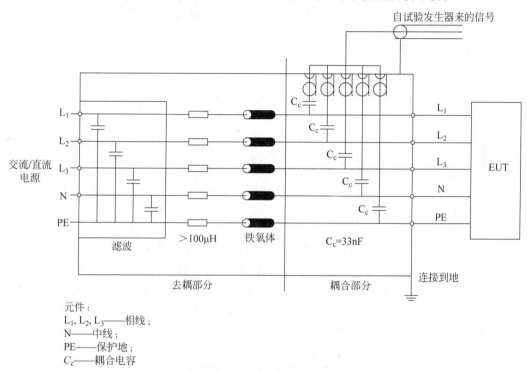

图 8-55 电源线耦合/去耦网络

电快速瞬变脉冲简称 EFT(Electrical Fast Transient),由一系列重复出现的周期或非周期脉冲构成,持续时间很短,每一个脉冲群中都包含了数个脉冲,脉冲强度可达几千伏。因此,对 EUT 的电缆线(电源线、信号线和控制线)都应进行 EFT 测试。在从电源端引入 EFT 干扰给 EUT 时,一般需要使用耦合/去耦网络,它可以保证干扰只能进入 EUT 而不会反向注入电源。

(3) 电容耦合夹。电快速瞬变脉冲群也可以通过电容耦合夹加到设备的电源线上。电容耦合夹能在受试设备各端口的端子、电缆屏蔽层或受试设备的任何其他部分无任何电连接的情况下把快速瞬变脉冲群耦合到受试线路上。电容耦合夹的结构见图 8-56 所示。受试线路的电缆放在耦合夹的上下两块耦合板之间,耦合夹本身应尽可能地合拢,以提供电缆和耦合夹之间的最大耦合电容。耦合夹的两端各有一个高压同轴接头,用其最靠近受试设备的这一端与发生器通过同轴电缆连接。从图 8-56 可以看出,高压同轴接头的芯线与下层耦合板相连,同轴接头的外壳与耦合夹的底板相通,而耦合夹放在参考接地板上。这一结构表明,高压脉冲将通过耦合板与受试电缆之间的分布电容进入受试电缆,而受试电缆所接收到的脉冲仍然是相对参考接地板来说的。因此,通过耦合夹对受试电缆所施加的干扰仍然是共模性质的。

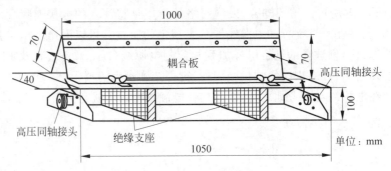

图 8-56　电容耦合夹

由上述讨论可以看出,通过耦合/去耦网络和电容耦合夹加到受试设备(EUT)电源线、I/O 信号线、数据和控制线上的电快速瞬变脉冲群是共模干扰。明确脉冲群干扰的性质很重要:首先,这与试验方法有关。既然是共模干扰,就一定要与参考接地板关联在一起,离开了参考接地板,共模干扰将加不到受试设备去。其次,既然脉冲群抗扰性试验是抗共模干扰试验,这就决定了试验人员在处理干扰(提高受试设备的抗扰性性能)时,必须采用针对共模干扰的有效措施。

2) 试验方法

电快速瞬变脉冲群抗扰性试验示意图如图 8-57 所示。对电源线,通过耦合/去耦网络施加试验电压,对信号线、数据和控制线,通过电容耦合夹施加试验电压。测试时从脉冲幅度最低的等级施加电快速瞬变脉冲群,观测 EUT 的工作状态,如无影响则一直加到所选定的试验等级。表 8-6 中列出了对设备的电源、接地、信号和控制端口进行电快速瞬变试验时应优先采用的试验等级。

表 8-6　电快速瞬变脉冲群抗扰性试验等级

	开路输出试验电压和脉冲的重复频率			
等级	在供电电源端口,保护接地(PE)		在 I/O(输入/输出)信号、数据和控制端口	
	电压峰值/kV	重复频率/kHz	电压峰值/kV	重复频率/kHz
1	0.5	5 或者 100	0.25	5 或者 100
2	1	5 或者 100	0.5	5 或者 100
3	2	5 或者 100	1	5 或者 100
4	3	5 或者 100	2	5 或者 100
X	特定	特定	特定	特定

注 1:传统上用 5kHz 的重复频率,然而,100kHz 更接近实际情况。专业标准化委员会与特定的产品或者产品类型相关的那些频率。

注 2:对于某些产品,电源端口和 I/O 端口之间没有清晰的区别,在这种情况下,应由专业标准化技术委员会根据实验目的来确定如何进行。

"X"是一个开放等级,在专用设备技术规范中必须对这个级别加以规定。

用于实验室的一般试验配置,见图 8-58。

地面安装设备、台式设备,以及其他结构形式的设备,都将放置在一块参考接地板的上方。受试设备与参考接地板之间用 0.1m±0.01m 厚的绝缘支撑物隔开。凡是安装在天花板上或是墙壁上的设备都按台式设备来做试验。试验发生器和耦合/去耦网络也直接放在

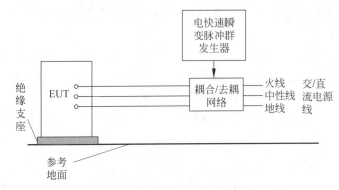

图 8-57　电快速瞬变脉冲群抗扰性试验示意图

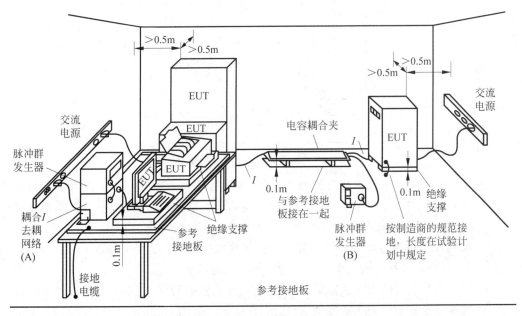

图 8-58　用于实验室的一般试验配置

参考接地板上,并与参考接地板保持低阻抗连接。将试验发生器和耦合/去耦网络直接放置在参考接地板上,并且和参考接地板相连,因为脉冲群试验对受试线路进行共模试验,是将干扰加在被试线路与大地之间的试验,而试验中的参考接地板就代表大地。所以将试验发生器和耦合/去耦网络放在参考接地板上是由试验的性质决定的,为了不使脉冲群干扰产生过多衰减,试验发生器、耦合/去耦网络与参考接地板的连接应当是低阻抗的。

接地参考接地板应为一块最小厚度为 0.25mm 的金属板(铜或铝),也可以使用其他的金属材料,但它们的最小厚度应为 0.65mm。接地参考平面最小尺寸为 1m×1m,实际尺寸与受试设备大小有关,参考接地板的外围至少比受试设备每边的几何投影尺寸大出 0.1m。受试设备和所有其他导电性结构(例如屏蔽室的墙壁)之间的最小距离大于 0.5m。

注:参考接地板必须与保护接地相连。

在使用耦合夹时,除耦合夹下方的接地参考平面外,耦合板和所有其他导电性结构之间的最小距离为 0.5m。除非其他产品标准或者产品类标准另有规定,耦合装置和受试设备之间的信号线和电源线的长度应为 0.5m±0.05m。受试设备应放置在接地参考平面上,并用厚度为 0.1m±0.01m 的绝缘支座与之隔开,若受试设备为台式设备,则应位于接地平面上方 0.8m±0.08m 处。

如果制造商提供的与设备不可拆卸的电源电缆长度超过 0.5m±0.05m,那么电缆超出长度的部分应折叠,以避免形成一个扁平的环形,并放置于参考接地板上方 0.1m 处。

在新标准草案中首次提出了机架安装设备的试验配置(如图 8-59 所示),避免了由于试验人员对标准的理解不一所导致的试验结果不一。

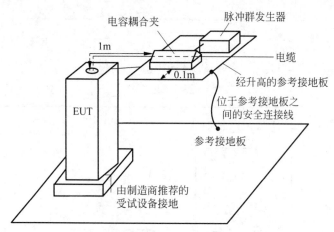

图 8-59　机架安装设备的试验配置

注意:耦合夹可以安装在屏蔽室的墙上,或任何接地的表面上。耦合夹同时还要与受试设备连在一起。对于电缆在其顶部进出的大型地面安装设备,耦合夹应该放在高出受试设备 10cm 处,让电缆经过参考接地板中心后再下垂。

根据试验结果可以将电快速瞬变群脉冲抗扰性实验结果分成 4 个等级:

(1) 在制造商、委托方或购买方规定的限值内性能正常;

(2) 功能或性能暂时丧失或降低,但在干扰停止后能自行恢复,不需要操作者干预;

(3) 功能或性能暂时丧失或降低,但需操作人员干预才能恢复;

(4) 因设备硬件或软件损坏,或数据丢失而造成不能恢复的功能丧失或性能降低。

第(1)级合格,第(2)级、第(3)级产品是否合格,需要根据产品的不同要求确定,第(4)级产品不合格。

4. 雷击浪涌抗扰性试验

浪涌(surge)抗扰性试验是模拟设备在不同环境和安装条件下可能受到的雷击或开关切换过程中所产生的浪涌电压和电流。电子电气设备的雷击浪涌试验用于评定设备的电源线、输入/输出线、通信线在遭受高能量脉冲干扰时的抗干扰能力。

雷击浪涌抗扰性试验的现行国家标准为(GB/T 17626.5—2019《电磁兼容 试验和测量技术 浪涌(冲击)抗扰性试验》)(等同于国际标准 IEC 61000-4-5:2014)。

雷击浪涌试验主要模拟间接雷击(设备通常不遭受直接雷击),例如:

(1) 雷电击中外部(户外)线路,有大量电流流入外部线路或接地电阻,因而产生的干扰电压。

(2) 间接雷击(如云层间或云层内的雷击)在外部线路上感应出的电压和电流。

(3) 雷电击中线路邻近物体,在其周围产生的强大电磁场,在外部线路上感应出的电压。

（4）雷电击中附近地面,地电流通过公共接地系统时所引起的干扰。

雷击浪涌试验也包括因开关动作而引进的干扰,例如:

（1）主电源系统切换时的干扰(如电容器组的切换)。

（2）靠近设备附近的一些开关跳动时形成的干扰。

（3）切换伴有谐振线路的可控硅设备产生的干扰。

（4）各种系统性的故障等。

雷击分为直接雷击和感应雷击。

通常把由雷电在电缆上电击或感应产生的瞬变过电压脉冲称为浪涌。浪涌主要是雷电在电缆上感应产生的,功率很大的开关也能产生浪涌。

浪涌的能量很大,室内的浪涌电压幅度可达到 6kV,室外往往会超过 10kV。一旦发生危害十分严重,往往会导致电路的损坏。

1）雷击浪涌发生器

GB/T 17626.5—2019 中描述了两种不同的雷击浪涌波形发生器:一种是模拟雷击在电源线上感应产生的波形,另一种是模拟雷击在通信线上感应产生的波形。虽然两种线路都是架空线,但线路阻抗不同,电源线的阻抗低,通信线的阻抗高。因此感应出来的雷击浪涌波形也明显不同,在电源线上的浪涌波形要窄一些,前沿要陡一些;而通信线上的浪涌波形要宽一些,前沿要缓一些。

（1）用于电源线路试验的综合波发生器。

用于电源线路试验的浪涌发生器又称为综合波发生器,是指在一个发生器里可提供两种波形:发生器输出开路的时候提供电压波,发生器输出短路的时候提供电流波。图 8-60是综合波发生器的线路简图。图中,C_c 是储能电容,其实际容量在 $10\mu F$ 左右(可以算出,4kV 时的单个脉冲能量要为 80J,这几乎是同

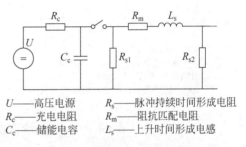

U——高压电源　　　R_s——脉冲持续时间形成电阻
R_c——充电电阻　　　R_m——阻抗匹配电阻
C_c——储能电容　　　L_s——上升时间形成电感

图 8-60　综合波发生器线路图

等电压的脉冲群单个脉冲能量的 10^5 倍。由此可见,雷击浪涌试验是一种高能量的脉冲干扰抗扰性试验),电压波的宽度主要由波形形成电阻 R_{s1} 决定,阻抗匹配电阻 R_m 则决定发生器的开路电压峰值与短路电流峰值的比例,在这里被称为输出阻抗,标准中规定为 2Ω(因此,开路电压的峰值是 4kV 时,则短路电流的峰值为 2kA),电流波的上升与持续时间主要由波形形成电感 L_s 决定。图 8-61 中给出了综合波发生器的波形定义,电压波的前沿 T_1

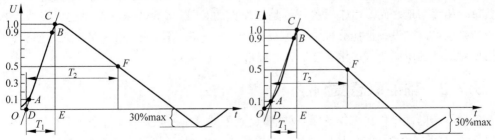

图 8-61　综合波发生器的波形定义

为 $1.2\mu s\pm 30\%$,半峰值时间 T_2(又称半宽时间或脉冲持续时间)为 $50\mu s\pm 20\%$,电流波的前沿 T_1 为 $8\mu s\pm 20\%$,半峰值时间 T_2 为 $20\mu s\pm 20\%$。

标准对综合波发生器的基本要求是:开路输出电压 $0.5\sim 4kV(\pm 10\%)$。短路输出电流 $0.25\sim 2kA(\pm 10\%)$。发生器内阻 2Ω(这是联系开路电压波和短路电流波的关键),可附加电阻 10Ω 或 40Ω,以形成 12Ω 或 42Ω 的内阻。浪涌输出要注意正/负极性,浪涌移相范围为 $0°\sim 360°$(浪涌输出与电源同步时)。最大重复频率至少每分钟 1 次。

(2)用于通信线路试验的 $10\mu s/700\mu s$ 浪涌波发生器。

用于通信线路试验的 $10\mu s/700\mu s$ 浪涌波发生器,又称为 CCITT 波发生器,这是符合联合国下属国际电报和电话咨询委员会(CCITT)要求的一种浪涌电压试验波形。图 8-62(a),图 8-62(b)中给出了这种发生器的线路简图和输出电压波波形的定义,线路中的元件参数是标准提供的。电压波的前沿 T_1 为 $10\mu s\pm 30\%$,半峰值时间 T_2 为 $700\mu s\pm 20\%$。

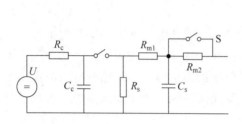

U—高压电源
R_s—脉冲持续时间形成电阻(50Ω)
R_c—充电电阻
C_c—储能电容(20μF)
R_m—阻抗匹配电阻($R_{m1}=15\Omega$, $R_{m2}=25\Omega$)
C_s—上升时间形成电容(0.2μF)
S—开关,当使用外部匹配电阻时,此开关应闭合

(a) 电路简图

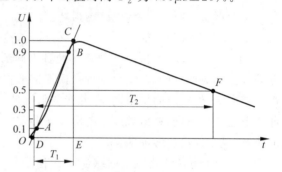

波前时间:$T_1=1.67\times T=10\mu s\pm 30\%$
半峰值时间:$T_2=700\mu s\pm 20\%$
$10\mu s/700\mu s$ 开路电压波形(按CCITT波形规定)

(b) 输出电压波形

图 8-62 通信线路浪涌波发生器及输出电压波形的定义

2)雷击浪涌抗扰性试验

本节主要介绍产品标准上使用较多的电源线抗扰性试验,所采用的浪涌波是综合波。图 8-63 是单相电源线路上的共模和差模试验简图。去耦网络的作用是将注入的浪涌波与电源网络隔离开,并在测试配置的电源线侧具有规定的阻抗。根据产品的要求选定试验电压的等级和试验部位,然后根据标准中的具体要求进行试验。

试验浪涌要加在线-线或线-地之间,进行线-地试验时,若无特殊规定,试验电压要依次加在每一相线与地之间。由于试验可能是破坏性的,所以试验电压不要超过规定值。根据试验结果也可以将设备性能分成 4 个等级:第 1 级合格;第 2 级、第 3 级次之,合格与否需要根据对产品的不同要求确定;第 4 级不合格。

8.7.2 辐射敏感度测量

各种电子电气设备在工作期间,可能遭受到不同频率的辐射场的干扰,其中包括频率较低的磁场和电场(主要是近区场感应场)、频率较高的电磁场,其干扰频率为 $25Hz\sim 400GHz$。辐射敏感度考核电子、电气设备对辐射电磁场的承受能力,观其是否会出现性能下降或

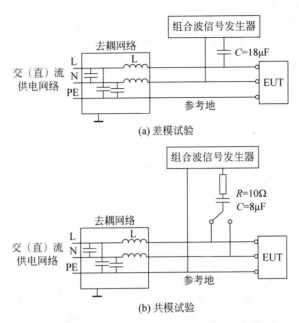

图 8-63　单相电源线上的共模和差模试验简图

故障。

测量的主要设备有：

（1）信号发射器，为被测设备提供测量标准规定的极限值电平；

（2）场强辐射装置，有天线、TEM 室和 GTEM 室，一般 TEM 室做辐射敏感度测量最高可用到 500MHz，GTEM 室可用到 6GHz；

（3）场强监测设备，用于测量所施加的场强是否达到标准极限值，通常采用带光纤传输线的全向电场探头监测。

1. TEM 室和 GTEM 室辐射敏感度测量方法

测量仪器的配置如图 8-64 所示，信号发生器和功率放大器在 GTEM 室的有效工作区内产生均匀场（频率、场强可调），场强仪监测场的变化，摄像系统监视 EUT 的工作情况，计算机通过 GP-IB 总线控制整个测试系统。测量时按标准中的规定调整 GTEM 室有效工作区内的频率和场强，直到标准规定的限值，观察被测设备的工作情况（是否有工作失常、性能下降或出现故障）。

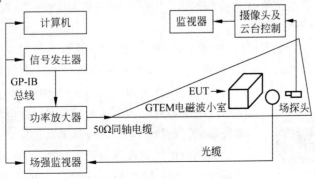

图 8-64　GTEM 室辐射敏感度测量方法

2. 磁场辐射敏感度测量

磁场辐射敏感度测量主要设备有：

(1) 亥姆霍兹线圈，如图 8-65；

(2) 低频信号发生器；

(3) 功率放大器等。

测量系统如图 8-66 所示，两个相同的圆形线圈半径是 R，距离是 R，平行、共轴，电流都是 I，方向相同。

测量方法：仍如图 8-66 所示，测量时按标准中的规定调整干扰磁场的频率和场强，直到标准规定的限值，观察被测设备的工作情况(是否有工作失常、性能下降或出现故障)。

图 8-65　亥姆霍兹线圈

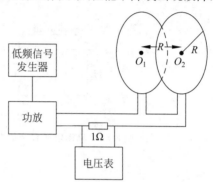

图 8-66　磁场辐射敏感度测量系统示意图

8.8　静电放电抗干扰度测量

静电放电抗扰性试验的目的是评估电子或电气设备遭受来自操作者和邻近物体的静电放电时的抗扰性。由于静电的存在，使人体可能对电子设备或爆炸性材料造成的极大的危害。例如，人在合成纤维的地毯上行走时，通过鞋子与地毯的摩擦，只要行走几步，人体上积累的电荷就可以达到 10^{-6} 库仑以上(取决于鞋与地毯之间的电阻)，在这样一个系统里(人/地毯/大地)的平均电容为几十至上百皮法，可能产生的电压达到 15kV。静电放电可能导致半导体材料击穿，产生不可挽回的损坏。至于静电引起的爆炸，在化工厂与军工厂里都曾发生过。静电放电抗扰性试验的现行国家标准为 GB/T 17626.2—2018《电磁兼容 试验和测量技术静电放电抗扰性试验》(等同于国际标准 IEC 61000-4-2：2008)。

1. 主要设备及测量配置

主要设备是静电放电发生器，如图 8-67 所示，图 8-68 是静电放电发生器的基本电路和放电电流波形。电路中的 150pF 电容代表人体的储能电容，330Ω 电阻代表人体在手握金属工具时的人体电阻。从图 8-68 中的放电电流波形(标准规定是放电电极对作为电流传感器的 2Ω 电阻接触放电时的电流波形)可以看出，它含有极其丰富的谐波成分。

图 8-67　静电放电发生器

静电放电抗扰性测量配置如图 8-69 所示，实验室地面应设置 1m×1m 的接地参考面，每边至少比被测设备多出 0.5m。台式设备可放置在一个位于接地面上高 0.8m 的木桌

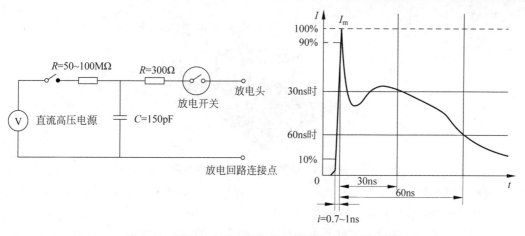

图 8-68 静电放电发生器的基本电路及放电电流波形

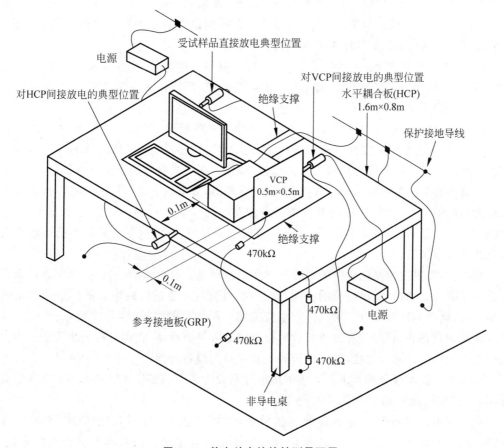

图 8-69 静电放电抗扰性测量配置

上(如图 8-70 所示),桌面的水平耦合板面积为 1.6m×0.8m,并用一个厚 0.5m 的绝缘衬垫将被测设备和电缆与耦合板隔离。落地式设备和电缆用厚约 0.1m 的绝缘衬垫与参考接地板隔开。每个耦合板应使用两端各连接一个 470Ω 电阻的电缆与参考接地板相连。

2. 静电放电抗扰性测量方法

静电放电有两种形式:接触放电和气隙放电。

图 8-70　静电放电抗扰性测量木桌

接触放电是指放电枪的电极直接与被测设备接触,然后按下放电枪开关控制放电。它一般用在对被测设备的导电表面和耦合板的放电。

气隙放电是指放电枪的放电开关已处于开启状态,将放电枪电极逐渐移近测试点,从而产生火花放电。气隙放电一般用在被测设备的孔、缝隙和绝缘面处。除对设备进行直接放电外,有时还需施加间接放电,模拟放置或安装在被测设备附近的物体对被测设备的放电,采用放电枪对耦合板接触放电的方式进行测试。

标准规定,凡被试设备正常工作时,人手可以触摸到的部位,都是需要进行静电放电试验的部位(例如,机壳、控制键盘、显示屏、指示灯、旋钮、钥匙孔及电源线等,但不能对接插座进行放电,因为会损坏设备)。

试验时,被测设备处在正常工作状态。试验正式开始前,试验人员对被测设备表面以20次/s的放电速率快速扫视一遍,以便寻找被测设备的敏感部位(凡扫视中有引起被测设备数显跳动和受试设备出现异常迹象的部位,都作为正式试验时的重点考查部位,并在正式试验时应在其周围多增加几个考查点)。正式试验时,放电以1次/秒的速率进行(也有规定为1次/5s的产品),以便让被测设备来得及作出响应。通常对每一个选定点上放电20次(其中10次是正的,10次是负的)。为确定故障的临界值,放电电压应从最小值逐渐增大到选定的试验电压值。

原则上,凡可以用接触放电的地方一律用接触放电。对有镀漆的机壳,如制造厂未说明是做绝缘的,试验时便用放电枪的尖端刺破漆膜对被测设备进行放电。如厂家说明是做绝缘使用时,则改用气隙放电。对气隙放电应采用半圆头形的电极,在每次放电前,应先将放电枪从被测设备表面移开,然后再将放电枪慢慢靠近被测设备,直到放电发生为止。为改善试验结果的重复性和可比性,放电电极要垂直于被测设备表面。

标准将试验等级分成4级。对接触放电分别设为2kV、4kV、6kV和8kV;对气隙放电分别设为2kV、4kV、8kV和15kV。

以上放电是对被测设备表面的直接放电,对耦合板(垂直耦合板VCP、水平耦合板HCP)的放电称为间接放电。对水平耦合板的放电要在水平方向对水平耦合板的边进行,如图8-69所示。放电时,放电电极的长轴要放在水平耦合板的平面里,且垂直它的边缘。放电电极要与水平耦合板的边缘相接触。对垂直耦合板,耦合板应放在离被测设备0.1m处,放电枪要垂直于耦合板一条垂直边的中心位置上进行放电。对被测设备垂直方向的4个面都要用垂直耦合板做间接放电试验。

对被测设备直接放电或对其邻近金属物体放电引起的对被测设备间接放电,都可能引起被测设备受扰或出现故障。这个邻近的金属物体可类似于靠近被测设备的水平或垂直耦合体,所以可以通过对被测设备直接施加测试脉冲,或通过将测试脉冲施加到被测设备附近的水平或垂直耦合板上,间接完成静电放电测试。

　　本章扩展阅读知识详情请参考配书资源,主要内容包括电磁兼容标准与规范、电磁兼容国家标准目录。

习题

8-1　EMC 测量类型有哪两种? EMC 测量项目包含哪些内容?

8-2　EMC 测量场地有哪些?

8-3　EMC 测量主要仪器和设备有哪些?

8-4　电波暗室有几种? 它们有什么不同?

8-5　传导干扰测量中为什么要使用人工电源网络?

8-6　电源线中为什么会出现谐波电流? 谐波电流的危害是什么?

8-7　远区场测量与近区场测量各有什么特点?

8-8　静电放电试验包含哪两种形式? 与试验的等级对应的试验电压是多少?

参 考 文 献

[1] 高攸纲,石丹.电磁兼容总论[M].2版.北京：北京邮电大学出版社,2011
[2] 范丽思,崔耀中.电磁环境模拟技术.北京：国防工业出版社,2012
[3] Clayton R. Paul.电磁兼容导论[M].2版.闻映红,译.北京：人民邮电出版社,2007
[4] V. Prasad Kodali.工程电磁兼容[M].2版.陈淑凤,高攸纲,等译.北京：人民邮电出版社,2006
[5] 路宏敏,余志勇,李万玉.工程电磁兼容[M].2版.西安：西安电子科技大学出版社,2010
[6] 邹澎,周晓萍.电磁兼容原理、技术和应用[M].北京：清华大学出版社,2007
[7] 钱照明,程肇基.电力电子系统电磁兼容设计基础及干扰抑制技术[M].杭州：浙江大学出版社,2000
[8] 赵家升,杨显强,杨德强.电磁兼容原理与技术[M].2版.北京：电子工业出版社,2012
[9] 陈淑凤,马蔚宇,马晓庆.电磁兼容试验技术[M].2版.北京：北京邮电大学出版社,2012
[10] 朱立文等.电磁兼容设计与整改对策及案例分析[M].北京：电子工业出版社,2012
[11] 李舜阳.电磁兼容设计与测量技术[M].北京：中国标准出版社,2009
[12] 阚润田.电磁兼容测试技术[M].北京：人民邮电出版社,2009
[13] 王守三.电磁兼容测试的技术和技巧[M].北京：机械工业出版社,2009
[14] 于争.信号完整性揭秘：于博士 SI 设计手记[M].北京：机械工业出版社,2013
[15] 周新.电磁兼容原理、设计与应用一本通[M].北京：化学工业出版社,2015
[16] Henry W. Ott.电磁兼容工程[M].邹澎,译.北京：清华大学出版社,2013
[17] 谢处方.电磁场与电磁波[M].4版.北京：高等教育出版社,2013